中国电子教育学会高教分会推荐

高等学校新工科人才培养“十三五”规划教材

微机原理与系统设计综合实践教程

侯叶　林华　张菊香　吴涛　编著

西安电子科技大学出版社

内 容 简 介

本书共分 5 章，内容分别为汇编语言程序设计实验、微机实验系统介绍、微机接口硬件实验、微机扩展性与综合性实验开发、微机控制系统设计与开发。

本书内容紧密结合理论教学，涵盖了理论教学中主要的知识点，包括汇编语言程序设计、存储器、常用输入输出接口电路(中断控制器 8259、并行接口芯片 8255、定时/计数器 8254、串行接口芯片 8251、模/数转换器 ADC0809、数/模转换器 DAC0832 及 DMA 控制器 8237)等。

本书既包含知识点的基础实验，又涉及知识点的拓展实验，可培养学生的基本技能。本书基于实验箱的功能模块扩展了一些综合性与应用性实验，不仅可提高学生综合运用知识的能力，也便于学生做课程设计时参考。另外，针对一定的工程背景，本书基于实验箱资源进行了控制系统的开发，可提高学生的工程实践能力，激发学生从事科学研究与探索的兴趣，也可供学生课程设计与毕业设计参考。

本书可作为高等学校自动化、电子、电气、计算机等相关专业“微机原理与系统设计”课程的实验及课程设计教材或参考教材。

图书在版编目(CIP)数据

微机原理与系统设计综合实践教程 / 侯叶等编著. —西安：西安电子科技大学出版社，2019.9

ISBN 978-7-5606-5450-8

Ⅰ. ① 微… Ⅱ. ① 侯… Ⅲ. ① 微型计算机—理论—高等学校—教材 ② 微型计算机—接口技术—高等学校—教材 Ⅳ. ① TP36

中国版本图书馆 CIP 数据核字(2019)第 199607 号

策划编辑 刘小莉
责任编辑 王晓莉 阎 彬
出版发行 西安电子科技大学出版社(西安市太白南路 2 号)
电　　话 (029)88242885 88201467　　邮　　编 710071
网　　址 www.xduph.com　　电子邮箱 xdupfxb001@163.com
经　　销 新华书店
印刷单位 陕西天意印务有限责任公司
版　　次 2019 年 9 月第 1 版　2019 年 9 月第 1 次印刷
开　　本 787 毫米×1092 毫米 1/16　印 张 13.25
字　　数 310 千字
印　　数 1～3000 册
定　　价 30.00 元

ISBN 978-7-5606-5450-8 / TP

XDUP 5752001-1

前 言

“微机原理与系统设计”是一门理论与实际紧密结合、实践性很强的课程。通过实验教学可加深学生对理论知识的理解，进一步掌握微型计算机的基础知识、汇编语言程序的编程、输入输出接口的设计与应用等，加强学生的计算机应用能力、实际动手能力与实验研究能力，以及应用微机技术对相关系统进行设计的能力等。

本书分为 5 章。

第一章为汇编语言程序设计实验，通过实验使学生掌握汇编语言程序的设计与编程。这部分内容可独立于实验系统，在普通 PC 机房完成，也可在实验室完成，使教师的教学与学生的学习不受环境的影响。

第二章为微机实验系统介绍，主要介绍实验系统构成、实验系统的硬件环境和软件环境。

第三章为微机接口硬件实验，是实验系统所提供的硬件实验，包含基础实验和综合实验，不同专业的教学可根据专业的特点选择相关的内容，以帮助学生对所学知识点有更深入的理解，掌握要求的基本技能。

第四章为微机扩展性与综合性实验开发，是基于实验箱资源开发的一些扩展性与综合性的实验。通过开发例程启发学生的思维，培养学生对接口芯片的实际运用和编程能力，使之具备独立进行接口电路设计的能力。也可为学生课程设计提供参考。

第五章为微机控制系统设计与开发，是基于实验箱资源，进一步设计控制系统，开发新设备及新实验，使学生能针对一定的工程背景与应用，综合运用所学知识，设计与实现控制系统功能，从而提高学生的综合设计能力、创新能力及工程实践能力。每一个控制系统开发例程都可作为一个独立的实验开设，不仅为本科生实验课程、课程设计提供参考，也可为学生毕业设计提供借鉴。

本书的第二、三章的编写得到了清华大学科教仪器公司的支持，尤其是陈楠工程师给予了极大的帮助，在此表示由衷的感谢。在第四、五章的编写中，西安电子科技大学自动化专业的学生程坤、朱熙、石展倩、严子龙、陈亮等对实验进行了整理与调试，在此也一并表示感谢！

限于编者的水平，书中难免有疏漏与不妥之处，敬请读者批评指正。

编 者

2019 年 5 月

前言

目　　录

第一章　汇编语言程序设计实验

本章主要内容有 DEBUG 程序调试、汇编语言程序设计实验步骤、四种常用程序设计的方法(顺序、循环、分支、子程序调用)、DOS 系统功能调用、字符串指令编程及宏指令编程等。

通过汇编语言程序设计实验，可以进一步理解汇编语言指令系统、寻址方式以及程序的设计方法。实验中要求能够根据问题，制定解决问题的方案，并使用合适的程序设计方法设计程序，然后通过编程与调试对程序的性能进行测试，最后对数据进行有效的处理，对结果进行合理的分析。

1.1　汇编语言程序的编辑、汇编、连接及调试

1.1.1　基础知识

1. 程序设计步骤

汇编语言程序设计的主要步骤如图 1.1-1 所示。

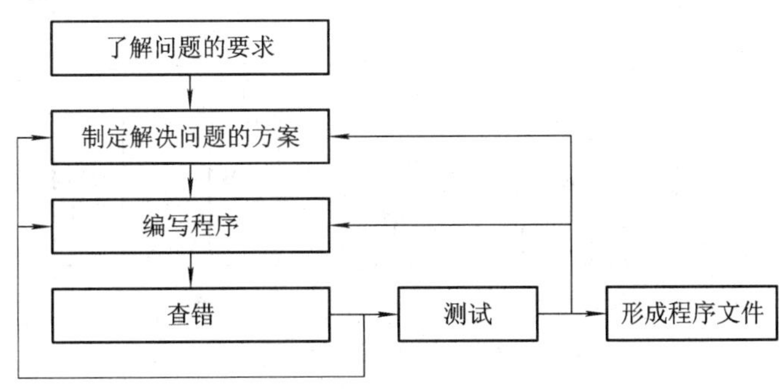

图 1.1-1　程序设计步骤

(1) 了解问题的要求。这是编程的第一步，尤其对于实际工程问题十分重要，它是后续工作的依据。

(2) 制定解决问题的方案。根据要求进行分析，制定解决问题的方案，如确定算法、选用合适的程序设计方法、拟定全过程的流程图等。

(3) 编写程序。把待解决问题及要求分解，用各种汇编语言指令编程实现其功能。编程时需注意以下几点：

- 详细了解所用 CPU 的编程模型、指令系统、寻址方式及有关伪指令；

- 对存储空间和工作单元进行合理分配；
- 合理使用子程序和宏指令；
- 绝对地址和常数尽量用标号或变量代替。

(4) 查错。编制程序后，首先进行书面审查、修正，然后进行编辑、汇编、连接。汇编、连接过程中，机器可能指出程序一些语法上的不正确之处，供进一步修改。此过程要反复多次，最后形成可执行文件。

(5) 测试。依据问题要求，加入各种数据，检验程序能否完全正确运行。若有错，则继续进行修正。

(6) 形成程序文件。程序调试无误，满足设计的要求后，可形成程序文件。程序文件一般包括程序研制报告、程序流程图、程序清单及参数定义说明、内存分配表、程序测试方案及结果说明、程序维护说明等。

2. 汇编语言源程序的编辑、汇编、连接与调试

汇编语言源程序不能直接被计算机识别和执行，必须经过编辑、汇编、连接、调试等一系列系统软件处理。处理关系如图 1.1-2 所示，其中编辑程序、汇编程序、连接程序及 DEBUG 调试程序均是系统程序。

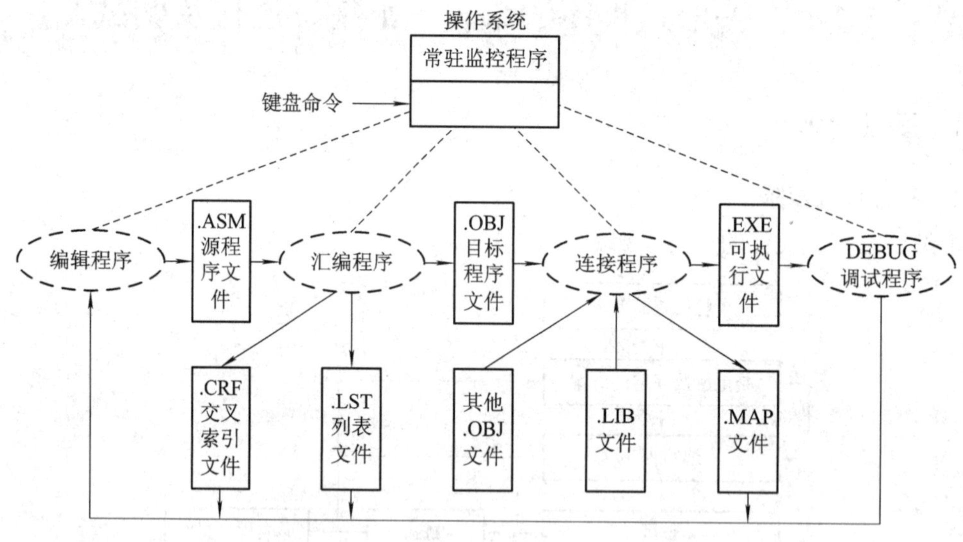

图 1.1-2　编辑、汇编、连接、调试的关系

1) 编辑

利用编辑程序，如 EDLIN、EDIT、记事本等编写源程序。汇编语言源程序名的扩展名为 ASM，例如 myfile.asm。

2) 汇编

由于汇编语言源程序是助记符语言编写的程序，为了使计算机识别，还需将源文件经汇编程序汇编。常用宏汇编程序为 MASM.EXE，其主要功能如下：

(1) 语法检查；

(2) 存储区域分配；

(3) 其他进制数与二进制数的转换、字符与 ASCII 码的转换；

(4) 计算常量表达式值；

(5) 将源程序翻译成目标程序。

源程序经汇编程序汇编后生成三个文件，分别为目标程序文件(.OBJ)、列表文件(.LST)、交叉索引文件(.CRF)。目标程序文件为源程序被汇编后的目标代码文件；列表文件中列出了程序代码、偏移地址以及出错信息，可以方便分页打印、装订；交叉索引文件列出了程序中所定义的所有标识符及其引用情况。

汇编程序 MASM 的使用格式为

```
MASM  Source, Object, List, Crossref
```

其中：

Source：源程序文件名(可不带扩展名)；

Object：目标文件名(可不带扩展名)；

List：列表文件名；

Crossref：交叉索引文件名。

汇编时常用的简略格式如下：

```
MASM  myfile;
MASM  myfile
```

其中，第一种格式表示将汇编源程序 myfile.asm 汇编，只生成 myfile.obj；第二种格式命令末没有分号，按屏幕提示进行操作，可自定义生成的目标代码文件名。

3) 连接

经过汇编程序处理产生的目标程序(.OBJ 文件)已经是二进制文件，但还须经过连接程序的连接才能运行。连接程序的主要工作是：

(1) 找到要连接的所有目标模块；

(2) 对所有要连接的目标模块中的所有段分配地址值，即确定所有段地址值；

(3) 确定所有汇编程序所不能确定的偏移地址值；

(4) 构成装入模块，并把它装入存储器。在模块化程序中，主程序以及多个子程序可以编制成不同的程序模块，各个模块在明确各自功能和相互之间的连接约定以后，就可以独立编写并调试，最后再把它们连接起来形成一个完整的程序。

连接程序要求输入两种文件，即目标程序文件和库程序文件；可以产生两个新文件，即扩展名为.MAP 的内存分配列表文件和扩展名为.EXE 的可执行文件。

连接程序 LINK 的使用格式为

```
LINK Object, Runfile, Mapfile, Liblist
```

其中：

Object：目标文件名；

Runfile：可执行文件名；

Mapfile：内存分配列表文件名；

Liblist：库文件名。

连接时常用的简略格式如下：

```
LINK  myfile;
LINK  myfile
```

其中，第一种格式将 myfile.obj 生成可执行文件 myfile.exe；第二种格式命令末没有分号，可按屏幕提示进行操作，可自定义生成的可执行文件名。

4) 调试

对源程序汇编、连接时可以检查出程序的语法及指令用法错误，但不能查出程序功能及逻辑上的错误，也不能发现程序不完善的地方。因此通常还需要通过调试程序来确定程序的正确性。汇编语言程序的调试可以借助于专门的调试工具 DEBUG 来实现。

(1) DEBUG 调试程序的调用。DEBUG 调用的格式：

DEBUG [d:][path][文件名.扩展名]

其中："d:"为磁盘符号；"path"表示路径名；调试的文件名是包含扩展名的完整形式。

例如在 myfile.exe 文件所在的路径下，对 myfile.exe 进行调试，可以输入：

DEBUG myfile.exe↙　　　;("↙"表示回车)

此命令执行后进入 DEBUG 状态，并装入要调试的 myfile.exe 程序。

如果在缺省文件名时直接输入 DEBUG 命令，如图 1.1-13 所示，则也可进入 DEBUG 状态，出现提示符"-"，等待 DEBUG 调试命令。但这个格式只把 DEBUG 程序本身装入内存，并没有把要调试的程序装入内存。

```
管理员: C:\Windows\system32\cmd.exe - debug
Microsoft Windows [???? 6.1.7601]
???????? (c) 2009 Microsoft Corporation????????????????

C:\Users\Administrator.SDWM-20140719QQ>debug
-
```

图 1.1-3　运行 DEBUG 的界面

(2) DEBUG 调试命令。DEBUG 提供了强大的调试功能，主要调试命令及功能如表 1.1-1 所示。

表 1.1-1　DEBUG 主要调试命令及功能

命令	功　能	命令	功　能
R	显示、修改寄存器的内容	G	设置断点并分段执行程序
D	显示内存单元的内容	T	单步执行汇编语言指令
E	显示并修改内存单元内容	P	单步执行汇编语言语句
F	填充内存单元内容	A	直接输入汇编语言指令
M	传送内存单元内容	Q	退出DEBUG软件
U	反汇编指令代码		

使用 DEBUG 命令时需注意的主要问题有以下几个：

- 字母不分大小写；
- 只使用十六进制数，但不带后缀字母"H"；
- 命令如果不符合 DEBUG 的规则，则以"error"提示错误信息，并以"^"指示程序出错位置；
- 每个命令只有按下回车键后才有效；
- 命令字母和参数中，相邻两个十六进制数之间必须用逗号或空格分开，其他各部分之间有无空格或逗号都可以。

DEBUG 主要调试命令的功能与操作介绍如下：

① R 命令：用于显示、修改各个寄存器的内容。

格式：

R [寄存器名]↙

在 DEBUG 状态下，在提示符“-”后输入命令：

-R↙

如图 1.1-4 所示，屏幕显示寄存器 AX、BX、CX、DX、SP、BP、SI、DI、DS、ES、SS、CS、IP 以及标志寄存器的值，所有值均以十六进制数表示。图 1.1-4 中第三行的右端部分给出了标志寄存器中的 8 个标志位，标志位的状态是用字母表示的，其含义如表 1.1-2 所示。图 1.1-4 中最后一行的内容表示所加载的一条程序即将执行的指令。

```
-R
AX=0000  BX=0000  CX=0000  DX=0000  SP=FFEE  BP=0000  SI=0000  DI=0000
DS=0B85  ES=0B85  SS=0B85  CS=0B85  IP=0100   NV UP EI PL NZ NA PO NC
0B85:0100 BE9002        MOV     SI,0290
```

图 1.1-4 输入 R 命令后显示的内容

表 1.1-2 标志寄存器标志位的含义

标志位名称	表示 “1” 的符号	表示“0”的符号
溢出标志(OF)	OV	NV
方向标志(DF)	DN	UP
中断允许标志(IF)	EI	DI
符号标志(SF)	NG	PL
零标志(ZF)	ZR	NZ
半进位标志(AF)	AC	NA
奇偶标志(PF)	PE	PO
进位标志(CF)	CY	NC

R 命令可修改某个寄存器的内容。如要显示并修改 AX 寄存器的内容，则可以采用如下 R 命令：

-R AX↙

这时屏幕就会显示出 AX 寄存器的当前值，并提示用户输入要更改的值。如图 1.1-5 所示，屏幕显示 AX 的当前值“0000”和“：”。如在“：”后输入“1234”，然后按回车键，即可完成修改。若不需要修改，则可直接按回车键。最后用 R 命令可以查看修改结果。

图 1.1-5 R 命令修改 AX 寄存器的值

利用 R 命令还可以修改寄存器标志位，例如输入：

-R F↙

屏幕显示当前的标志位状态为“NV UP EI PL NZ NA PO NC -”，并等待用户输入更改值。输入“OV”进行修改，重新用 R 命令查看结果如图 1.1-6 所示。也可以输入多个标志位同时进行修改。

```
-R F
NV UP EI PL NZ NA PO NC  -OV
-R
AX=1234  BX=0000  CX=0000  DX=0000  SP=FFEE  BP=0000  SI=0000  DI=0000
DS=0B85  ES=0B85  SS=0B85  CS=0B85  IP=0100   OV UP EI PL NZ NA PO NC
0B85:0100 BE9002        MOV     SI,0290
-
```

图 1.1-6　R 命令修改标志寄存器的内容

② U 命令：用于反汇编目标代码。可以利用 U 命令将机器代码反汇编为汇编语言的指令符号。U 命令的三种常用格式如下：

U：从当前CS: IP地址开始，每次对32个字节的代码进行反汇编。

U addr：从指定地址(addr)开始进行反汇编。

U addr1，addr2：从地址1(addr1)反汇编到地址2(addr2)。

若只给出偏移地址，则使用 CS 当前值作为段地址。如图 1.1-7 所示是 U 命令的第二种格式，执行 U 命令后，屏幕左边显示的是内存单元的逻辑地址，中间是十六进制形式表示的机器码代码，右边是对应的汇编语言指令。

```
-U 1000
0B85:1000 44            INC     SP
0B85:1001 07            POP     ES
0B85:1002 207506        AND     [DI+06],DH
0B85:1005 F6440710      TEST    BYTE PTR [SI+07],10
0B85:1009 740B          JZ      1016
0B85:100B 8A4404        MOV     AL,[SI+04]
0B85:100E E84E00        CALL    105F
0B85:1011 FF36E591      PUSH    [91E5]
0B85:1015 41            INC     CX
0B85:1016 8A4403        MOV     AL,[SI+03]
0B85:1019 E84300        CALL    105F
0B85:101C FF36E591      PUSH    [91E5]
```

图 1.1-7　U 命令的操作

③ G 命令：用于设置断点并分段执行程序。可以利用 G 命令实现程序的分段执行。G 命令常用的四种格式如下：

G：从当前地址 CS:IP 开始执行程序，直到程序结束。

G = addr：从指定地址(addr)开始执行程序，直到程序结束。

G = addr1，addr2：从地址 1(addr1)执行到地址 2(addr2)。这种格式实际上是在所指定的地址 2 处设置了一个断点，当指令执行到断点时，就停止执行程序并在屏幕上显示当前所有寄存器和标志位的值，以及下一条将要执行的指令。

G addr：从当前地址 CS:IP 执行到指定的地址(addr)，即在 addr 处设置了断点。

若只给出偏移地址，则使用 CS 当前值作为段地址。如图 1.1-8 所示，默认的 CS 段地址为 140CH，命令中只给出偏移地址，即从地址 140CH:0100H 执行到地址 140CH:0112H，在 140CH:0112H 处设置了断点。

```
-G=0100,0112

AX=1000  BX=2000  CX=3000  DX=4000  SP=FFEE  BP=0000  SI=5000  DI=6000
DS=140C  ES=140C  SS=140C  CS=140C  IP=0112   NV UP EI NG NZ NA PO NC
140C:0112 BC0070        MOV     SP,7000
```

图 1.1-8　G 命令的操作

④ D 命令：用于显示内存单元的内容。D 命令常用的三种格式如下：

D [Daddr:]Offset：从指定地址开始显示 128 个字节单元的内容。其中 Daddr 是指定的段地址，缺省时使用 DS 当前值作为段地址，它可以直接指定段地址值，也可使用 DS、ES、CS 和 SS 等段寄存器指定当前段地址；Offset 用于指定段内偏移地址。

D：可继续从上一次显示的内存位置结束的下一字节开始，显示 128 个字节单元的内容。

D [Daddr:]Offset1 Offset2：显示从指定段的偏移地址 1(Offset1)到偏移地址 2(Offset2)内存单元的内容。

如图 1.1-9 所示是第一种和第三种命令格式。若只给出偏移地址，则缺省使用 DS 当前值作为段地址。执行 D 命令后屏幕左边显示的是内存单元逻辑地址，中间是十六进制形式所表示的存储数据，右边是这些数据对应的 ASCII 码字符。

```
-D 0B8F:0100
0B8F:0100  BE 90 02 74 0A F7 D1 F7-D2 83 C2 01 83 D1 00 26   ...t...........&
0B8F:0110  8B 77 06 26 8A 04 3C 00-75 07 B0 01 34 00 7E 0B   .w.&..<.u...4.~.
0B8F:0120  90 46 26 8A 04 3C 00 74-60 46 2E F6 06 BE 90 80   .F&..<.t`F......
0B8F:0130  75 1E 26 3B 4C 03 72 36-77 06 26 3B 54 01 72 2E   u.&;L.r6w.&;T.r.
0B8F:0140  26 3B 4C 07 77 28 72 3A-26 3B 54 05 77 20 EB 32   &;L.w(r:&;T.w .2
0B8F:0150  26 3B 4C 03 7C 18 7F 06-26 3B 54 01 7C 10 26 3B   &;L.|...&;T.|.&;
0B8F:0160  4C 07 7F 0A 7C 1C 26 3B-54 05 7F 02 EB 14 83 C6   L...|.&;T.......
0B8F:0170  09 FE C8 75 B5 2E C7 06-B2 90 06 00 B0 01 B4 FF   ...u............
-D 0100 0150
0B8F:0100  BE 90 02 74 0A F7 D1 F7-D2 83 C2 01 83 D1 00 26   ...t...........&
0B8F:0110  8B 77 06 26 8A 04 3C 00-75 07 B0 01 34 00 7E 0B   .w.&..<.u...4.~.
0B8F:0120  90 46 26 8A 04 3C 00 74-60 46 2E F6 06 BE 90 80   .F&..<.t`F......
0B8F:0130  75 1E 26 3B 4C 03 72 36-77 06 26 3B 54 01 72 2E   u.&;L.r6w.&;T.r.
0B8F:0140  26 3B 4C 07 77 28 72 3A-26 3B 54 05 77 20 EB 32   &;L.w(r:&;T.w .2
0B8F:0150  26                                                &
```

图 1.1-9　D 命令操作

⑤ E 命令：用于显示并修改内存单元的内容。E 命令常用的两种格式如下：

E [Daddr:]Offset：从指定地址开始显示一个字节单元的内容，用户可以通过输入新值进行修改，按空格键表示确认修改，这时会自动显示下一个单元的内容；如果不修改该单元的内容，则可以直接按空格键。按回车键表示 E 命令结束。如果不指明段地址，则默认段地址为 DS 当前值。

E [Daddr:]Offset Expression：Expression 为多个字节内容构成的表达式，字节之间用空格间隔。例如命令 E100 10 20 30 40 50 表示将 DS:100H 开始的 5 个字节单元的内容改成“10H 20H 30H 40H 50H”。

如图 1.1-10 所示，首先用 D 命令查看地址 1000H:0000H 到 1000H:0005H 存储的数据，均为 0；然后使用 E 命令第二种格式，从地址 1000H:0000H 开始，输入表达式“1 2 3 ‘A’ ‘a’ 4”进行修改；最后用 D 命令查看修改结果。

```
-D1000:0 5
1000:0000  00 00 00 00 00 00                                ......
-E1000:0 1 2 3 'A' 'a' 4
-D1000:0 5
1000:0000  01 02 03 41 61 04                                ...Aa.
```

图 1.1-10　E 命令操作

⑥ F 命令：用于给一块内存区域置入同一个值。F 命令常用的两种格式如下：

F [Daddr:]Offset1 Offset2 Expression：缺省段地址为 DS 当前值。表示从偏移地址 1(Offset1)到偏移地址 2(Offset2)的所有单元用表达式(Expression)的值依次写入。例如命令 F100 200 55 AA 表示将 DS:100H 到 DS:200H 的所有单元依次写入 55H 和 AAH。

F [Daddr:]Offset L length Expression：表示从地址(Offset)开始、长度为“length”值的所有单元用表达式(Expression)的值依次写入。例如命令 F100L100 55 AA 表示从 DS:100H 开始，长度为 100H 的所有单元依次写入 55H 和 AAH。

如图 1.1-11 所示，首先用 D 命令查看 2000H:0000H 到 2000H:0008H 单元的数据；然后用 F 命令的第一种格式将数据“AAH”写入地址 2000H:0000H 到 2000H:0008H 单元；写入后用 D 命令进行查看。

```
-D 2000:0000 0008
2000:0000  00 00 00 00 00 00 00 00-00
-F 2000:0000 0008 AA
-D 2000:0000 0008
2000:0000  AA AA AA AA AA AA AA AA-AA
```

图 1.1-11　F 命令操作

⑦ M 命令：用于将一块区域的内容传送到另一位置。

M 命令常用的两种格式如下：

M [Daddr:]Offset1 Offset2 Offset3：默认段地址为 DS 当前值。表示将从偏移地址 1(Offset1)到偏移地址 2(Offset2)的所有单元的内容传送到偏移地址 Offset3 开始的单元中。例如命令 M100 200 300 表示将 DS:100H 到 DS:200H 的所有单元内容传送到 DS:300H 开始的单元中。

M [Daddr:]Offset1 L length Offset2：将从偏移地址 1(Offset1)开始、长度为“length”值的所有单元的内容传送到偏移地址 Offset2 开始的单元中。

如图1.1-12所示，首先使用D命令查看了地址1000H:0000H到1000H:0008H和2000H:0000H到2000H:0008H单元存储的数据；然后使用M命令的第一种格式，将2000H:0000H到2000H:0008H单元存储的数据传送到1000H:0000H开始的单元；最后用D命令查看1000H:0000H到1000H:0008H单元存储的数据。

```
-D1000:0000 0008
1000:0000  41 42 61 62 62 63 00 00-00
-D2000:0000 0008
2000:0000  AA AA AA AA AA AA AA AA-AA
-M2000:0000 0008 1000:0000
-D1000:0000 0008
1000:0000  AA AA AA AA AA AA AA AA-AA
```

图 1.1-12　M 命令操作

⑧ A 命令：用于输入汇编语言指令。在 DEBUG 调试环境下，可以利用 A 命令直接输入汇编语言的指令。在使用 A 命令时，若只给出偏移地址，则使用 CS 当前值作为段地址。A 命令常用的两种格式如下：

A [Daddr:]Offset：从指定地址的偏移地址 Offset 开始输入汇编语言指令，每输入一条指令，DEBUG 软件会自动编译该指令，并生成相应的机器代码，同时计算出下一条指令的存放地址，用户可以继续输入汇编语言指令。按回车键则结束 A 命令。

A：可从上一次 A 命令结束的地址输入汇编语言指令。如果是第一次使用，则默认从当前 CS:IP 地址开始输入汇编语言指令。

如图 1.1-13 所示为采用第一种命令格式，即从当前 CS 段地址下，偏移地址 100H 开始，输入了几条指令。

```
-A 100
0B8F:0100 MOV AX,1234
0B8F:0103 MOV BX,1111
0B8F:0106 ADD AX,BX
0B8F:0108
```

图 1.1-13　A 命令操作

⑨ T 及 P 命令：用于程序的单步执行。在 DEBUG 调试环境下，可以利用 T 或 P 命令单步执行程序。T 命令常用的两种格式如下：

T[=addr]：从指定地址起执行一条指令后停止，并显示当前所有寄存器和标志位的值，以及下一条将要执行的指令。如不指定地址则从当前 CS:IP 地址开始运行。

T[=addr][value]：该格式可以跟踪执行多条指令，从指定地址起执行 n 条指令后停下来，n 值由 value 指定。

如图 1.1-14 所示，利用 T 命令跟踪执行图 1.1-13 中的几条指令。首先修改 IP 寄存器值为 100H，然后从 CS:100H 处开始单步执行，从 AX、BX 寄存器的值可查看指令执行的结果。

```
-RIP
IP 0105
:100
-R
AX=0000  BX=0000  CX=0000  DX=0000  SP=FFEE  BP=0000  SI=0290  DI=0000
DS=0B8F  ES=0B8F  SS=0B8F  CS=0B8F  IP=0100   NV UP EI PL NZ NA PO NC
0B8F:0100 B83412        MOV     AX,1234
-T

AX=1234  BX=0000  CX=0000  DX=0000  SP=FFEE  BP=0000  SI=0290  DI=0000
DS=0B8F  ES=0B8F  SS=0B8F  CS=0B8F  IP=0103   NV UP EI PL NZ NA PO NC
0B8F:0103 BB1111        MOV     BX,1111
-T

AX=1234  BX=1111  CX=0000  DX=0000  SP=FFEE  BP=0000  SI=0290  DI=0000
DS=0B8F  ES=0B8F  SS=0B8F  CS=0B8F  IP=0106   NV UP EI PL NZ NA PO NC
0B8F:0106 01D8          ADD     AX,BX
-T

AX=2345  BX=1111  CX=0000  DX=0000  SP=FFEE  BP=0000  SI=0290  DI=0000
DS=0B8F  ES=0B8F  SS=0B8F  CS=0B8F  IP=0108   NV UP EI PL NZ NA PO NC
```

图 1.1-14　T 命令操作

P 命令的格式如下：

P[=addr][value]

P 命令与 T 命令的区别为：T 命令每次只执行汇编语言的一条指令，而 P 命令每次执行汇编语言的一条语句；对于像 CALL sub、INT n 这样的语句，执行 T 指令进入子程序或中断服务子程序，而执行 P 命令时，则执行完整个子程序或中断服务子程序。

⑩ Q 命令：用于退出 DEBUG 调试环境。在 DEBUG 状态下，输入 Q 命令可以退出 DEBUG 调试环境。

3．汇编源程序在微机上运行的环境要求

为了能在微机上调试和运行汇编语言程序，须准备以下软件：

(1) DOS 操作系统或者 Windows 操作系统下的 DOS 运行环境；

(2) 编辑软件(常用记事本)、宏汇编程序 MASM.EXE、连接程序 LINK.EXE。

使用 Windows 操作系统下的 DOS 运行环境启动 DEBUG 时，需要注意微机系统是 32 位还是 64 位的，在非集成开发环境下，使用 64 位机时需要安装 DosBox 软件。由于 64 位系统没有且不支持 DEBUG 调试程序，所以还需要安装 DEBUG.EXE 软件。

本章的汇编语言程序设计实验可在满足以上软件环境的 PC 上完成，也可在后面 2.3 节介绍的 TPC-ZK-II 集成开发环境下完成。

1.1.2　DEBUG 程序调试

一、实验目的

(1) 学习使用 DEBUG 常用调试命令；

(2) 学习用 DEBUG 命令调试简单程序；

(3) 通过调试程序，熟悉汇编语言指令、寄存器、标志位、堆栈等知识点。

二、实验内容

用 DEBUG 的命令对简单程序段进行调试练习。

三、调试步骤及调试练习

1．进入 DEBUG 调试环境

启动 DEBUG 程序。当机器控制权由 DOS 成功地转移给调试程序 DEBUG 后，将显示符号“-”，它是 DEBUG 的状态提示符，表示可以接受调试命令了。

- 32 位机下启动 DEBUG 程序

在微机桌面单击“开始”菜单中的“运行”命令，在弹出对话框中输入“cmd”，进入 DOS 命令环境，然后在命令行中输入“DEBUG”指令，进入 DEBUG 调试环境。

- 64 位机下启动 DEBUG 程序

例如在“D”盘建立文件夹“zhangsan”。在“zhangsan”文件夹下拷入“debug.exe”系统程序。安装 DosBox 软件，在桌面打开 DosBox 软件。如图 1.1-15 所示，在“Z:\>”提示符下输入：

```
mount D D:\zhangsan ↙        ; 将用 D 代替 D:\zhangsan
```

在“Z:\>”提示符下输入：

```
D:↙
```

在“D:\>”提示符下输入：

```
DEBUG↙
```

即可显示“-”，表示已启动了 DEBUG 调试程序，进入了调试环境。

```
Z:\>mount D D:\zhangsan
Drive D is mounted as local directory D:\zhangsan\

Z:\>D:

D:\>DEBUG
-
```

图 1.1-15　在 DosBox 中进入 DEBUG 调试环境

2. 用 DEBUG 调试简单程序

(1) 在 DEBUG 状态下用 A 命令输入以下加法程序段，按照命令运行程序。

```
-A CS:0106  ↙
MOV AX, 1234
MOV BX, 2345
MOV CX, 0
ADD AX, BX
MOV CX, AX
INT 20H
```

执行该段程序时 IP 寄存器应指向要执行的指令，因此需要修改 IP 寄存器的值。如图 1.1-16 所示，在“ : ”后输入需要修改的值，该处为 0106。当然也可以用 T 或 G 命令指出程序起始地址。后面实验的操作类似。

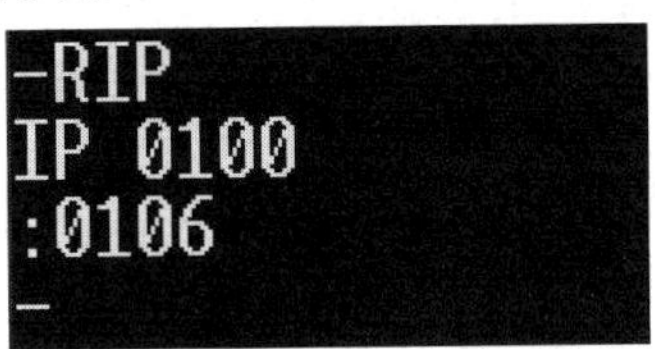

图 1.1-16　修改 IP 寄存器的值

按照以下命令操作运行程序。

```
-R   ↙  ; 显示各寄存器当前值及首条指令
-T 3 ↙  ; 跟踪执行三条赋值传送指令，并显示寄存器及标志位的值
-T 2 ↙  ; 跟踪执行相加及传送结果指令，并显示寄存器及标志位的值
-G   ↙  ; 执行中断指令 INT 20H，屏幕将显示“Program terminated normally”的信息，并显示“-”
        ; 提示符，表明此时微机仍处在 DEBUG 的调试控制状态下。P 命令也可实现相同操作，
        ; 未用 T 命令是因为不想进入到 INT 20H 中断处理程序中去
```

实验现象记录与分析：观察与记录按照上述要求命令执行后，哪些寄存器和标志位值发生了变化。

(2) 在 DEBUG 状态下用 A 命令输入以下加法程序段，按照命令运行程序。

```
-A CS:116  ↙
MOV AX, [0124]
MOV BX, [0126]
ADD AX, BX
MOV [0128], AX
```

```
INT 20H
DW 3333
DW 9999
DW 0
```

程序段分析：当前段地址下偏移地址 0124H 单元存放的是 3333H，偏移地址 0126H 单元存放的是 9999H，程序段执行前，偏移地址 0128H 单元存放的是数据 0。

设置断点分段运行程序如下：

```
-G=CS:116 11D ↙        ; 从指定地址开始运行程序，至断点 11DH 停止，这时两个数已取
                       ; 至 AX 和 BX，但还没有求和
-G122 ↙                ; 从上一断点运行至新断点停止，这时已完成求和并存入结果到
                       ; 指定单元
-G ↙                   ; 完成程序的执行
```

查看内存内容：

```
-DCS:116 12A ↙         ; 显示本程序小段目标代码和数据单元内容
-UCS:116 12A ↙         ; 反汇编指定范围的内存内容
```

实验现象记录与分析：观察与记录按照上述要求命令执行后，相应寄存器和标志位值的变化；观察与记录指定地址范围内存的内容及对应指令；进一步理解汇编语言的概念。

(3) 在 DEBUG 状态下用 A 命令输入以下字符串显示程序段，按照命令运行程序。

```
-A CS:0192  ↙
MOV DX,19B
MOV AH,9
INT 21H
INT 20H
DB 'HELLO,WORLD! $'
```

程序段分析：此段是通过 DOS 系统功能调用显示字符串，需先将存放字符串的内存偏移地址放置在 DX 中，AH 设置为 09H 功能号，执行 INT 21H 指令。此程序段中存放字符串的内存偏移地址为 19BH。

用 P 命令单步执行程序。

实验现象记录与分析：观察与记录使用 P 命令执行程序后，相应寄存器和标志位值的变化。

分析：分析与查看“‘HELLO，WORLD！$’”在内存中存放的地址范围和对应的 ASCII 码。

-D_____________ _____________；

ASCII 码为：___________________________。

(4) 在 DEBUG 状态下用 A 命令输入以下加法程序段，按照命令运行程序。

```
-A CS:0100 ↙
MOV AL, 74
ADD AL, 70
MOV AL, 7A
```

```
ADD AL, 94
MOV AL, 43
ADC AL, 65
INT 20H
```

用 P 命令单步执行程序。

实验现象记录与分析：观察与记录每条指令执行后 AX 寄存器及标志位值的变化；分析与理解进位与溢出的概念。

(5) 在 DEBUG 状态下用 A 命令输入以下 BCD 码乘法程序段，按照命令运行程序。

```
-A CS:0100 ↙
MOV AL, 05
MOV BL, 09
MUL BL
AAM
INT 20H
```

用 P 命令单步执行程序。

实验现象记录：观察与记录每条指令执行后，AX、BX 寄存器以及标志位值的变化；分析与理解 BCD 码乘法的调整指令。

(6) 在 DEBUG 状态下用 A 命令输入以下主程序与子程序段，按照命令运行程序。

```
-A CS:0100 ↙
MOV AX, 0200
MOV DX, 0000
CALL AX                 ；调用子程序
MOV DX, 1234
ADD DH, DL
MOV [0300], DX
INT 20H
;********下面是子程序段********
 -A CS:0200 ↙
PUSH AX
MOV AX, 5678
POP AX
RET
```

程序段分析：此程序段中子程序调用采用段内间接调用。在 T 命令执行 CALL AX 时，会先将断点处的地址保存在堆栈中，然后执行子程序。执行子程序中的 RET 指令后，又会将堆栈中保存的断点地址恢复，接着执行主程序。用 P 命令或 T 命令跟踪执行程序。

实验现象记录与分析：

① 跟踪执行程序，观察与记录在子程序调用过程中 IP、SP 寄存器的值、堆栈栈顶存储单元内容的变化；分析与理解堆栈、子程序调用断点的保护与恢复等功能。

- CALL AX 执行前：　　　IP _____、SP_____、栈顶存储单元________；

- T 命令执行 CALL AX 后：　IP ＿＿、SP＿＿、栈顶存储单元＿＿＿；
- PUSH AX 执行后：　IP ＿＿、SP＿＿、栈顶存储单元＿＿＿；
- MOV AX, 010B 执行后：　IP ＿＿、SP＿＿、栈顶存储单元＿＿＿；
- POP AX 执行后：　IP ＿＿、SP＿＿、栈顶存储单元＿＿＿；
- RET 执行后：　IP ＿＿、SP＿＿、栈顶存储单元＿＿＿。

② 程序运行完毕后 [0300]单元的内容为＿＿＿。

1.1.3　汇编语言程序设计实验基本步骤

一、实验目的

(1) 掌握汇编语言源程序编写的基本格式；
(2) 熟悉汇编语言程序设计实验环境；
(3) 掌握汇编语言源程序编辑、汇编、连接与调试的基本步骤；
(4) 掌握 MASM、LINK、DEBUG 程序的使用方法。

二、实验内容

对一个汇编语言源程序进行编辑、汇编、连接与调试。

三、实验步骤

1．建立工作目录

在某驱动器盘，如 D 盘建立一个文件夹，命名为“zhangsan”，将 MASM.EXE、LINK.EXE 等需要的系统软件复制到该文件夹下，也将要编辑的源程序文件保存到该文件夹下。

2．编辑源程序

用 EDIT 编辑器或者记事本编辑源程序。在记事本中输入以下源程序：

```
;在屏幕上显示字符串 ' HELLO,WORLD! '
DATA    SEGMENT
DA1     DB ' HELLO,WORLD!'
        DB 0DH,0AH,' $'
DATA    ENDS
STACK   SEGMENT
ST1     DB 100 DUP(?)
STACK   ENDS
CODE    SEGMENT
        ASSUME CS:CODE,DS:DATA,SS:STACK
START:  MOV AX, STACK
        MOV SS, AX
        MOV AX, DATA
        MOV DS, AX
```

```
            MOV AH, 9
            MOV DX, OFFSET DA1
            INT 21H
            MOV AH,4CH
            INT 21H
CODE        ENDS
END         START
```

编辑好源文件后保存为后缀名为 asm 的文件，如“myfile.asm”，保存在已建立的“zhangsan”文件夹中。

3. 进入 DOS 调试运行环境

• 32 位机下进入 DOS 调试运行环境

从 WINDOWS 进入 DOS 环境。如图 1.1-17 所示，在当前路径下输入：“D:↙”，出现 D:\> 提示符；然后利用“CD zhangsan”命令进入建立的文件夹；在该文件夹路径下，用“DIR”命令查看该文件夹中是否已含有“myfile.asm”文件。

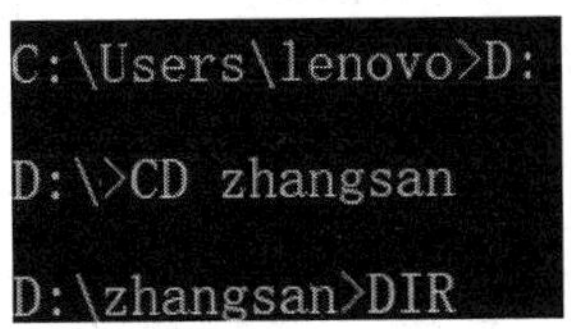
C:\Users\lenovo>D:
D:\>CD zhangsan
D:\zhangsan>DIR

图 1.1-17　32 位机下进入 DOS 运行环境

• 64 位机下进入 DOS 调试运行环境

安装 DosBox 软件，并将 DEBUG.EXE 系统程序拷入“zhangsan”文件夹中。打开 DosBox 软件，操作如图 1.1-18 所示，进入“zhangsan”文件夹路径下。也可参考图 1.1-15 所示步骤进入 DOS 调试环境。

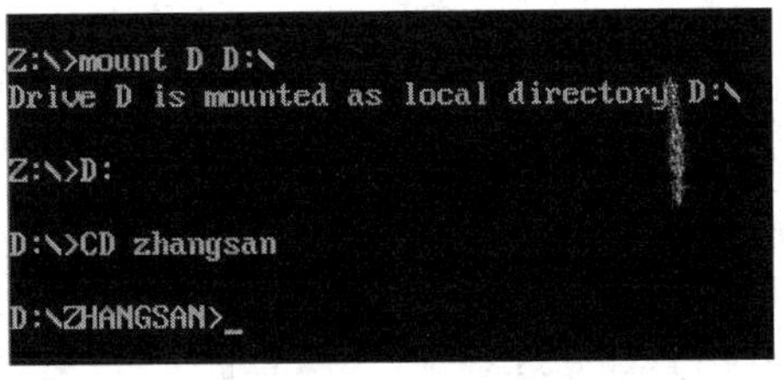
Z:\>mount D D:\
Drive D is mounted as local directory D:\
Z:\>D:
D:\>CD zhangsan
D:\ZHANGSAN>_

图 1.1-18　在 DosBox 中进入 DOS 运行环境

4. 汇编源程序

用汇编程序 MASM 将“myfile.asm”文件汇编，生成“myfile.obj”目标文件，具体步骤如下：

(1) 只需生成.OBJ 文件时，可键入如下简化命令：

```
D:\zhangsan>MASM myfile; ↙
```

若有错误，则显示错误行号及错误性质信息，重新进入记事本进行修改，修改后再存盘，退出编辑，回到 DOS 环境，再汇编。

(2) 没有任何错误时，表示汇编成功，生成“myfile.obj”文件。

(3) 用 DIR 命令查看“zhangsan”文件夹中是否有“myfile.obj”文件。

5. 连接程序

用连接程序 LINK 将“myfile.obj”文件连接，生成“myfile.exe”可执行文件。

(1) 只生成“myfile.exe”文件时，可键入如下简化命令：

```
D:\ zhangsan > LINK myfile;↙
```

若有错误，则显示错误信息，返回编辑，修改、存盘，再汇编、连接直到连接成功，生成 myfile.exe 可执行文件。

(2) 用 DIR 命令查看“zhangsan”文件夹中是否有“myfile.exe”文件。

6. 运行程序

运行 myfile.exe 文件命令如下：

```
D:\ zhangsan > myfile.exe   ↙
```

执行“myfile.exe”文件后，屏幕应显示“'HELLO,WORLD!'”字符串。

由连接程序生成的 .EXE 可执行文件，在 DOS 环境下直接键入文件名就可以把文件载入内存，并立即执行。有的程序没有可直接显示的结果，且对于较复杂程序直接观察很难找到错误所在，因此还需要利用 DEBUG 程序进行调试。

7. 调试程序

进入 DEBUG 环境下调试程序，具体命令如下：

```
D:\ zhangsan > DEBUG myfile.exe   ↙
```

载入要调试的程序后，可通过 1.1 节介绍的相关调试命令对程序进行调试。

1.2　顺序程序设计

一、基础知识

顺序程序结构比较简单，CPU 执行程序是以指令的先后顺序逐条进行的。

二、实验目的

(1) 掌握指令编程及程序调试的方法；

(2) 学会运用顺序程序解决实际问题的方法。

三、实验示例及步骤

示例： 计算 X + Y = Z，将结果 Z 存入某存储单元，其中 X、Y 是 32 位数。

1. 分析

一个 32 位数可由 2 个 16 位数组成。利用累加器 AX，先求两个低 16 位数的和，结果存入低地址存储单元；然后求两个高 16 位数的和，结果存入高地址存储单元。由于低位可能向高位有进位，因而高位相加语句需用 ADC 指令。

参考程序如下：

```
STACK     SEGMENT
          DW 64 DUP(?)
STACK     ENDS
DATA      SEGMENT
          XL DW ?  ;请在此处给 X 低位赋值
          XH DW ?  ;请在此处给 X 高位赋值
          YL DW ?  ;请在此处给 Y 低位赋值
          YH DW ?  ;请在此处给 Y 高位赋值
          ZL DW ?  ;预存放结果低位
          ZH DW ?  ;预存放结果高位
DATA      ENDS
CODE      SEGMENT
          ASSUME CS:CODE,DS:DATA
START:    MOV AX,DATA
          MOV DS,AX
          MOV AX,XL
          ADD AX,YL
          MOV ZL,AX
          MOV AX,XH
          ADC AX,YH
          MOV ZH,AX
          INT 03H
CODE      ENDS
END       START
```

2. 实验步骤

(1) 编辑实验程序，并检查、汇编、连接，生成可执行文件；

(2) 利用 DEBUG 载入要调试的程序。用 DEBUG 的 U 命令查看 MOV AX, XXXX(DATA)语句，得到数据段 DS 地址 XXXX。用命令 E XXXX:0000 给 XL、XH 及 YL、YH 赋值十六进制数 A0 65 15 00 和 9E B7 21 00；

(3) 用 G 命令运行以上程序；

(4) 用 D XXXX:0008 显示计算结果：3E 1D 37 00；

(5) 反复调试几组数，考查程序的正确性。

如图 1.2-1 所示，用 U 命令反汇编，查看数据段 DS 地址，这里的数据段 DS 地址 XXXX 为 14B4H；然后用 E 14B4:0000 命令给数据段赋值。

如图 1.2-2 为用 G 命令运行程序，用 D 14B4:0008 命令查看程序运行后的结果。

```
-U
14B5:0000 B8B414        MOV     AX,14B4
14B5:0003 8ED8          MOV     DS,AX
14B5:0005 A10000        MOV     AX,[0000]
14B5:0008 03060400      ADD     AX,[0004]
14B5:000C A30800        MOV     [0008],AX
14B5:000F A10200        MOV     AX,[0002]
14B5:0012 13060600      ADC     AX,[0006]
14B5:0016 A30A00        MOV     [000A],AX
14B5:0019 CC            INT     3
14B5:001A EB02          JMP     001E
14B5:001C 2BC0          SUB     AX,AX
14B5:001E 8946F2        MOV     [BP-0E],AX
-E14B4:0000
14B4:0000  00.A0   00.65   00.15   00.00   00.9E   00.B7   00.21   00.00
-
```

图 1.2-1　用 U 命令反汇编查看 DS 段地址并用 E 命令赋值

```
-G

AX=0037  BX=0000  CX=00AA  DX=0000  SP=0000  BP=0000  SI=0000  DI=0000
DS=14B4  ES=149C  SS=14AC  CS=14B5  IP=0019   NV UP EI PL NZ NA PO NC
14B5:0019 CC            INT     3
-D14B4:0008
14B4:0000                         3E 1D 37 00 00 00 00 00        >.7....
```

图 1.2-2　用 G 命令运行程序及 D 命令显示程序运行结果

四、实验任务

(1) 学习示例并运行程序。

(2) 根据下面的题目要求编写程序。参考示例步骤，写出实验过程，观察现象，记录实验结果并进行分析。

① 计算 $y = a \times b + c - 18$，其中 a、b、c 分别为 3 个有符号(或无符号)的 8 位二进制数。

② 用查表法，将一位十六进制数(0～F)转换成对应的 ASCII 码(只考虑大写字母)。

任务提示：可事先在数据段定义一个表，用于存放十六进制数 0～F 对应的 ASCII 码。可用 BX 指向表的首地址，将待转换的十六进制数送 AL，使用字节转换指令 XLAT 或其他指令查表，取出对应的 ASCII 码，存放于已定义的变量中。

1.3　分支程序设计

一、基础知识

计算机在完成某种运算或某个过程的控制时，经常需要根据不同的情况或条件实现不同的功能，这就要求程序在执行过程中能够根据不同条件进行判定，并根据判定结果决定程序的走向，这就是分支程序。

分支程序的结构一般可分为：

(1) 两分支结构(相当于高级语言中的 IF-THEN-ELSE 语句)，结构图如图 1.3-1 所示。

(2) 多分支结构(相当于高级语言中的 CASE 语句)，结构图如图 1.3-2 所示。

使用分支程序结构时需注意每个分支的完整性。

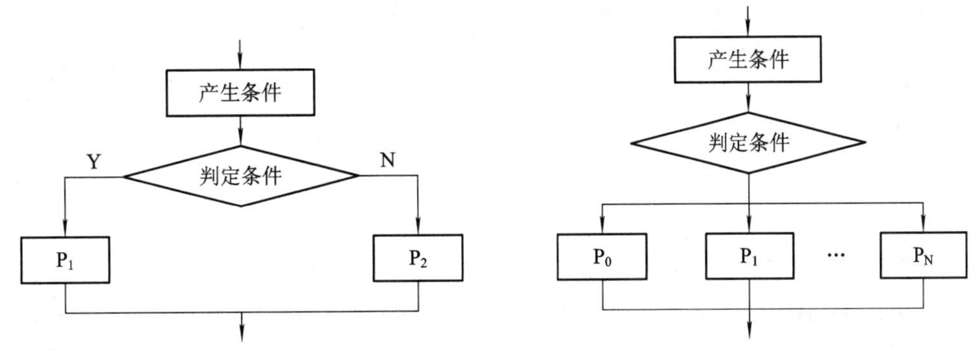

图 1.3-1　两分支结构　　　　图 1.3-2　多分支结构

实现分支程序的转移指令可分为无条件转移指令和条件转移指令。无条件转移是指无条件转移到目标地址，条件转移是指满足条件的情况下转移到目标地址。

二、实验目的

(1) 掌握分支程序的设计与调试方法；
(2) 掌握分支程序的指令和基本结构；
(3) 学会运用分支程序解决实际问题的方法。

三、实验示例及步骤

示例 1：求某数 X(字)的绝对值，并送回原处。

1. 分析

需要根据判断分支处理。首先判断此数是正数还是负数，如果是正数，不做处理，直接送回原处；如果是负数，需求绝对值。

参考程序如下：

```
STACK       SEGMENT
            DW 64 DUP(?)
STACK       ENDS
DATA        SEGMENT
            DAT1 DB ?
DATA        ENDS
CODE        SEGMENT
            ASSUME CS:CODE, DS:DATA
START:      MOV AX, DATA
            MOV DS, AX          ; 传送 DS 段地址
            MOV AL, DAT1        ; 传送一个带符号的数
            CMP AL, 0           ; 大于等于 0?
            JNS POSI            ; 是，转到 POSI 处执行
            NEG AL              ; 不是，取绝对值
```

```
POSI:       MOV DAT1, AL      ；将结果放回原处
            MOV AH, 4CH
            INT 21H
CODE        ENDS
END         START
```

2. 实验步骤

(1) 编辑实验程序，并检查、汇编、连接，生成可执行文件；

(2) 利用 DEBUG 载入要调试的程序。用 DEBUG 的 U 命令查看 MOV AX, XXXX(DATA)语句，得到数据段 DS 地址 XXXX，用 E 命令 E XXXX:0000 给 DAT1 单元赋值 1 个有符号的数，如 0FAH；

(3) 用 G 命令运行以上程序；

(4) 用 D XXXX:0000 显示计算结果：06；

(5) 反复调试几组数，考查程序的正确性。

示例 2：利用跳转表实现不同功能选择。

N=1 时，处理功能 1，显示信息：'This is a procedure 1'；

N=2 时，处理功能 2，显示信息：'This is a procedure 2'；

N=3 时，处理功能 3，显示信息：'This is a procedure 3'；

N=4 时，处理功能 4，显示信息：'This is a procedure 4'；

N=q 或 Q 时，结束程序；

N=其他数值时，显示'ERROR'信息，等待重新输入按键值。

1. 分析

(1) 设 N 值由微机键盘输入，N = 1～4 时不同功能段的程序入口地址分别为 N1、N2、N3、N4，N= q 或 Q 时执行 EXIT 段。

(2) 各功能段均处于同一代码段。除 EXIT 外，各功能程序段最后一句均为 JMP AGAIN，以保证能连续键入不同的 N 值，从而执行不同功能。

(3) 在数据段定义变量 JADT 单元，存放各功能段的跳转地址 N1、N2、N3、N4。设 DI = 2 × N，则可从数据表的 JADT+(DI)−2 处获得跳转地址，然后执行 JMP JADT[DI−2]。

参考程序如下：

```
STACK       SEGMENT
            DW 256 DUP(?)
TOP         LABEL WORD
STACK       ENDS
DATA        SEGMENT
JADT        DW N1
            DW N2
            DW N3
            DW N4
STRING1     DB 'This is a procedure 1',0AH,0DH,'$'
```

```
STRING2     DB 'This is a procedure 2',0AH,0DH,'$'
STRING3     DB 'This is a procedure 3',0AH,0DH,'$'
STRING4     DB 'This is a procedure 4',0AH,0DH,'$'
ER          DB 'ERROR',0AH,0DH,'$'
DATA        ENDS
CODE        SEGMENT
            ASSUME CS:CODE,DS:DATA,SS:STACK
START:      MOV AX,DATA
            MOV DS,AX
            MOV AX,STACK
            MOV SS,AX
            MOV SP,OFFSET TOP
AGAIN:      MOV AH,01H              ;从键盘输入 N 值
            INT 21H
            CMP AL,'Q'              ;N=Q 退出
            JE EXIT
            CMP AL,'q'              ;N=q 退出
            JE EXIT
            CMP AL,31H              ;输入 N=1～4
            JB ERROR
            CMP AL,34H
            JA ERROR
            SUB AL,30H
            SHL AL,01H
            CBW
            MOV DI,AX
            JMP JADT[DI-2]
N1:         MOV DX, OFFSET STRING1
            MOV AH,09H
            INT 21H
            JMP AGAIN
N2:         MOV DX, OFFSET STRING2
            MOV AH,09H
            INT 21H
            JMP AGAIN
N3:         MOV DX, OFFSET STRING3
            MOV AH,09H
            INT 21H
            JMP AGAIN
```

```
N4:         MOV DX, OFFSET STRING1
            MOV AH,09H
            INT 21H
            JMP AGAIN
ERROR:      MOV AH,09H
            MOV DX,OFFSET ER
            INT 21H
            JMP AGAIN
EXIT:    MOV AH,4CH
            INT 21H
CODE        ENDS
END      START
```

2．实验步骤

(1) 编辑实验程序，并检查、汇编、连接，生成可执行文件；

(2) 运行程序。

四、实验任务

(1) 学习示例并运行。分析两个示例的分支结构及实现程序转移的指令。

(2) 根据下面的题目要求编写程序。写出实验过程，观察现象，记录结果并进行分析。

① 用分支结构，将一位十六进制数(0～F)转换成对应的 ASCII 码(只考虑大写字母)。

任务提示：一位十六进制数可能是 0～9 这 10 个数字或 A～F 这 6 个字母中的 1 个。对于 0～9 这 10 个数字，ASCII 码为十六进制数值加 30H，而对 A～F 这 6 个字母，其 ASCII 码为十六进制数值加 37H。对于给定的十六进制数 N，要实现转换，需分成 0～9 和 A～F 两种情况分别处理，才能获得相应的 ASCII 码值。

② 在 DS 数据段存放着某班 20 个同学的微机原理考试成绩。统计大于等于 90 分、80 分～89 分、70 分～79 分、60 分～69 分和小于 60 分的人数，并将统计的结果放在当前数据段偏移地址为 BUFFER 的顺序单元中。

任务提示：在数据段可定义以下内容：

```
DAT DB 20 DUP (?)              ; 预留单元存放学生成绩
BUFFER DB 5 DUP (?)            ; 存放统计的结果
```

在程序中根据不同的成绩段进行结果统计。

1.4　循环程序设计

一、基础知识

循环程序结构是强制 CPU 重复执行同一指令集合的一种程序结构，它可以简化许多重复性工作的程序。

一个标准的循环程序一般由四部分组成：初始化准备部分、循环工作部分、参数调整部分、出口判定部分。

(1) 初始化准备部分：为循环工作做准备，不包括在循环体内。如完成循环次数、地址指针、初始状态的设置等工作。

(2) 循环工作部分：这部分工作是循环程序解决问题的核心，完成一定的功能。根据题目要求不同，这部分程序可以很简单，也可以很复杂，甚至是多重循环结构。

(3) 参数调整部分：主要用来更新一些数据或修正控制循环的参数，以保证每次循环所完成的功能不是完全重复的。

(4) 循环出口判定：循环程序中至少要有一个出口判定，以保证循环程序正常结束。有些循环程序有多个出口，可以有多个条件控制循环的结束，只要其中一个条件满足即可结束循环。

从程序上说，以上四个部分的分界线可能不是很明确的，有时工作部分与参数调整部分可能就是同一段程序，但从功能上说，以上几个部分都是必需的。

循环程序一般有两种结构。在图 1.4-1 所示的结构中，先循环工作，后判定出口条件，适合于循环次数已知的场合，常用循环次数减 1 计数控制循环；在图 1.4-2 所示的结构中，先判定出口条件，后循环工作，适合于循环次数未知或可能出现零次循环的情况，常用状态标志做出口判定。

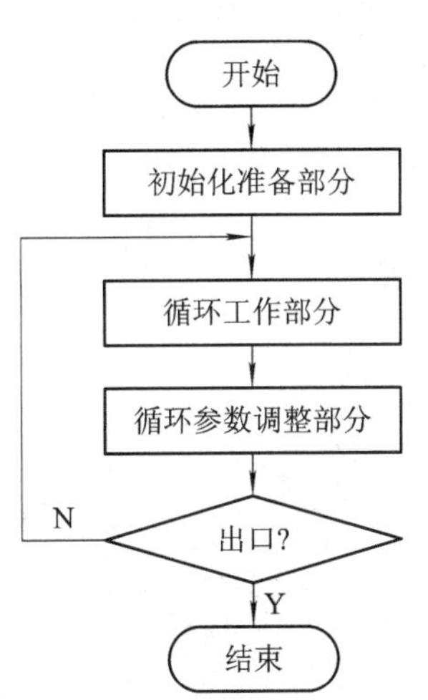

图 1.4-1　先循环工作后判断条件结构

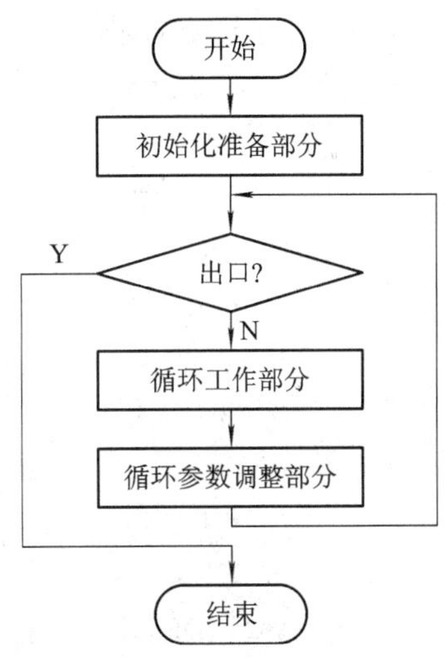

图 1.4-2　先判断条件后循环工作结构

二、实验目的

(1) 掌握循环程序的设计与调试方法；

(2) 掌握循环程序的指令和基本结构；

(3) 学会运用循环程序解决实际问题的方法。

三、实验示例及步骤

示例：求某数据区内负数的个数。

1. 分析

在数据区的第一个单元存放区内数据的个数，从第二单元开始存放数据，在区内最后一个单元存放结果。为统计数据区内负数的个数，需要逐个检查区内的每一个数据，然后将所有数据中凡是符号位为 1 的数据的个数累加起来，即可得到数据区内所包含负数的个数。

参考程序如下：

```
        STACK   SEGMENT
        DW 64 DUP(?)
        STACK   ENDS
        DATA    SEGMENT
        ORG     3000H
        DATA1   DB 16 DUP(?)
        DATA    ENDS
        CODE    SEGMENT
        ASSUME CS:CODE, DS:DATA
START:  MOV AX, DATA
        MOV DS, AX
        MOV DI, OFFSET DATA1  ; 设数据区首地址
        MOV CL, [DI]          ; 送数据个数
        XOR CH, CH            ; CH 清零
        MOV BL, CH            ; BL 清零
        INC DI                ; 指针指向第一个数据
A1:     MOV AL, [DI]
        TEST AL, 80H          ; 数据首位是否为 1
        JE A2
        INC BL                ; 负数个数累加
A2:     INC DI
        LOOP A1
        MOV [DI], BL          ; 存结果
        INT 03H
CODE    ENDS
END     START
```

2. 实验步骤

(1) 编辑实验程序，并检查、汇编、连接，生成可执行文件；

(2) 进入 DEBUG 调试环境，并载入要调试的程序。用 DEBUG 的 U 命令查看 MOV AX, XXXX(DATA)语句，得到数据段 DS 地址 XXXX，用 E 命令 E XXXX:3000H 输入数据。如设置 3000H 单元的内容为 06(数据个数)，3001H 单元开始的内容为 12、88、82、90、22、33；

(3) 用G命令运行以上程序；

(4) 用D命令检查3007H单元是否显示结果03；

(5) 反复调试几组数，考查程序的正确性。

四、实验任务

(1) 学习示例并运行程序。分析此示例程序的循环结构及组成部分。

(2) 根据以下题目要求编写程序。参考示例步骤写出实验过程，观察现象，记录结果并进行分析。

① 将ADRS开始存放的10个字节的数据传送到ADRD开始的连续内存中。假设它们的段地址分别存放在DS和ES中。

② 将ADRS开始存放的10个字节的数据传送到ADRD开始的连续内存中。假设它们的段地址分别存放在DS和ES中。如果传送过程中出现"#"时，立即停止传送。

任务提示：在循环传送的过程中还需要进行比较。

③ 设DATBUF中存放有10个无符号数(或有符号数)，将10个数据按照数值大小递减排列。

④ 设DATBUF中存放有10个无符号数(或有符号数)，求它们的最小值和最大值，将最小值放入DATMIN单元，最大值放入DATMAX单元。

⑤ *计算 $S = 1 + 2 \times 3 + 3 \times 4 + 4 \times 5 + \cdots + N(N + 1)$，直到N(N+1)项大于200为止。

1.5 子程序设计

一、基础知识

子程序是由设计者定义的完成某种功能的程序模块。在编写较为复杂的程序时，采用子程序可以简化程序设计，减少某些程序段的多次重复。

子程序调用指令为CALL。调用类型有段内直接调用、段内间接调用、段间直接调用、段间间接调用4种。

子程序调用示意图如图1.5-1所示，直接调用的子程序名一旦定义了，就可被主程序任意调用。同时就具有了三个属性：段地址、段内偏移地址、调用类型(NEAR表示段内调用、FAR表示段间调用)。

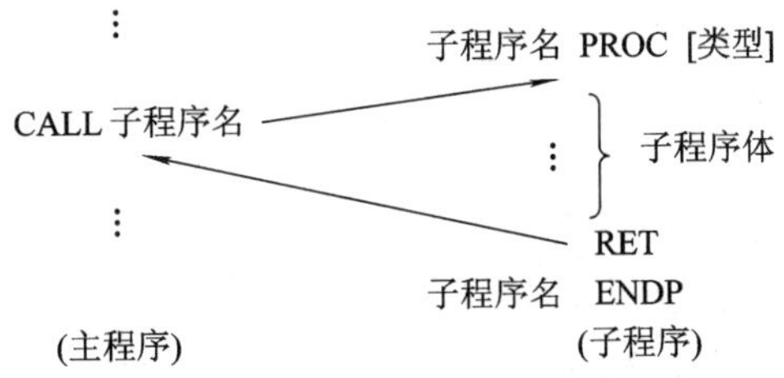

图1.5.1　子程序调用示意图

如图1.5-2和图1.5-3分别为段内直接调用、段间直接调用结构示意图。

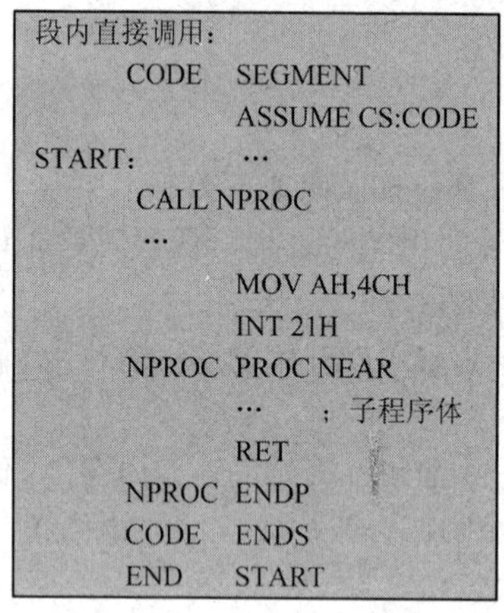

```
段内直接调用：
        CODE    SEGMENT
                ASSUME CS:CODE
START：         …
        CALL NPROC
        …
                MOV AH,4CH
                INT 21H
        NPROC   PROC NEAR
                …      ；子程序体
                RET
        NPROC   ENDP
        CODE    ENDS
        END     START
```

图 1.5-2　段内直接调用结构示意图

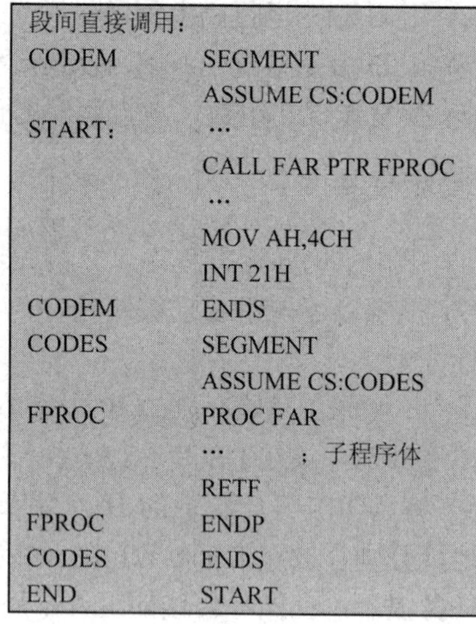

```
段间直接调用：
CODEM       SEGMENT
            ASSUME CS:CODEM
START：     …
            CALL FAR PTR FPROC
            …
            MOV AH,4CH
            INT 21H
CODEM       ENDS
CODES       SEGMENT
            ASSUME CS:CODES
FPROC       PROC FAR
            …       ；子程序体
            RETF
FPROC       ENDP
CODES       ENDS
END         START
```

图 1.5-3　段间直接调用结构示意图

主程序与子程序间参数传递的三种常用方式为：

(1) 利用寄存器；

(2) 利用内存单元(变量)；

(3) 利用堆栈。

二、实验目的

(1) 掌握子程序的设计与调试方法；

(2) 理解参数传递的方法；

(3) 掌握子程序调用的指令和基本结构；

(4) 学会用子程序解决实际问题的方法。

三、实验示例及步骤

示例：将一组 BCD 数转换成 16 位二进制数。

1. 分析

假设一组 BCD 数以分离 BCD 形式存放于数据区，并且 BCD 数据的高位存放于高地址端，低位存放于低地址端。由于转换后的二进制数为 16 位，所以 BCD 数最多为 5 个字节。

子程序采用的基本算法是：

(1) DX=0；

(2) 取要转换的一组 BCD 数中的高位→(AX)；

(3) (DX) = (DX) × 10 + (AX)；

(4) 重复(2)、(3)两步，直到 BCD 码的所有位都转换完为止，结果存放在 DX 中。

本实验通过内存单元传递参数，通过段间直接调用方式调用子程序。

参考程序如下：

```
STACK       SEGMENT
            DW 64 DUP(?)
STACK       ENDS
DATA        SEGMENT
BCD1        DB  5  DUP(?)             ;定义一组分离 BCD 数
ADSEG       DW ?                      ;通过此变量传递 BCD1 的段地址
ADOFST      DW ?                      ;通过此变量传递 BCD1 的偏移地址
LENG1       DW ?                      ;通过此变量传递 BCD1 数据的长度
RESULT      DW ?                      ;通过此变量传递转换后的结果数据
DATA        ENDS
 CODEM      SEGMENT
            ASSUME CS:CODEM,DS:DATA,SS:STACK
START:      MOV AX,DATA
            MOV DS,AX
            MOV ES,AX
            MOV AX,STACK
            MOV SS,AX
            MOV AX,SEG BCD1
            MOV ADSEG,AX
            MOV AX,OFFSET BCD1
            MOV ADOFST,AX
            MOV AX,LENGTH BCD1
            MOV LENG1,AX
            CALL FAR PTR BCD_16B
            MOV AH,4CH
            INT 21H
CODEM       ENDS
CODES       SEGMENT
            ASSUME CS:CODES,DS:DATA,ES:DATA
BCD_16B     PROC FAR
            PUSH BX
            PUSH AX
            PUSH SI
            PUSH ES
            PUSH DS
            MOV AX,DATA
            MOV DS,AX
            MOV ES,ADSEG
            MOV SI,ADOFST
```

```
                MOV CX,LENG1
                ADD SI,CX
                DEC SI
                MOV DX,0
BCDL:           PUSH CX
                MOV AL,ES:[SI]
                DEC SI
                AND AL,0FH
                CBW
                MOV BX,AX
                MOV AX,DX
                MOV CX,10
                MUL CX
                MOV DX,AX
                ADD DX,BX
                POP CX
                LOOP BCDL
                MOV ES:RESULT,DX
                POP DS
                POP ES
                POP SI
                POP AX
                POP BX
                RETF
BCD_16B         ENDP
CODES           ENDS
                END START
```

2．实验步骤

(1) 编辑实验程序，并检查、汇编、连接，生成可执行文件。

(2) 用 DEBUG 的 U 命令查看 MOV AX, XXXX(DATA)语句，得到数据段 DS 地址 XXXX，用 E 命令向 XXXX:0000～XXXX:0004 单元赋值，如 05 03 05 05 06；

(3) 用 G 命令运行以上程序；

(4) 用 D XXXX:0000B 显示计算结果：FFFF；

(5) 反复调试几组数，考查程序的正确性。

四、实验任务

(1) 学习示例并运行程序。思考如何通过寄存器及堆栈方式进行参数传递。

(2) 根据以下题目要求编写程序。参考示例步骤写出实验过程，观察现象，记录结果并进行分析。

统计一个字中的 1 的个数，采用段内调用实现。

统计一个字中的 1 的个数，采用段间调用实现。

任务提示：利用子程序统计一个字(AX)中“1”的个数。对 AX 用移位指令或循环移位指令，每次对 CF 位进行检测。可以采用有条件转移指令来实现：当 CF = 1 时，则总个数加 1；当 CF = 0 时，则总个数不变。也可在移位或循环移位后采用 ADC 指令实现。

1.6 DOS 系统功能调用

一、基础知识

在微机系统软件中，有两种功能调用：高级功能调用(DOS 功能调用)和低级功能调用(BIOS 调用)。

DOS 功能调用很多是通过软中断 INT 21H 命令完成的。利用功能调用，用户程序可以对各种标准输入/输出设备进行读/写操作、检查硬盘目录、创建和删除文件、读写文件中的记录、设置或读实时时钟信息等。

DOS 系统功能调用过程主要分以下几步：

(1) 载入入口参数到规定的寄存器中；

(2) 载入功能号到 AH 中；

(3) 调用中断 INT 21H 命令。

二、实验目的

(1) 掌握 DOS 系统功能调用的程序设计方法；

(2) 学会用 DOS 系统功能调用解决实际问题的方法。

三、实验示例及步骤

示例：在屏幕上显示字符串“PLEASE INPUT STRING.”。

1．分析

使用功能号 AH=09H，将缓冲区中的一组以“'$'”结束的字符串送标准输出设备输出。在调用前须将字符串缓冲区的首地址送 DS:DX。

参考程序如下：

```
STACK       SEGMENT STACK
            DB 256 DUP(?)
STACK       ENDS
DATA        SEGMENT
STRING      DB 'PLEASE INPUT STRING.'
            DB 0DH,0AH,'$'
DATA        ENDS
```

```
CODE        SEGMENT
            ASSUME CS:CODE,DS:DATA,SS:STACK
START:      MOV AX,DATA
            MOV DS,AX
            MOV DX,OFFSET STRING
            MOV AH,09H
            INT 21H
            MOV AH,4CH
            INT 21H
CODE        ENDS
END         START
```

2．实验步骤

(1) 编辑实验程序，并检查、汇编、连接，生成可执行文件；

(2) 运行生成的文件，查看结果；或者在 DEBUG 下用 G 命令运行程序。

四、实验任务

(1) 学习示例并运行程序。分析此示例中 DOS 系统功能调用的过程。

(2) 根据以下题目要求编写程序。参考示例步骤写出实验过程，观察现象，记录结果并进行分析。

用 AH=02H 功能，在微机的显示器上显示“HOW ARE YOU TODAY?”字符串；

用 AH=09H 功能，在微机的显示器上显示“HOW ARE YOU TODAY?”字符串；

实现从键盘接收一串字符并回显，并且统计与显示出该字符串的长度。

任务提示：用功能号 0AH 输入一串字符，用功能号 09H 输出一串字符。注意键盘输入缓冲区的定义。

1.7　字符串程序设计

一、基础知识

字符串处理是指对一系列的字母或数字进行相同功能的处理。计算机中字符一般都采用 ASCII 码，每个字符占一个字节，一组字符串存放在一个连续的存储区中。

存放在连续存储区中的一组字符串，可看为一个数据块。为了提高对字符串(或数据块)的处理效率，指令系统专门提供了一组对字符串处理的指令，包括以下这些指令：

- 字符串传送指令(MOVS)
- 字符串比较指令(CMPS)
- 字符串扫描指令(SCAS)
- 字符串装入指令(LODS)
- 字符串存储指令(STOS)

字符串处理指令既可以按字节操作，也可以按字操作，且源操作数和目的操作数的寻址方式均为隐含寻址方式。

二、实验目的

(1) 掌握字符串指令及字符串程序设计的方法；
(2) 学会用字符串程序解决实际问题的方法。

三、实验示例及步骤

示例：在数据段中定义以下内容：

```
STR1 DB 'ASSEMBLE LANGUAGE'
STR2 DB 20 DUP(?)
```

利用字符串指令从左到右将 STR1 中的字符串传送到 STR2 中。

1. 分析

传送数据可利用 MOVS 指令实现。为了提高编程效率，采用重复前缀 REP 指令。

参考程序如下：

```
        STACK   SEGMENT
                DB 64 DUP(?)
        STACK   ENDS
        DATA    SEGMENT
        STR1    DB 'ASSEMBLE LANGUAGE'          ；在 DS 段定义源字符串
        DATA    ENDS
        EDD     SEGMENT
        STR2    DB 20 DUP(?)                    ；在 ES 段预置 20 个字节存储单元
        EDD     ENDS
        CODE    SEGMENT
                ASSUME SS:STACK, DS:DATA, CS:CODE, ES:EDD
START:          MOV CX, 17                      ；字符串的长度保存在 CX 中
                MOV AX, DATA
                MOV DS, AX                      ；获取 DS 段地址
                LEA SI, STR1                    ；将源字符串的偏移地址送给 SI
                MOV AX, EDD
                MOV ES, AX                      ；获取 ES 段地址
                LEA DI, STR2                    ；将目的字符串的偏移地址送给 DI
                CLD                             ；按地址递增方向存放字符串
                REP MOVSB                       ；以字节的形式重复传送字符串
                MOV AH, 4CH
                INT 21H
        CODE    ENDS
```

```
        END        START
```

2. 实验步骤

(1) 编辑实验程序，并检查、汇编、连接，生成可执行文件。

(2) 用 DEBUG 的 U 命令查看 MOV AX,XXXX(DATA)语句，得到数据段 DS 地址 XXXX；查看 MOV AX,XXXX(EDD)语句，得到附加数据段 ES 地址 YYYY；

(3) 用命令 D XXXX:0000 显示预置的 17 个字符：41 53 53 45 4D 42 4C 45 20 4C 41 4E 47 55 41 47 45；

(4) 用 G 命令运行以上程序；

(5) 用命令 D YYYY:0000 显示结果：41 53 53 45 4D 42 4C 45 20 4C 41 4E 47 55 41 47 45。

四、实验任务

(1) 学习示例并运行程序。思考编写字符串程序需要什么样的步骤。

(2) 根据以下题目要求编写程序。参考示例步骤写出实验过程，观察现象，记录结果并进行分析。

① 在数据段中定义以下内容：

```
STRING DB 'Today is Sunday & July 15,2018'
```

实现将 STRING 中的字符“&”用字符“/”代替并将替换后的字符串显示出来。

任务提示：可用字符串比较指令，且可采用重复前缀 REPE/REPNE 指令。显示可利用 DOS 系统功能调用。

② 将字符“#”载入以 AREA 为首地址的 100 个字节中。

任务提示：可利用字符串存储指令，且可采用重复前缀 REP 指令。

1.8　宏指令程序设计

一、基础知识

宏指令是利用 CPU 指令系统中已有的指令，按照一定的规则定义的新指令。宏指令的功能是根据用户的要求自己确定的。宏指令一旦定义后，在源程序中就可以像其他指令一样使用。宏指令的引用称为宏调用。宏指令必须定义后才能使用，宏指令的定义是利用伪指令实现的。

宏定义格式如下：

```
宏指令名  MACRO<形式参数>
          …                          ；宏体(完成某一特定功能的一段程序)
          ENDM
```

二、实验目的

(1) 学习宏指令程序的设计与调试方法；

(2) 学会用宏指令程序解决实际问题的方法。

三、实验示例及步骤

示例：采用宏指令，实现在屏幕上显示出指定的字符串，如显示以下字符串：

```
How are you?
I am fine.
```

1. 分析

先定义宏指令，然后在程序中实现宏调用。

参考程序如下：

```
    SDISP       MACRO STR
                LEA DX,STR
                MOV AH,09H
                INT 21H
                ENDM
    STACK       SEGMENT
                DB 256 DUP(?)
    STACK       ENDS
    DATA        SEGMENT
    DAT1        DB 'How are you?$'
    DAT2        DB 0DH,0AH, '$'
    DAT3        DB 'I am fine.$'
    DATA        ENDS
    CODE        SEGMENT
                ASSUME CS:CODE,DS:DATA,SS:STACK
START:          MOV AX,DATA
                MOV DS,AX
                MOV AX,STACK
                MOV SS,AX
                SDISP DAT1
                SDISP DAT2
                SDISP DAT3
                MOV AH,4CH
                INT 21H
    CODE        ENDS
    END         START
```

2. 实验步骤

(1) 编辑实验程序，并检查、汇编、连接，生成可执行文件；

(2) 运行生成的文件，查看结果；或者在 DEBUG 下用 G 命令运行程序。

四、实验任务

(1) 学习示例并运行程序。分析宏指令结构与子程序结构的特点。

(2) 根据以下题目要求编写程序。参考示例步骤写出实验过程，观察现象，记录结果并进行分析。

① 利用宏指令实现对某寄存器左移或右移几位，从而实现对某一存储单元的数据进行左移或右移几位。

② 利用宏指令实现字符串的输入与回显。

第二章　微机实验系统介绍

2.1　实验系统简介

本书的实验系统基于清华大学科技仪器厂的 TPC-ZK-II 系统。该实验系统由 PC、实验箱、USB 总线接口模块及集成开发环境组成。实验箱的实物及 USB 总线接口模块如图 2.1-1 所示，实验箱左上角的板子是 USB 总线接口模块，该模块直接插在实验箱的核心板接口区。实验系统依托 PC 主机的 CPU 微处理器，USB 接口模块通过 USB 总线电缆与 PC 的 USB 接口相连。PC 通过 USB 接口模块为实验箱提供仿 ISA 总线信号。

图 2.1-1　实验箱及 USB 总线接口模块

实验箱的主要硬件模块有：并行通信接口芯片 8255、定时/计数器接口芯片 8254、串行通信接口芯片 8251、中断控制器接口芯片 8259、DMA 控制器接口芯片 8237、存储器接口芯片 6264、模/数转换接口芯片 0809、数/模转换接口芯片 0832、简单并行接口芯片 244/273、8 位数码管显示电路、8 位 LED 显示电路、8 位逻辑电平带灯开关、8 × 8 双色点阵，COM 口 232 电路、图形液晶 12864LCD 模块、继电器控制模块、步进电机模块、直流电机模块、两路正负单脉冲模块、带计数/脉冲/高低电平/TTL 与 COMS 切换的逻辑笔模块、直流信号输入模块、麦克风模块，蜂鸣器模块、带功放喇叭模块、4 × 4 键盘模块、时钟源/逻辑门/触发器模块、系统总线驱动/开放/扩展实验接口等。

实验系统配有集成软件，具有编辑、汇编、连接和调试程序功能，可以查看基础实验

的说明、实验原理图，并可以进行实验程序演示等。

实验箱上有两个扩展接口(一个 PC104 ISA 接口，一个 20 芯接口)及一块扩展实验区，可进行课程设计和二次扩展模块开发实验。

实验系统自备电源，具有电源短路保护功能。

实验时采用自锁紧单股导线及排线。

2.2　实验箱硬件模块

实验箱的硬件模块分布如图 2.2-1 所示。

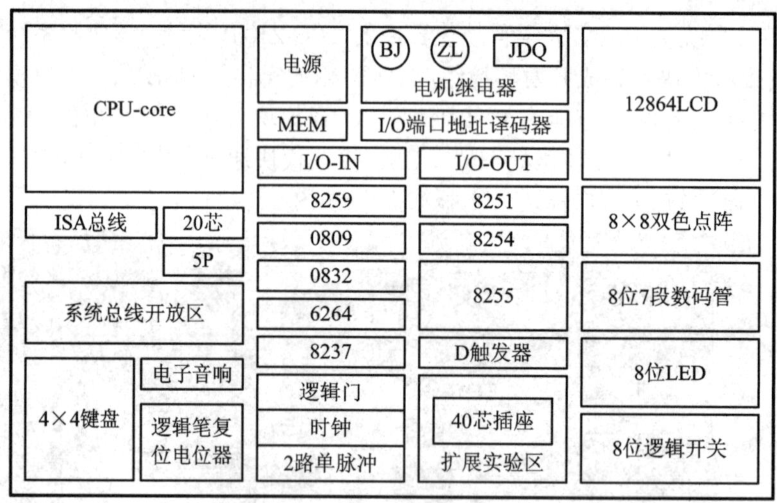

图 2.2-1　实验箱的硬件模块分布

主要的硬件介绍如下。

1．系统总线

实验箱上系统总线采用自锁紧插孔和 8 芯针两种形式，如图 2.2-2 所示。有数据线 D7～D0、地址线 A19～A0、I/O 读写信号 $\overline{\text{IOR}}$ 及 $\overline{\text{IOW}}$、存储器读写信号 $\overline{\text{MEMW}}$ 及 $\overline{\text{MEMR}}$、中断请求 IRQ、DMA 申请信号 DRQ、DMA 回答信号 $\overline{\text{DCAK}}$ 及 AEN 等。

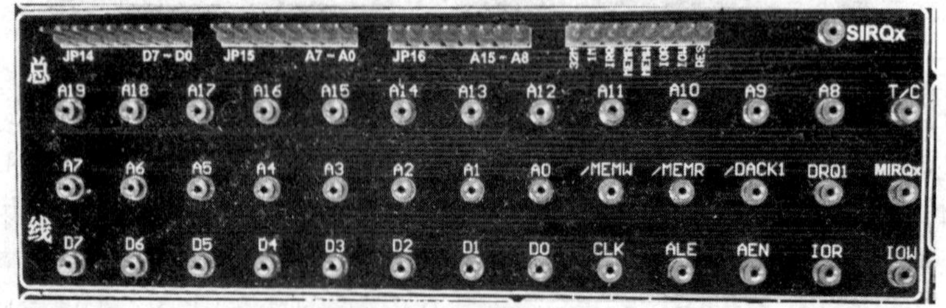

图 2.2-2　系统总线

2．直流稳压电源

在实验箱上有一个直流电源开关，交流电源打开后再把直流开关拨到“ON”的位置，电源指示灯点亮。可提供的直流电压有：+5 V、+12 V、−5 V、−12 V。

3．逻辑电平开关单元

实验箱有 8 个逻辑电平开关 K0～K7，如图 2.2-3 所示。逻辑电平开关的电路如图 2.2-4 所示(为符合电路图规范，将图 2.3-3 中的开关 K_0～K_7 用 S_0～S_7 表示)。开关向上拨，接通电源，对应的 LED 灯亮；开关向下拨，断开电源，对应的 LED 灯灭。

图 2.2-3　逻辑电平开关

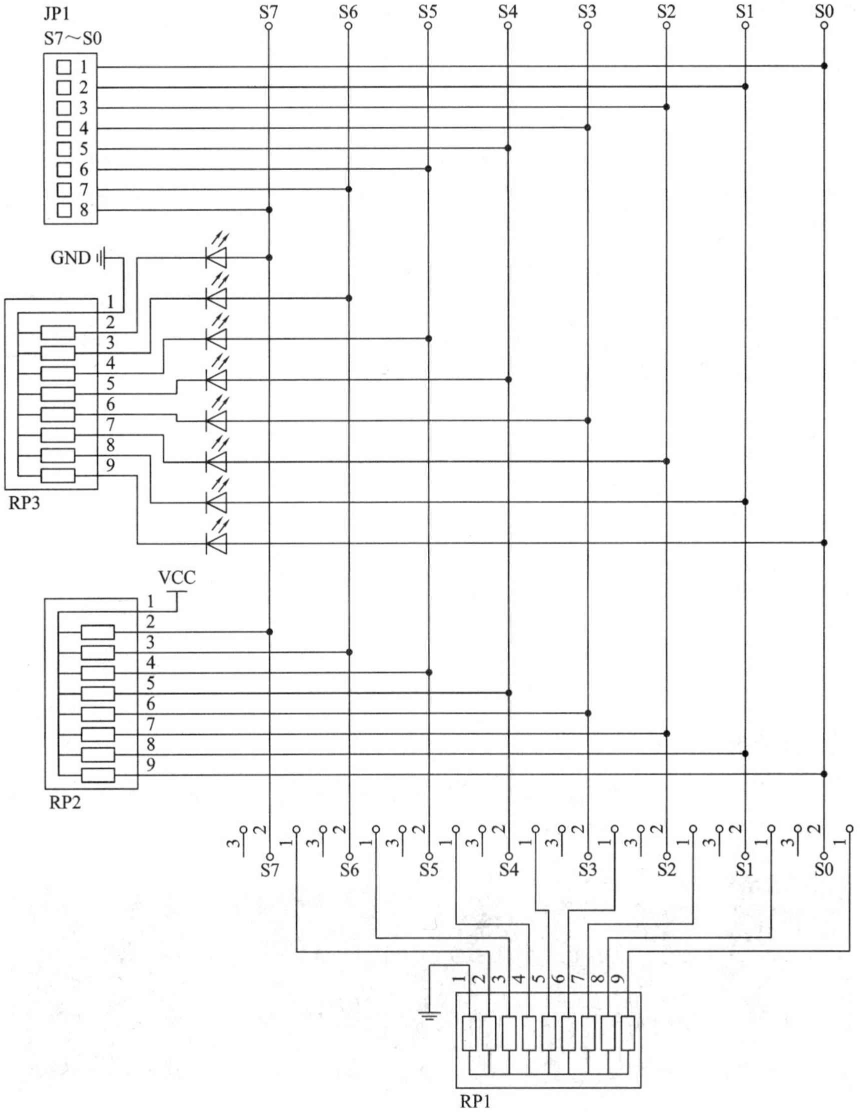

图 2.2-4　逻辑电平开关电路图

4．I/O 端口地址译码单元

实验箱上有 8 个 I/O 端口译码地址输出端，由自锁紧插孔引出，如图 2.2-5 所示。

图 2.2-5　8 个 I/O 端口译码地址输出端

I/O 地址译码电路如图 2.2-6 所示。地址线 A0～A9 中 A0、A1、A2 未参与译码，产生地址重叠，因此 74LS138 译码器的 8 个输出(Y0～Y7)均包含 8 个地址，其地址分别为 280H～287H、288H～28FH、290H～297H、298H～29FH、2A0H～2A7H、2A8H～2AFH、2B0H～2B7H、2B8H～2BFH。

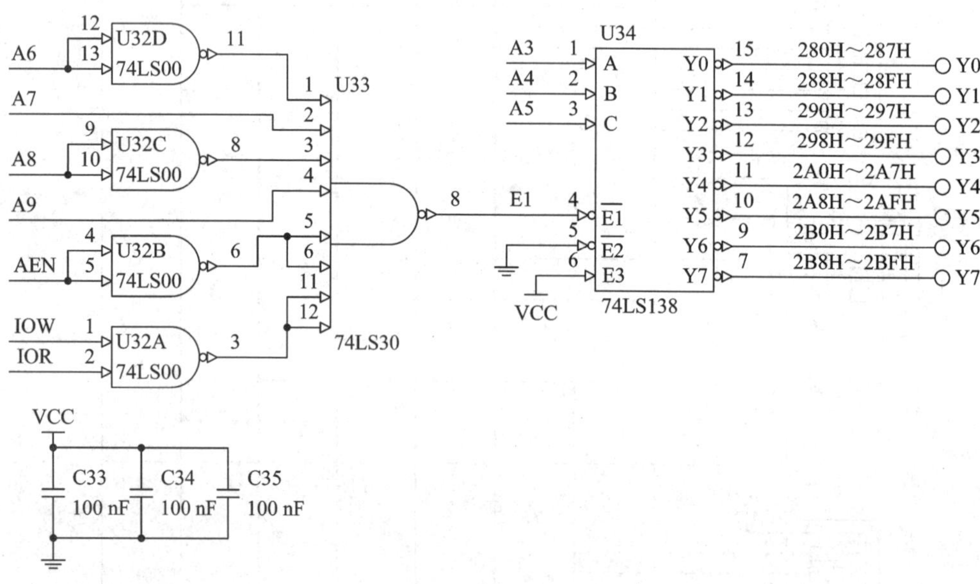

图 2.2-6　I/O 地址译码电路图

5．LED 显示单元

实验箱上设有 8 个 LED 发光二极管，如图 2.2-7 所示。其驱动电路如图 2.2-8 所示。当输入信号 L0~L7 为高电平时 LED 灯亮，为低电平时 LED 灯灭。

图 2.2-7　LED 显示单元

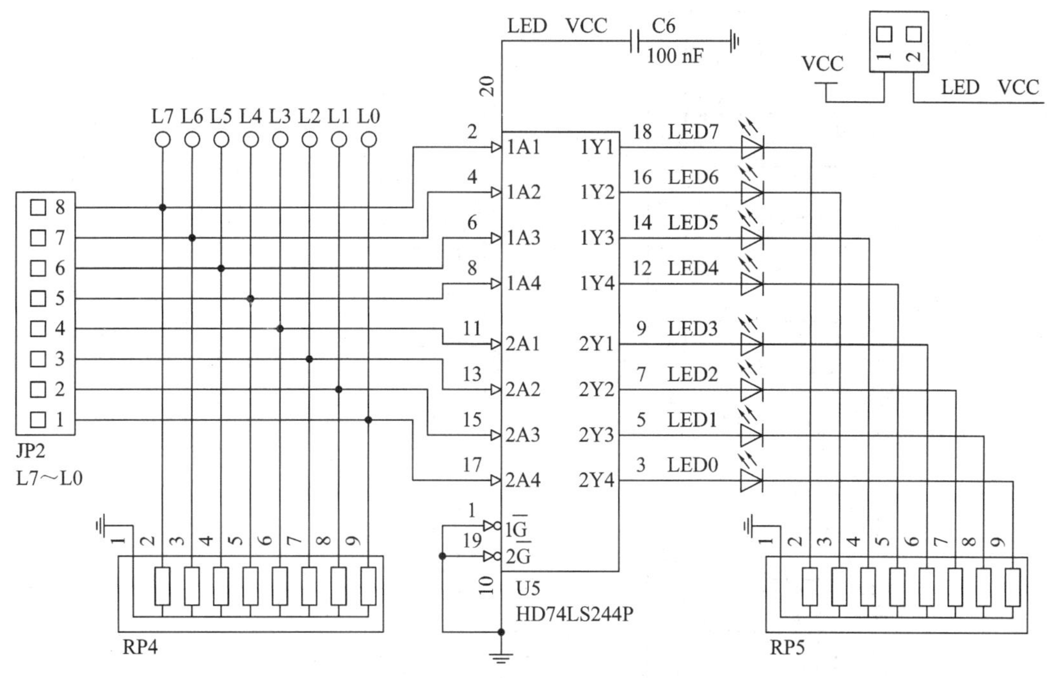

图 2.2-8　LED 驱动模块电路图

6．数码管显示单元

实验箱上的 8 个七段数码管如图 2.2-9 所示。驱动电路如图 2.2-10 所示，采用共阴极电路。段码输入端为 A、B、C、D、E、F、G、H；位码输入端为 I0、I1、I2、I3、I4、I5、I6、I7。

图 2.2-9　数码管显示单元

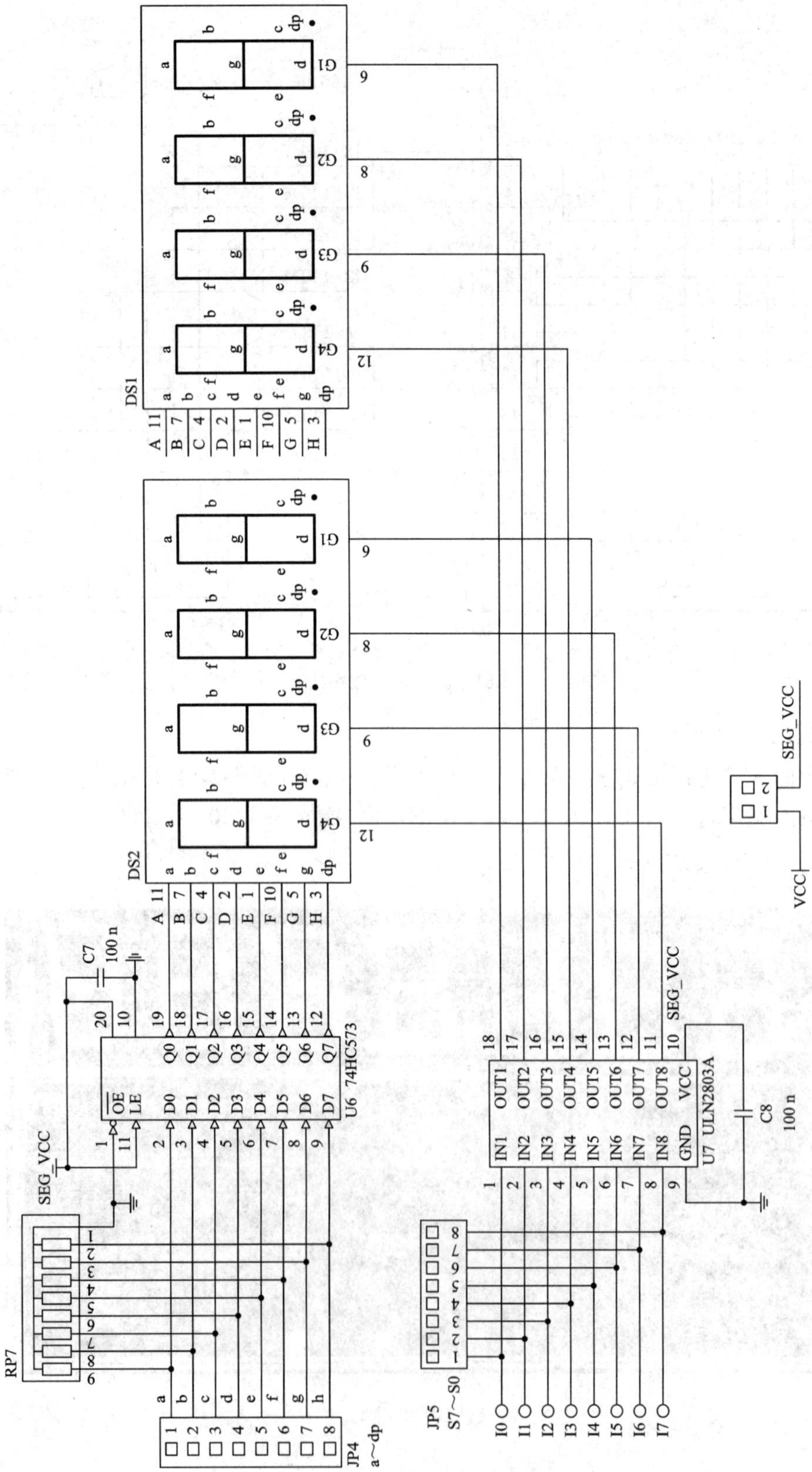

图 2.2-10　数码管驱动电路图

7．键盘单元

实验箱上 4 × 4 键盘单元如图 2.2-11 所示，电路图如图 2.2-12 所示。

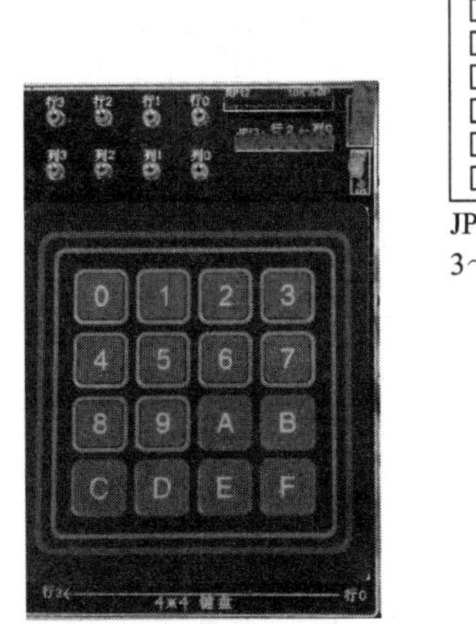

图 2.2-11　4 × 4 键盘单元

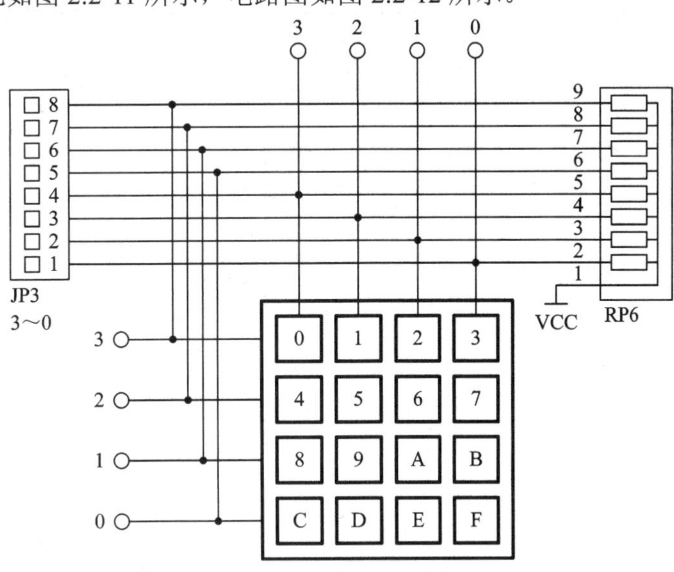

图 2.2-12　4 × 4 键盘电路图

8．时钟电路/单脉冲单元

实验箱上的时钟电路/单脉冲单元如图 2.2-13 所示。时钟电路如图 2.2-14 所示，可输出 1 MHz、2 MHz 两种信号供定时/计数器、A/D 转换器、串行接口等实验使用。

单脉冲发生电路如图 2.2-15 所示。单脉冲发生电路提供两组消抖动单次脉冲，采用 RS 触发器产生，分别为 DMC-1(正脉冲)、DMC-$\bar{1}$(负脉冲)、DMC-2(正脉冲)、DMC-/$\bar{2}$(负脉冲)。每按一次开关即可从两个插座上分别输出一个正脉冲和一个负脉冲，供中断请求、DMA 传送、定时/计数器等实验使用。

图 2.2-13　单脉冲/时钟单元

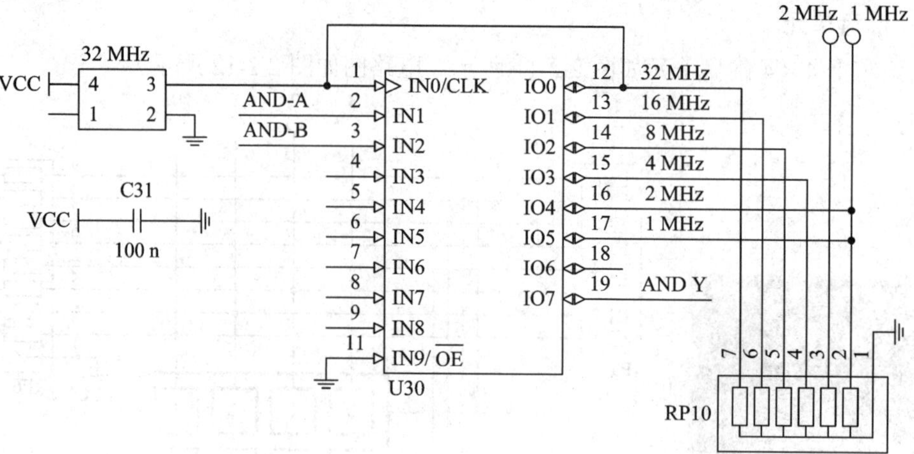

图 2.2-14　时钟电路图

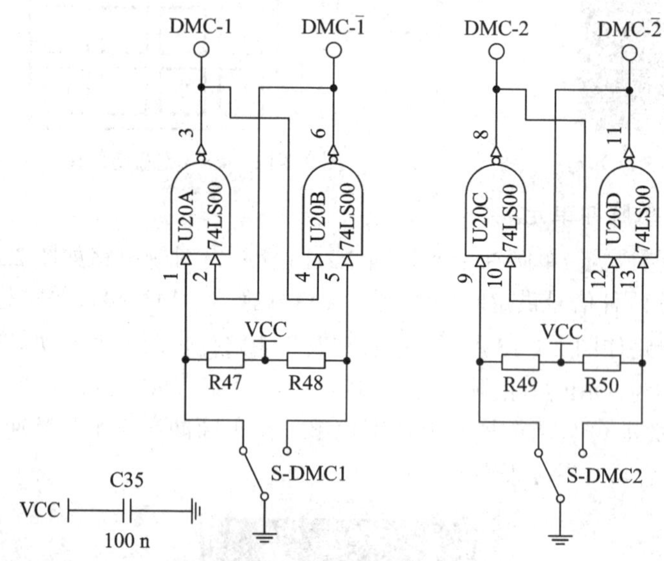

图 2.2-15　单脉冲发生电路图

9. 双色点阵单元

实验箱上的双色点阵单元如图 2.2-16 所示，电路图如图 2.2-17 所示。

图 2.2-16　双色点阵单元

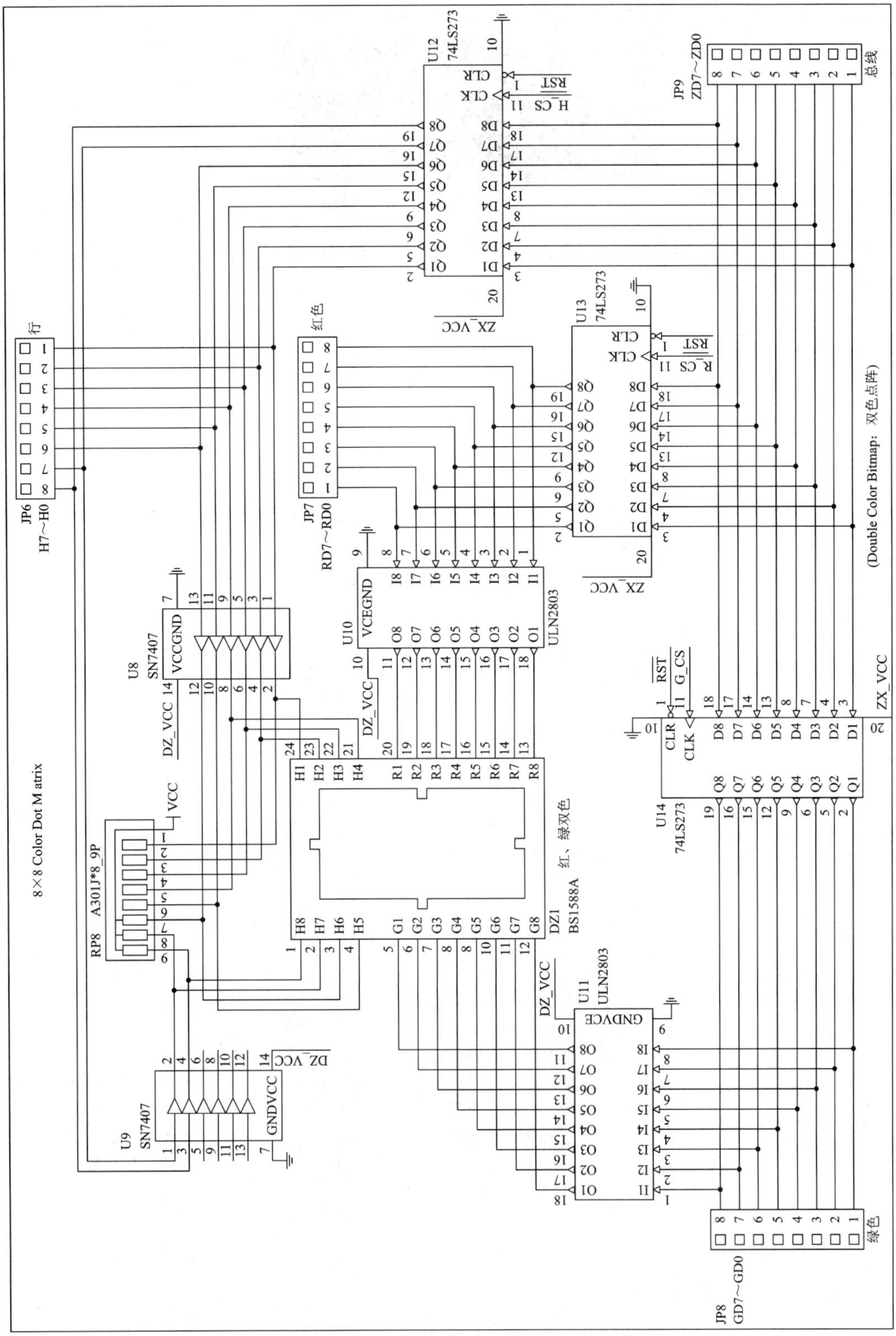

图 2.2-17　双色点阵电路图

10．麦克风、音响、蜂鸣器单元

实验箱上的麦克风、音响、蜂鸣器单元如图 2.2-18 所示。

图 2.2-18　麦克风、音响、蜂鸣器单元

如图 2.2-19 是麦克风电路图；图 2.2-20 是蜂鸣器电路图；图 2.2-21 是电子音响电路图，由放大电路与扬声器组成。

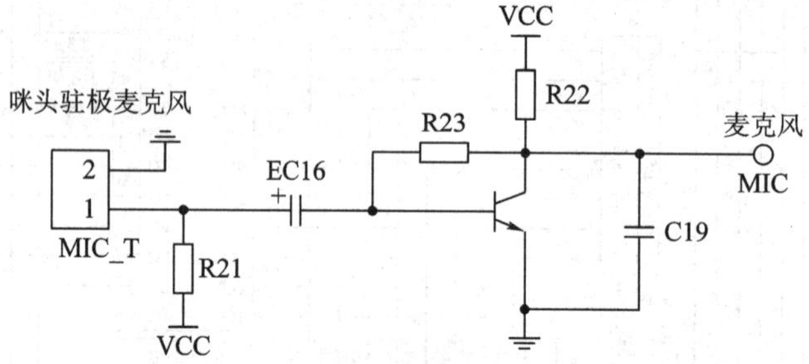

图 2.2-19　麦克风电路图

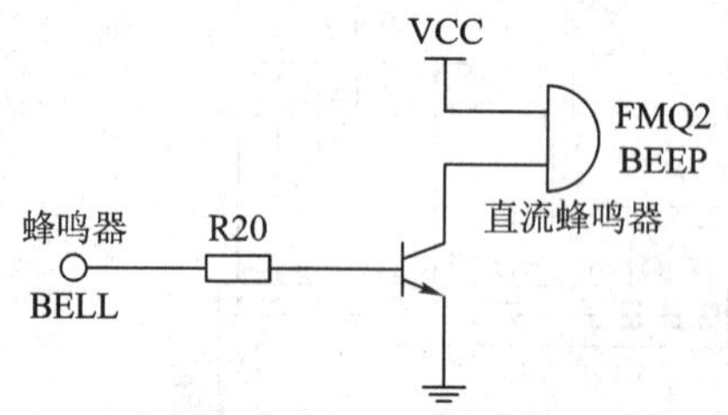

图 2.2-20　蜂鸣器电路图

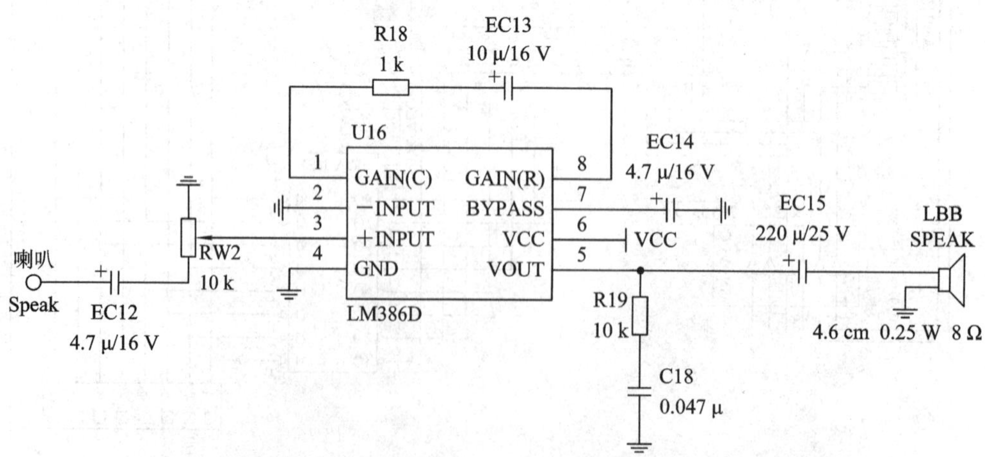

图 2.2-21　电子音响电路图

11. 内存地址译码单元

实验箱上内存地址译码单元如图 2.2-22 所示。系统内存地址译码电路如图 2.2-23 所示，74LS688 是 8 位数字比较器，用数字比较器作为译码器。

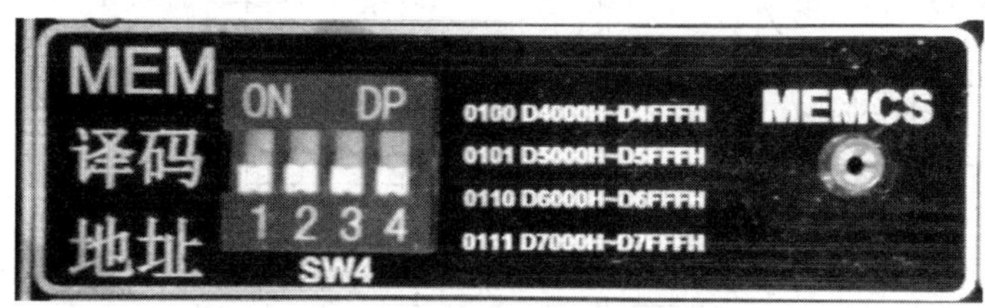

图 2.2-22　内存地址译码单元

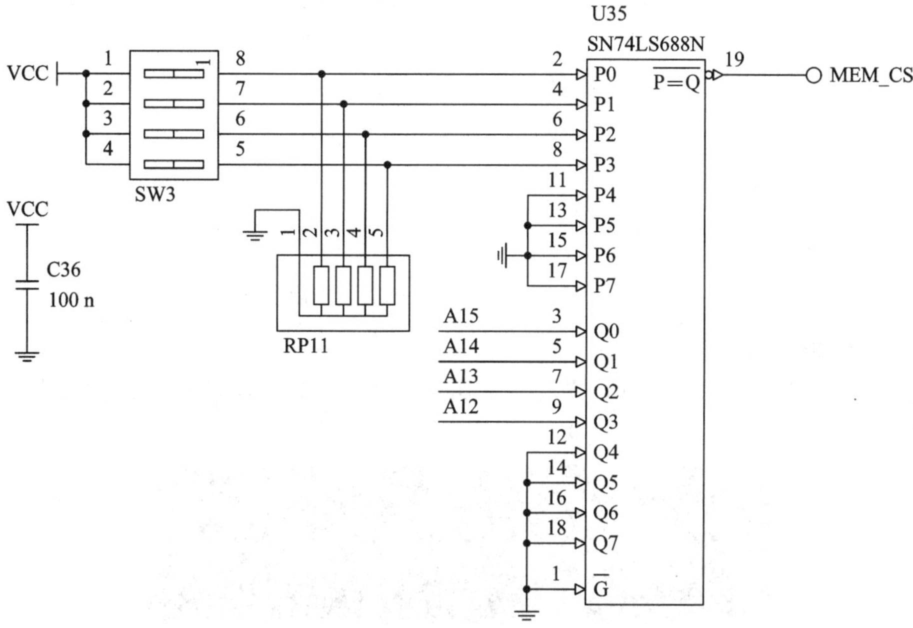

图 2.2-23　MEM 内存地址译码电路图

USB 核心板已为扩展的 6264 存储器指定了段的起始地址 D4000H，地址范围为 D4000H～D7FFFH，通过 A15、A14、A13、A12 确定具体存储单元的地址。在实验箱上由拨码开关确定实验系统扩展存储器使用的地址范围。

12. 步进电机、直流电机、继电器单元

实验箱上步进电机、直流电机、继电器单元如图 2.2-24 所示，电路如图 2.2-25 所示。

图 2.2-24　步进电机、直流电机、继电器单元

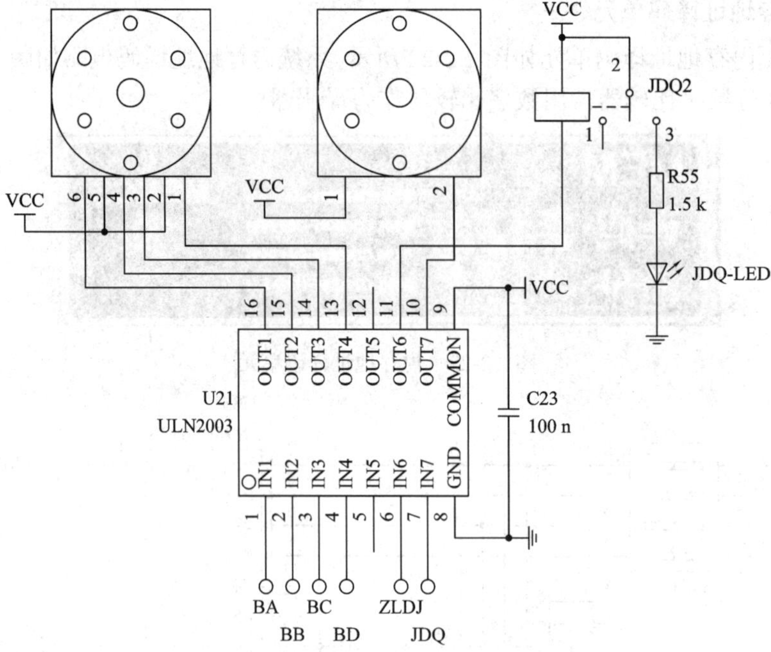

图 2.2-25　步进电机、直流电机、继电器电路图

13．简单输入接口单元

实验箱上简单输入接口单元如图 2.2-26 所示，使用 74LS244 芯片，电路如图 2.2-27 所示。数据线、读写信号已与系统连接好。

图 2.2-26　简单输入接口单元

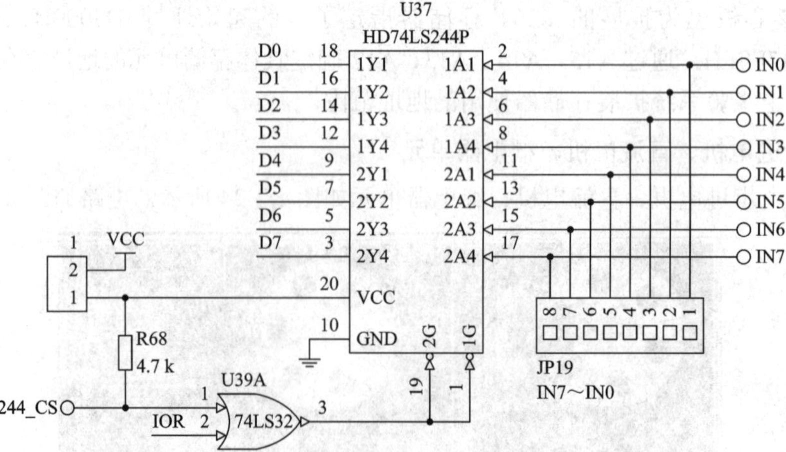

图 2.2-27　简单输入接口电路图

14．简单输出接口单元

实验箱上简单输出接口单元如图 2.2-28 所示，使用 74LS273 芯片，电路如图 2.2-29 所示。数据线、读写信号已与系统连接好。

图 2.2-28　简单输出接口单元

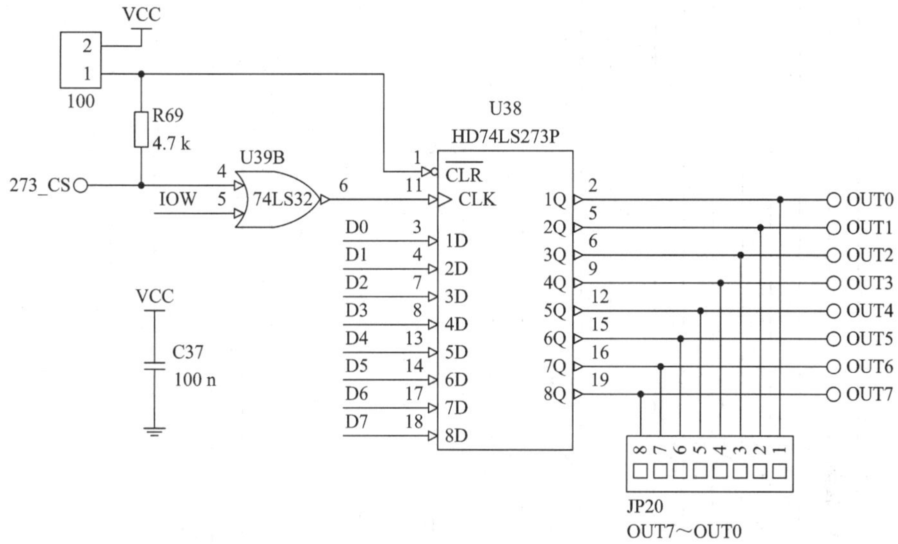

图 2.2-29　简单输出接口电路图

15．8255 并行接口单元

实验箱上 8255 并行接口单元如图 2.2-30 所示，电路如图 2.2-31 所示。数据线、低位地址、读写信号及复位信号已与系统连接好。

图 2.2-30　8255 并行接口单元

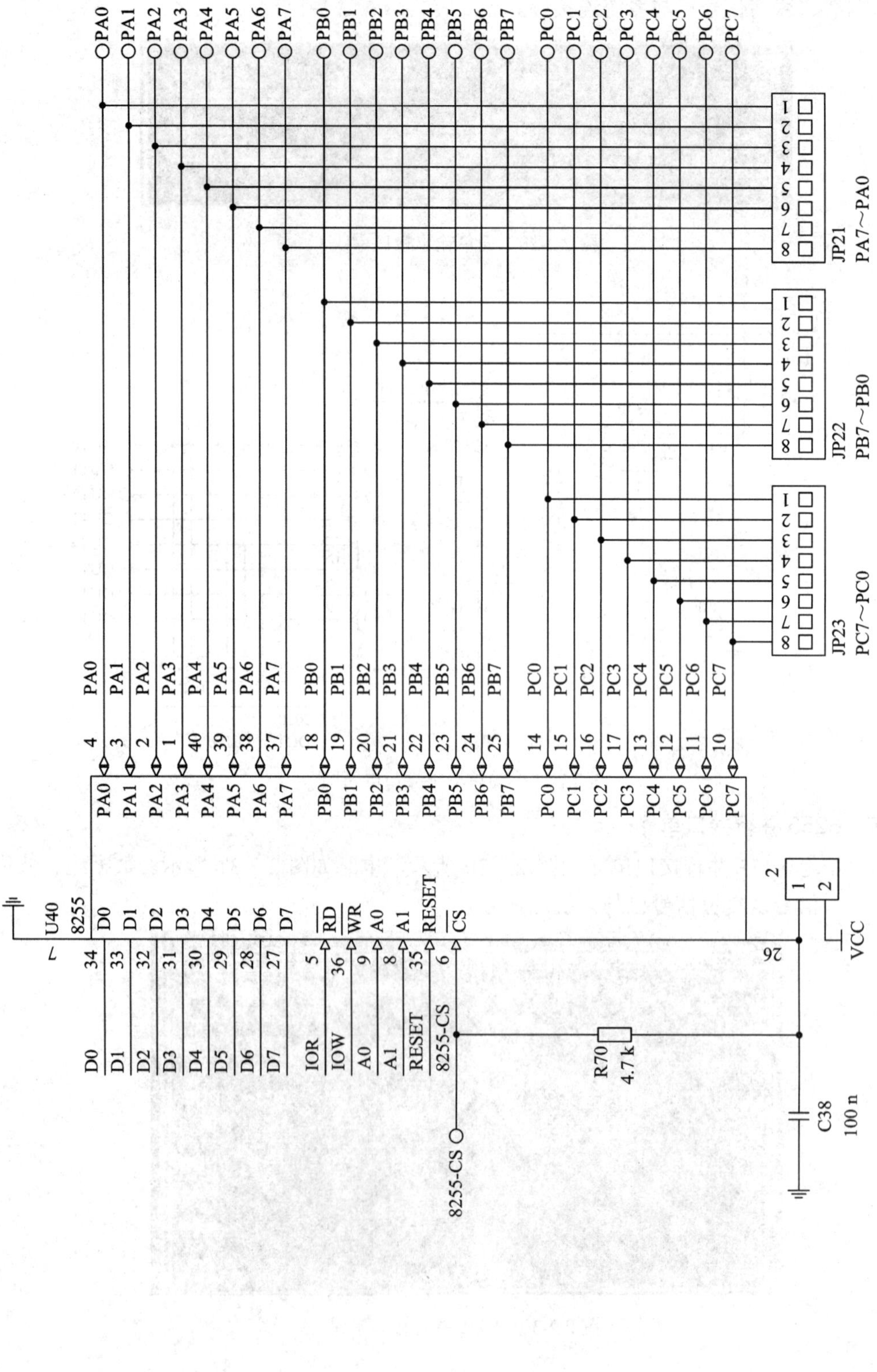

图 2.2-31　8255 并行接口电路图

16．8251 串行通信单元

实验箱上 8251 串行通信单元如图 2.2-32 所示，电路如图 2.2-33 所示。数据线、低位地址、读写信号及复位信号已与系统连接好。

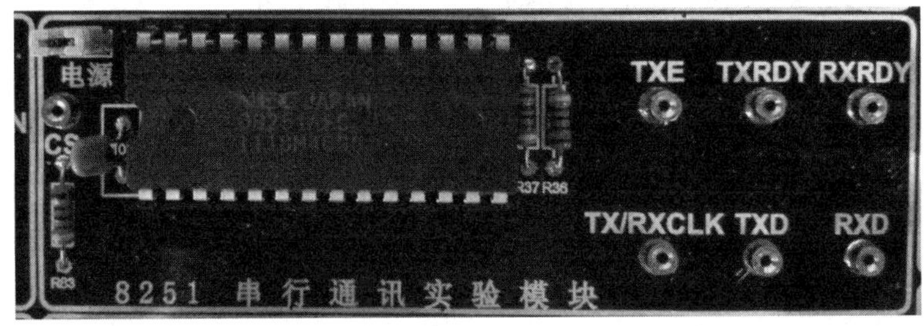

图 2.2-32　8251 串行通信单元

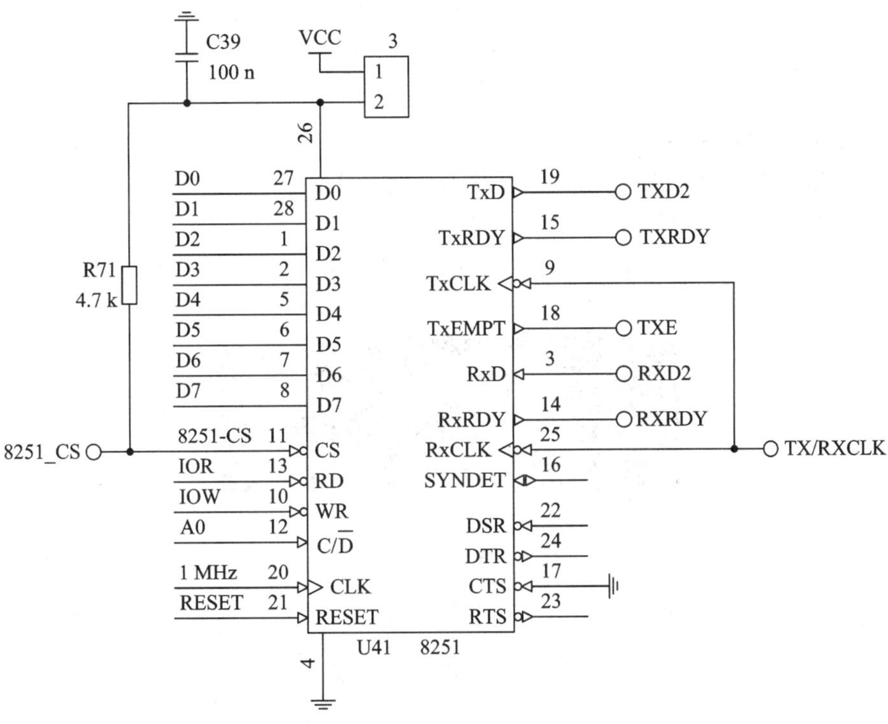

图 2.2-33　8251 串行通信电路图

17．SRAM 静态存储器单元

实验箱上 SRAM 静态存储器单元如图 2.2-34 所示。由一片 6264 芯片构成 8K×8 的存储器访问单元，电路如图 2.2-35 所示。

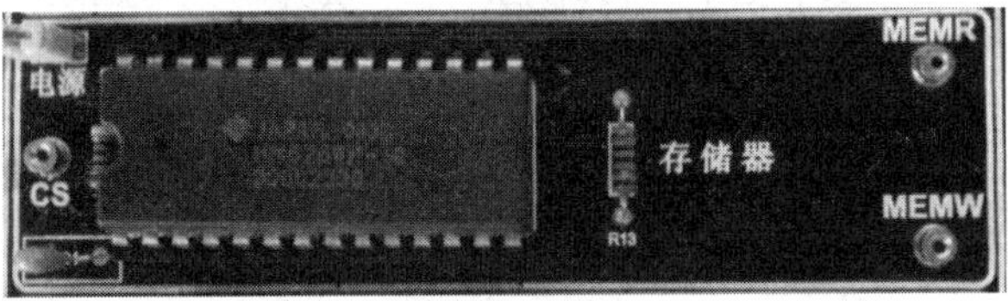

图 2.2-34　SRAM 静态存储器单元

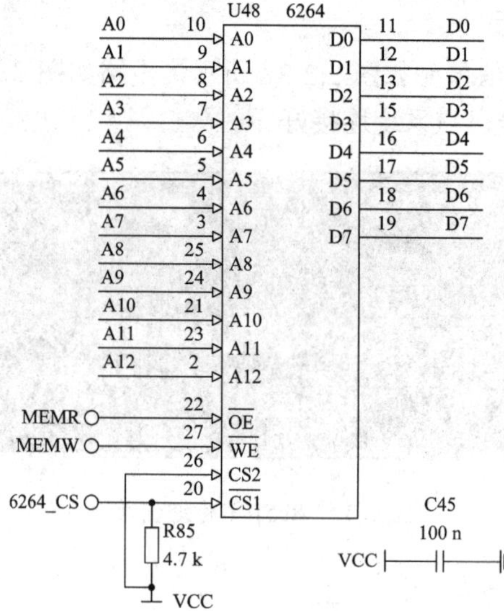

图 2.2-35　SRAM 静态存储器单元电路图

18．8259 中断控制单元

PC 内部集成有两片 8259 芯片，且总线未开放 INTA 信号线。利用 8259 芯片的 INT 向 PC 请求中断的实验，使用的 8259 芯片是 PC 的内部资源。

实验箱上的 8259 中断控制器作为查询中断方式使用。实验箱上 8259 中断控制单元如图 2.2-36 所示，电路如图 2.2-37 所示。

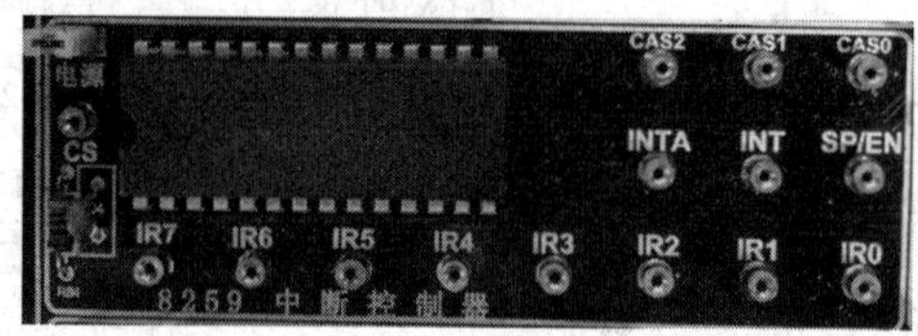

图 2.2-36　8259 中断控制单元

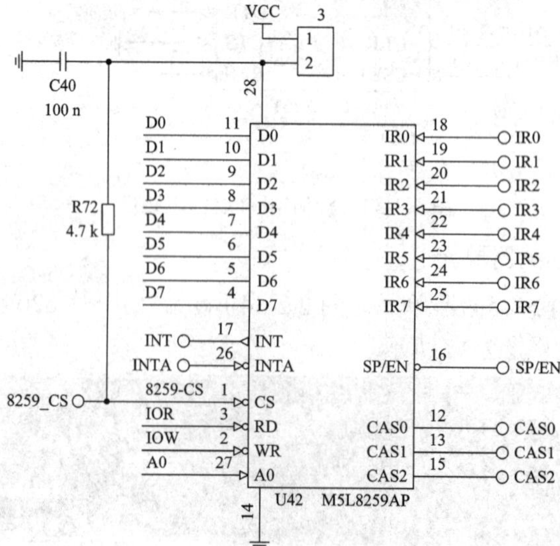

图 2.2-37　8259 中断控制电路图

19. RS232 电平转换单元

实验箱上 COM 口 RS232 单元如图 2.2-38 所示，电路如图 2.2-39 所示。

图 2.2-38　RS232 电平转换单元

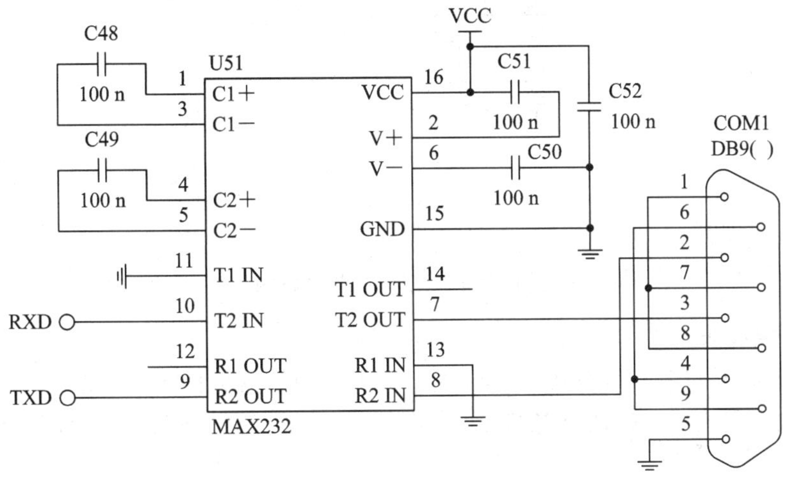

图 2.2-39　RS232 电平转换电路图

20. 模/数转换单元

实验箱上模/数转换单元如图 2.2-40 所示，模/数转换的输入可采用实验箱上提供的电压信号，如图 2.2-41 所示，也可外接模拟信号采集电路。模/数转换电路如图 2.2-42 所示。

图 2.2-40　模/数转换单元

图 2.2-41　直流电压信号

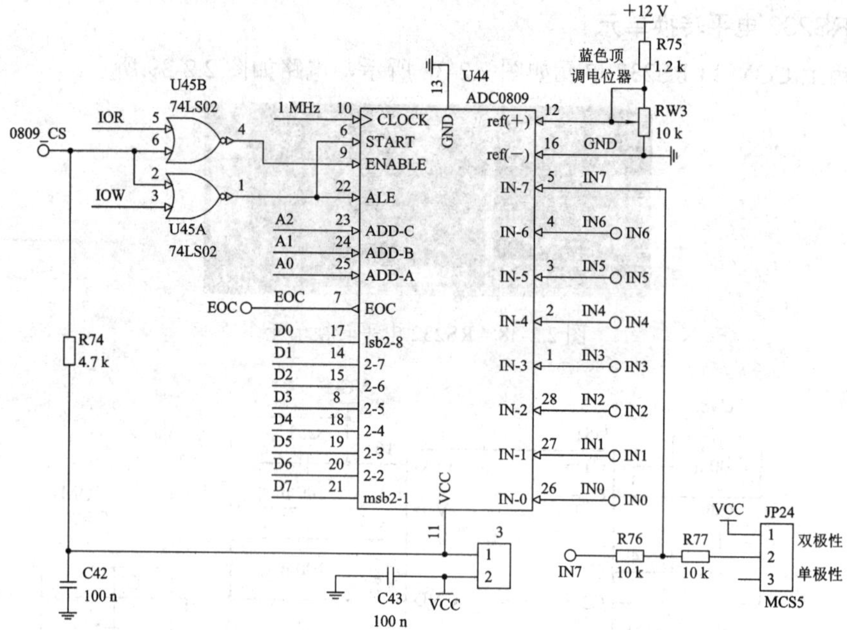

图 2.2-42　模/数转换电路图

21．数/模转换单元

实验箱上数/模转换单元如图 2.2-43 所示，电路图如图 2.2-44 所示，由 DAC0832 芯片与 LM324 放大器构成。DAC0832 芯片采用单缓冲方式工作，转换电路有单极性和双极性两种输出。

图 2.2-43　数/模转换单元

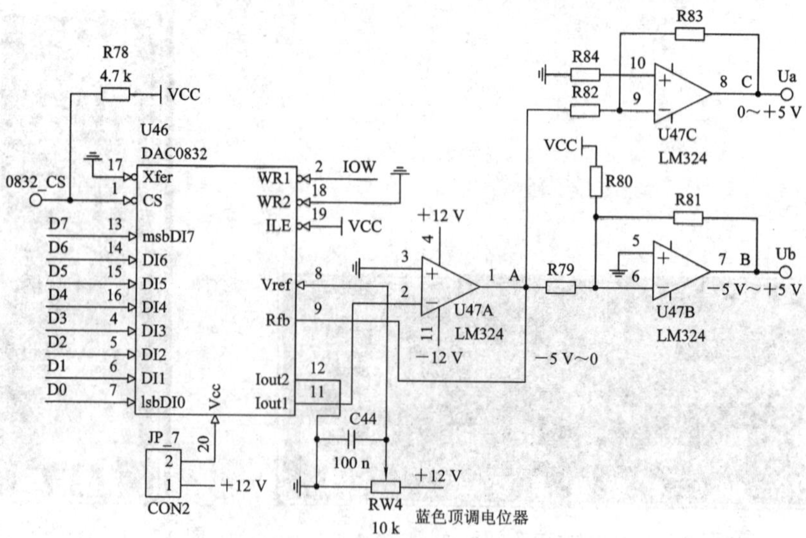

图 2.2-44　数/模转换电路图

22．8254 定时器/计数器单元

实验箱上 8254 定时/计数单元如图 2.2-45 所示，电路如图 2.2-46 所示。

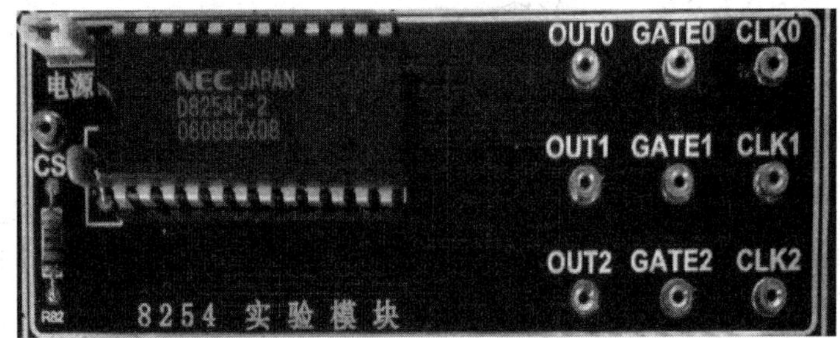

图 2.2-45　8254 定时/计数单元

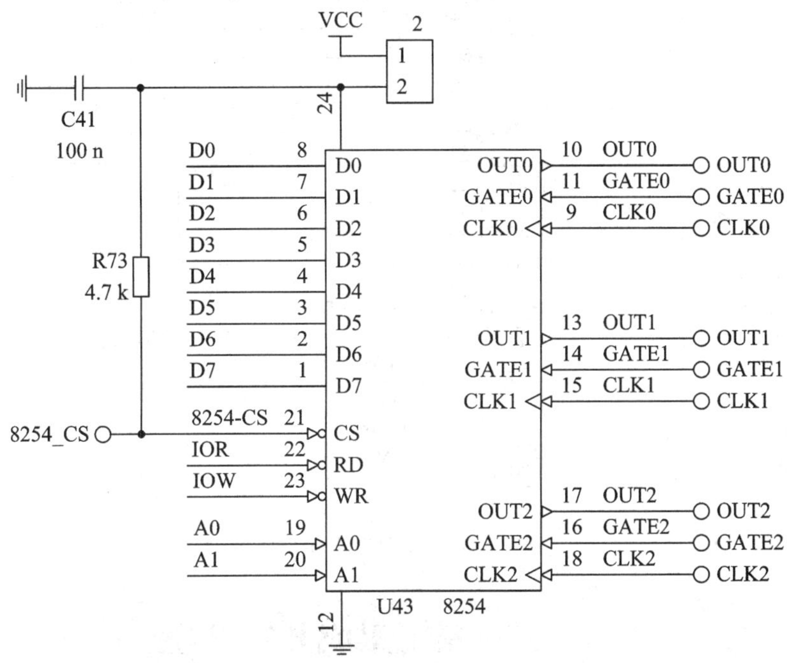

图 2.2-46　8254 定时/计数电路图

23．8237DMA 单元

实验箱上 8237DMA 单元如图 2.2-47 所示，电路如图 2.2-48 所示，由一片 8237 芯片和一片 74LS373 芯片组成。

图 2.2-47　8237DMA 单元

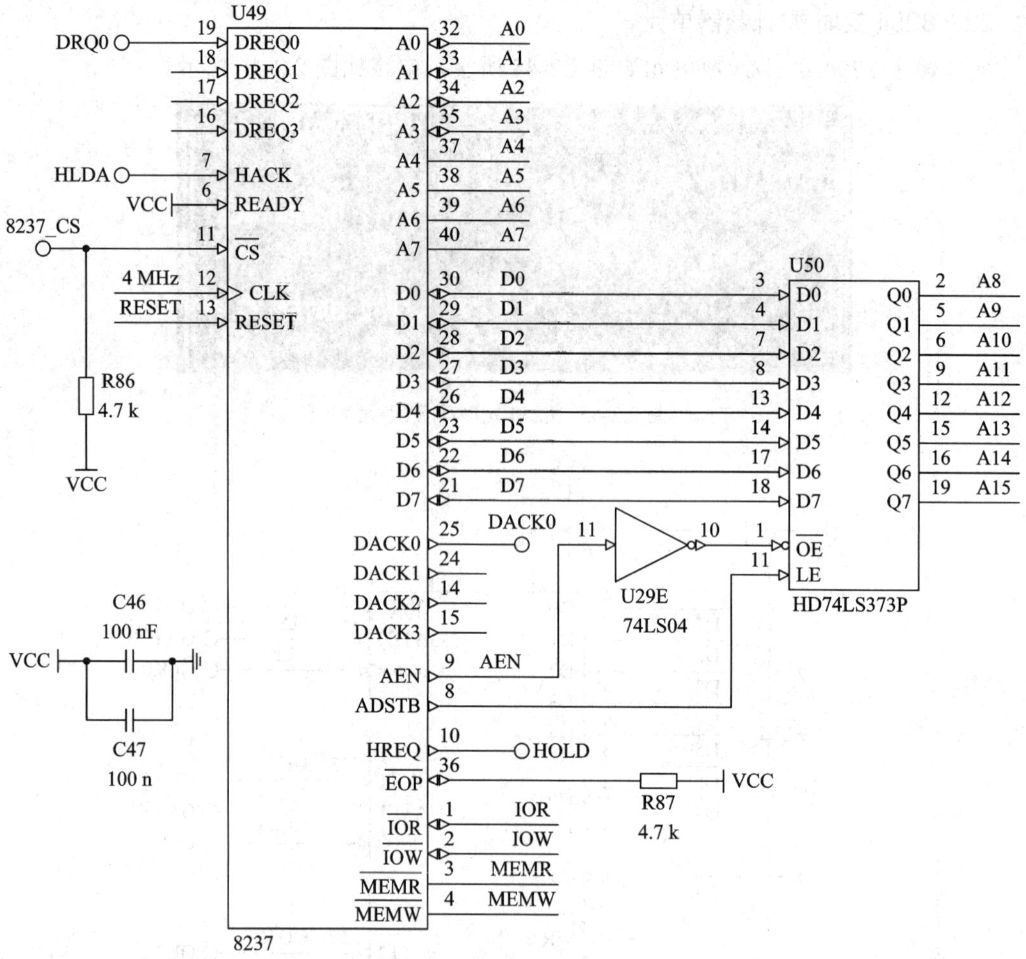

图 2.2-48　8237DMA 电路图

2.3　实验系统集成开发环境

2.3.1　集成开发环境介绍

实验系统集成开发环境如图 2.3-1 所示，包含工作区、程序编辑/程序运行指示区、输出窗口区三部分。

集成开发环境提供了程序的编辑、汇编、连接、调试、运行、基础实验项目查看等功能。该环境的调试界面比传统的 DEBUG 调试操作界面简单，视觉效果直观。单击输出窗口区的“命令”选项卡可对源程序进行 DEBUG 调试。

集成开发环境除了一般的编辑功能外，还支持语法高亮显示、语法错误提示等功能。该软件基于 Windows 2000/XP/2003/Win 7 环境，功能齐全。

因功能不同，集成开发环境包含两种界面：编辑开发界面(如图 2.3-2 所示)、运行调试界面(如图 2.3-3 所示)。当在编辑开发界面对程序编辑、汇编、连接成功后，加载程序进入运行调试界面。这两种界面除了菜单与工具栏之外，通常还分别包含了其三个如图 2.3-2、图 2.3-3 所示的区域。

图 2.3-1　集成开发环境

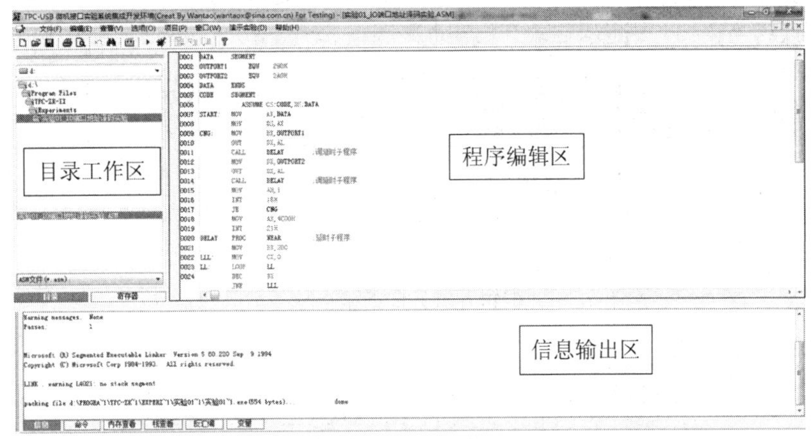

图 2.3-2　编辑开发界面

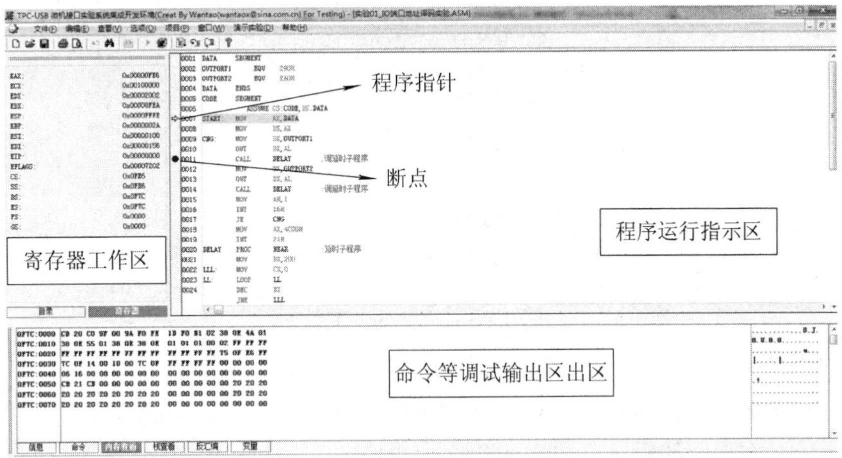

图 2.3-3　运行调试界面

• 程序编辑/程序运行指示区：在编辑开发界面用于程序编辑、汇编、连接；在运行调试界面主要指示当前程序运行指针的位置。

• 工作区：有“目录”和“寄存器”两项可选。在编辑开发界面，“目录”项可对程序文件进行管理；在调试运行界面“寄存器”项对程序运行时寄存器的变化进行跟踪显示。

• 输出窗口区：有“信息”“命令”“内存查看”“栈查看”“反汇编”和“变量”等项可选。在编辑开发界面，选择“信息”选项，输出窗口显示汇编、连接、加载等操作的信息。如果汇编、连接等有错误或警告，输出区会有提示信息，双击错误或警告信息，错误标识符会指示到相应的有错误或警告的行。在调试运行界面，选择“命令”等其他项可进行程序的调试。

2.3.2 集成开发环境的使用

按编辑与调试两部分分别介绍。

一、源程序的编辑、开发

编辑开发界面的菜单栏与工具栏如图 2.3-4 所示。菜单栏包含“文件”“编辑”“查看”“选项”“项目”“窗口”“演示实验”“帮助”等项。

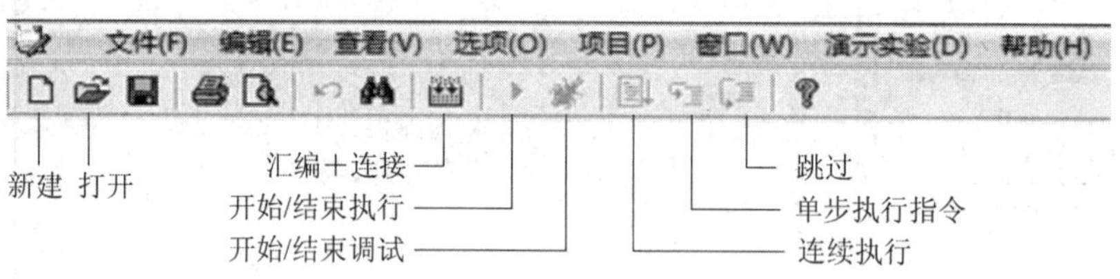

图 2.3-4 编辑开发界面的菜单栏与工具栏

1. “文件”菜单项

“文件”菜单如图 2.3-5 所示。

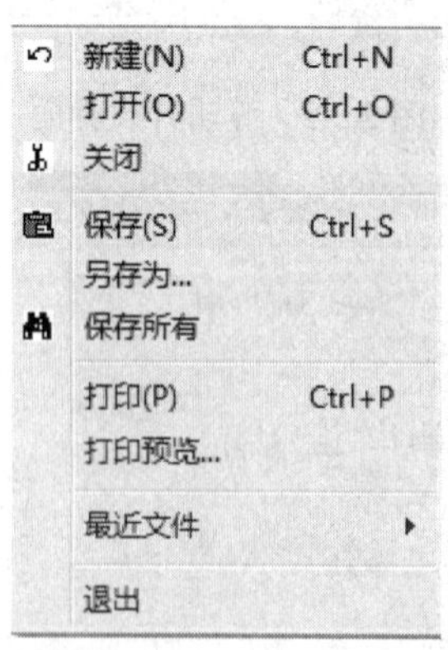

图 2.3-5 “文件”菜单

1) 新建一个源程序

在编辑开发环境下，单击“文件”菜单上的“新建”命令，或是在工具栏中单击“新建”快捷按钮，在程序编辑区会出现源程序编辑窗口。

2) 打开一个源程序

在编辑开发环境下，打开一个源程序有以下几种方法：单击“文件”菜单上的“打开”命令；在工具栏中单击“打开”快捷按钮；从资源管理器把用户程序文件拖放到程序编辑区；在工作窗口左边“工作区”的“目录”窗口寻找用户程序。

2.“编辑”菜单项

“编辑”菜单如图 2.3-6 所示，包含一些常规的项目，这里不再介绍。

3.“查看”菜单项

“查看”菜单如图 2.3-7 所示。可控制工具栏、状态栏、工作区、输出窗口区的显示与隐藏。

图 2.3-6　“编辑”菜单

图 2.3-7　“查看”菜单

4.“选项”菜单项

“选项”菜单如图 2.3-8 所示。“硬件检测”选项可通过集成开发环境检测 USB 接口模块是否连接正常，图 2.3-9 为连接正常和不正常时的显示状态图。“编译器”项选择编译器的类型。在“文件管理器”项中，可以添加或删除程序运行时需要的文件。

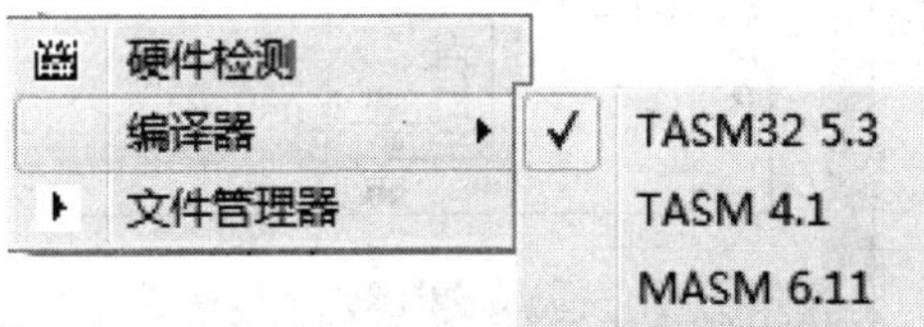

图 2.3-8　“选项”菜单

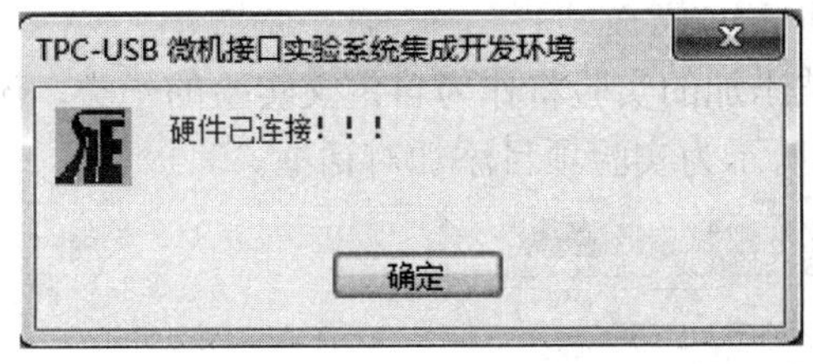

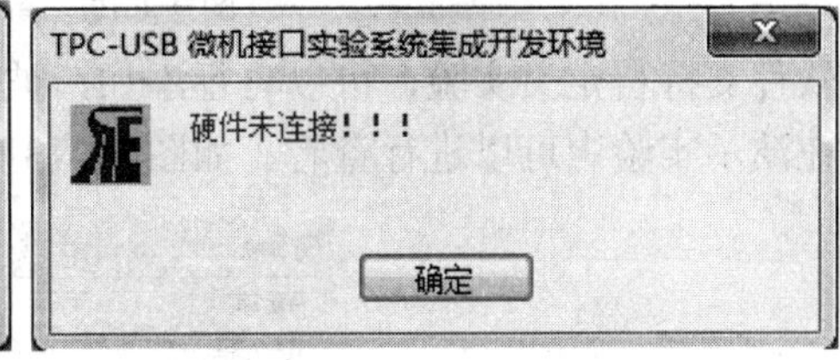

图 2.3-9　检测 USB 模块是否硬件连接

5.“窗口”菜单项

“窗口”菜单如图 2.3-10 所示。当打开几个源程序文件时，这几个源程序文件在程序编辑区的布局可选择“层叠”“水平平铺”“垂直平铺”等格式。

图 2.3-10　“窗口”菜单

6.“演示实验”菜单项

“演示实验”菜单如图 2.3-11 所示。软件环境提供了基础实验的查看和演示功能，如图 2.3-12 所示，具体包括“实验说明”“实验原理图”“实验流程图”“ASM 程序”以及“运行实验”等功能选项。

图 2.3-11　“演示实验”菜单

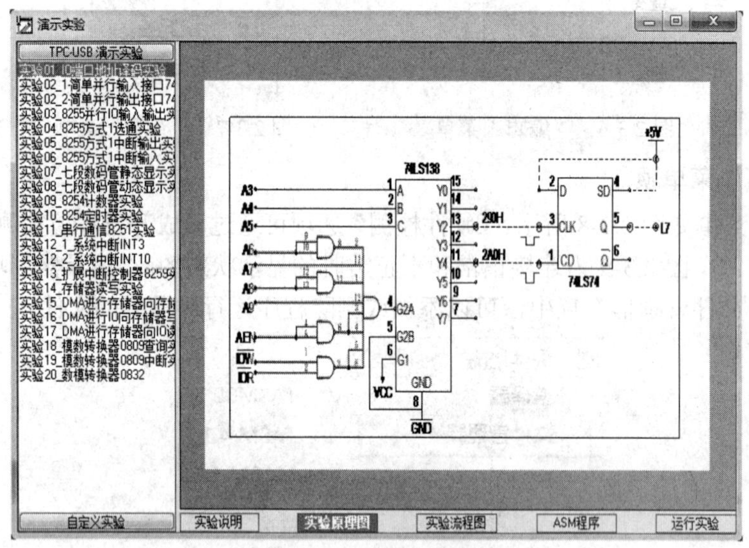

图 2.3-12　演示实验界面

软件支持自定义实验，可以自行添加，被添加的实验将作为自定义实验的子类，添加之后在演示实验中可以进行查看。如图2.3-13所示为实验项目添加对话框。

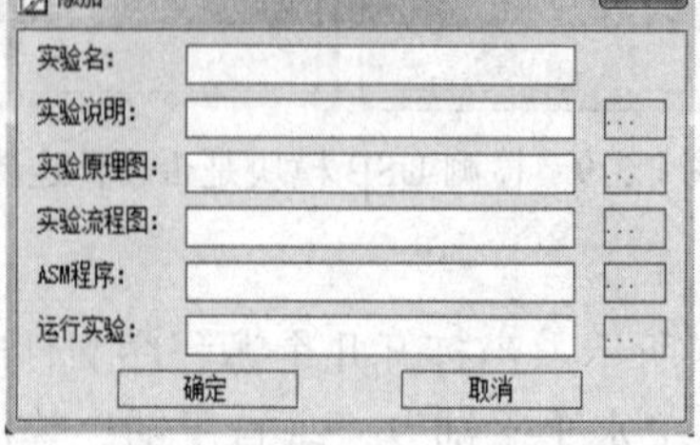

添加
实验名:
实验说明:
实验原理图:
实验流程图:
ASM程序:
运行实验:
确定　取消

图 2.3-13　实验项目添加对话框

7. “帮助”菜单项

“帮助”菜单如图 2.3-14 所示。用户可以利用“帮助”菜单对集成环境的操作使用方法进行学习，以及对常用芯片的数据进行查询。

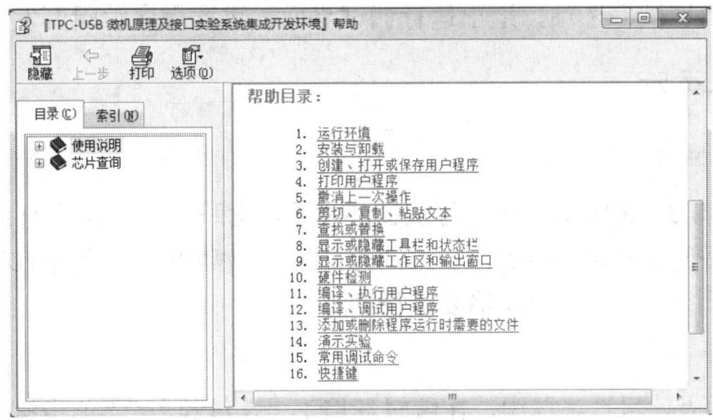

图 2.3-14 “帮助”菜单

8. “项目”菜单项

“项目”菜单如图 2.3-15 所示。

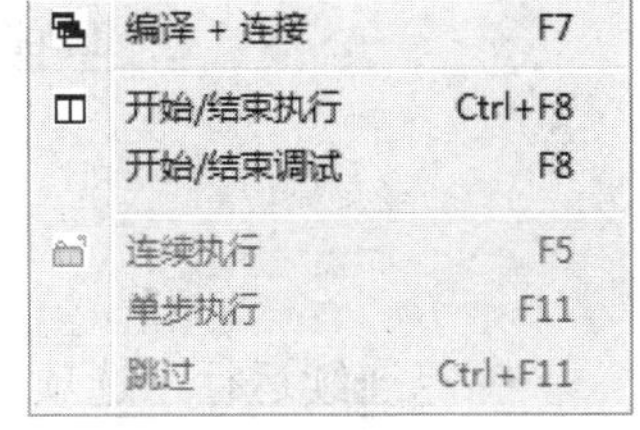

图 2.3-15 “项目”菜单

- “编译+连接”选项

在编辑开发环境下，单击“项目”菜单中的“编译+连接”选项，对当前 ASM 源文件进行汇编与连接，信息输出区则输出汇编与连接的结果。若编译成功，则会显示编译成功信息；若程序汇编或连接出错，则详细报告错误信息，双击出错信息，集成开发环境会自动将错误所在行代码高亮显示。

程序汇编、连接成功后，就可调试或运行程序。

- “开始/结束执行”选项

在编辑开发环境下，单击“项目”菜单中的“开始/结束执行”选项，程序则自动运行，出现程序装载和执行的界面，如图 2.3-16 所示。程序执行完毕，再单击“项目”菜单中的“开始/结束执行”选项或者关闭图 2.3-16 的界面，结束执行程序。

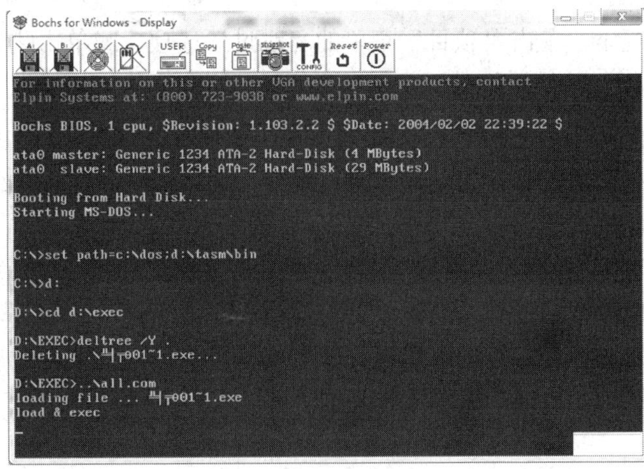

图 2.3-16 程序装载及执行界面

- “开始/结束调试”选项

在编辑开发环境下，单击“项目”菜单中的“开始/结束调试”选项，出现程序装载及执行界面，并进入运行调试界面，见2.3.1节中图2.3-3所示。调试完毕，再次单击“项目”菜单的“开始/结束调试”选项，退出运行调试界面，进入程序编辑开发界面。

二、程序的调试运行

1．设置/清除断点

如2.3.1节中图2.3-3所示，在运行调试环境下，对程序代码所在行前的灰色列条单击鼠标，则就对此行代码设置了断点，如果清除断点，只需再在此行前的灰色列条上单击。灰色列条中箭头所指的行就是当前将要执行的行。

2．程序运行

在图2.3-15的“项目”菜单中，在编辑环境下“连续执行”“单步执行”及“跳过”等选项是不可操作的，显示为灰色。当单击“项目”菜单中的“开始/结束调试”选项后，进入运行调试界面，这些项则变为可操作项，工具栏相应的运行图标也变为可操作，如图2.3-17所示。

图2.3-17　运行图标变为可操作

- “连续运行”选项

在调试运行环境下，单击“项目”菜单的“连续运行”选项，或者单击连续运行图标，则程序连续运行，直至遇到断点或程序运行结束。

- “单步执行”选项

在调试运行环境下，单击“项目”菜单的“单步执行”选项，或单击单步运行图标，则程序单步执行下一条指令。

- “跳过”选项

在调试运行环境下，单击“项目”菜单的“跳过”选项，或单击跳过图标，则程序单步执行下一条语句。

3．程序调试

程序执行过程中可通过寄存器及输出窗口观察与调试程序，具体介绍如下。

1) 寄存器工作区

在调试运行环境下，选择工作区的“寄存器”选项，即可显示寄存器工作区，如图2.3-18所示。寄存器工作区中显示寄存器名称及其对应值，若值为红色，即表示为当前寄存器的值。调试时，相应寄存器会随每次单步运行改变其输出值，同样以红色显示。另外，鼠标右单击寄存器工作区的空白处，在弹出的菜单中可以选择使用“十进制”或者“十六进制”来显示寄存器的值。

双击寄存器的值，可以修改通用寄存器的值；把鼠标移到“EFLAGS”的值上，可以查看标志位的状态。在调试状态下，把鼠标移到程序运行指示区的寄存器名上，可以显示该寄存器的值。

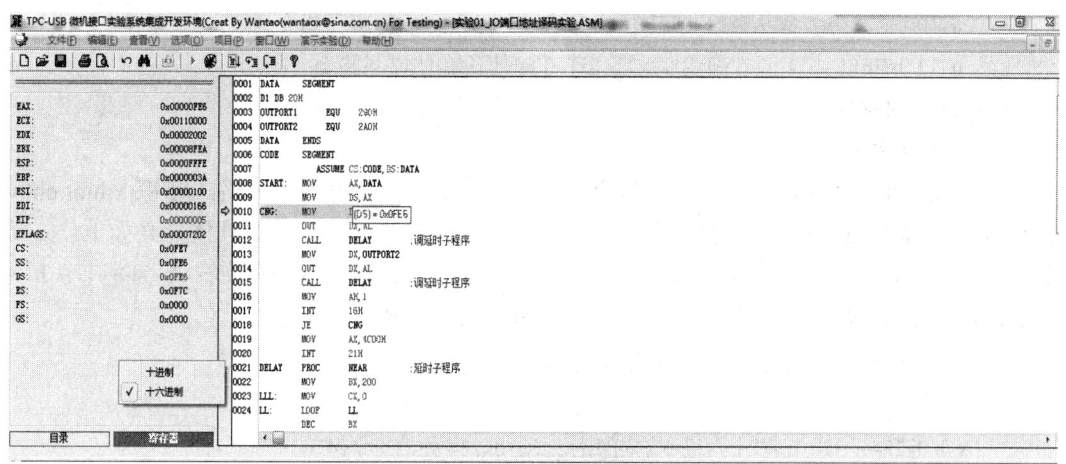

图 2.3-18　寄存器与程序运行指示区窗口

2) “命令”调试窗口

如图 2.3-19 所示，在调试运行环境下，可以在调试输出区的“命令”窗口里输入用户调试命令。

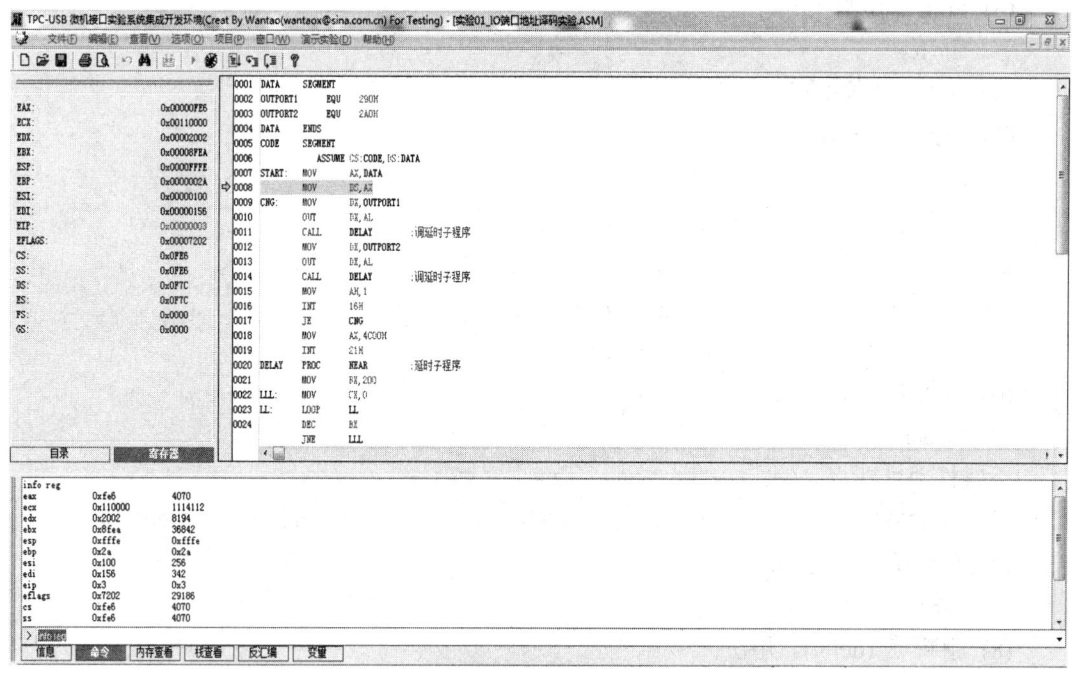

图 2.3-19　“命令”调试窗口

本集成开发环境调试命令与 DEBUG 稍有区别，常用调试命令有：

(1) 反汇编(u)。用法：

```
u [/count] start end
```

其中，start、end 是给定的线性地址，可选参数“count”是反汇编指令的条数。

举例如下：

```
u                ; 反汇编当前 CS:IP 所指向的指令
u /10            ; 从当前 CS:IP 所指向的指令起，反汇编 10 条指令
u /12 0xFEFF     ; 反汇编线性地址 0xFEFF 处开始的 12 条指令
```

(2) 查看内存(x)。用法：

```
x /nuf addr
```

查看线性地址“addr”处的内存内容。nuf 由需要显示的值个数和格式标识[xduot cbhw m]组成。未指明用何种格式的情况下将使用上一次的格式。格式标识具体含义如下：x 为十六进制；d 为十进制；u 为无符号；o 为八进制；t 为二进制；c 为字符；b 为字节；h 为半字；w 为字(四字节)；m 为使用 memory dump 模式。例：

```
x /10wx 0x234    ; 以十六进制输出位于线性地址 0x234 处的 10 个双字
x /10bc 0x234    ; 以字符形式输出位于线性地址 0x234 处的 10 个字节
x /h 0x234       ; 以十六进制输出线性地址 0x234 处的 1 个字
```

(3) 修改内存(setpmem)。用法：

```
setpmem addr datasize val
```

设置线性地址“addr”处的“datasize”大小内存的值为“val”。例：

```
setpmem 0x234 1 0x12      ; 设置线性地址 0x234 处的 1 个字节的值为 0x12
```

(4) 查看寄存器 (info reg)。用法：

```
info reg
```

查看 CPU 整数寄存器的内容。

(5) 修改寄存器(r)。用法：

```
r reg = expression
```

其中，reg 为通用寄存器；expression 为算术表达式。

例：

```
r ax = 0x1234          ; 对 ax 赋值 0x1234
r al = 0x12+1          ; 对 al 赋值 0x13
```

(6) 下断点(lb)。用法：

```
lb addr
```

下线性地址断点。例：

```
lb 0xFEFF        ; 在 0xFEFF 下线性地址断点，0F00:EFF 处线性地址就是 0xFEFF
```

(7) 查看断点情况(info b)。用法：

```
info b
```

(8) 删断点 (del n)。用法：

```
del n
```

删除第 n 号断点。例：

```
del 2        ; 删除 2 号断点，断点编号可通过前一个命令查看
```

(9) 连续运行(c)。用法：

```
c
```

在未遇到断点或是 watchpoint 时将连续运行。

(10) 单步(n 和 s)。用法：

n

执行当前指令，并停在紧接着的下一条指令。如果当前指令是 call、ret，则相当于 Step Over。

s [count]

执行 count 条指令。

(11) 退出(q)。用法：

q

3) “内存查看”窗口

如图 2.3-20 所示，在调试运行环境下，可以在输出窗口区的“内存查看”窗口查看内存单元。若对内存单元的值进行了修改，则会用红色显示出修改后的值。双击左边的地址，弹出一对话框，可以修改查看的起始地址(也可以通过单击鼠标右键菜单实现)。

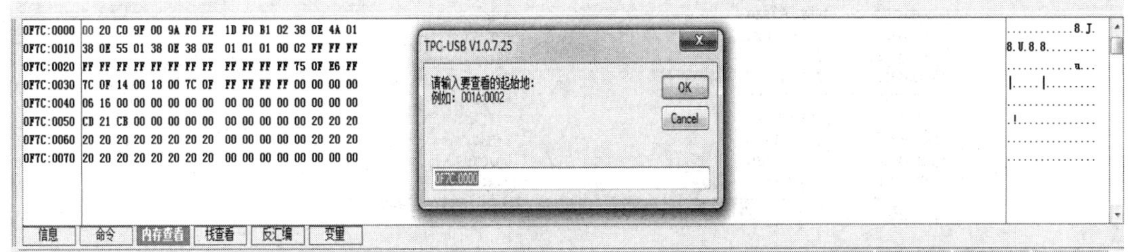

图 2.3-20　“内存查看”窗口

4) “栈查看”窗口

如图 2.3-21 所示，在调试运行环境下，可以在输出区的“栈查看”窗口查看堆栈中的值。右单击“栈查看”窗口，可以选择查看“上一页”或者“下一页”选项。“栈查看”窗口中的值的是按从栈顶到栈底顺序排列的。

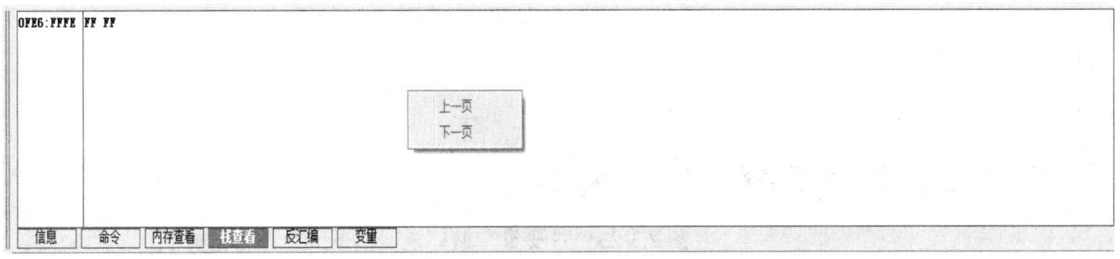

图 2.3-21　“栈查看”窗口

5) “反汇编”窗口

如图 2.3-22 所示，在调试运行环境下，若某些指令在代码窗口没有显示(例如：中断程序、宏等)，则在“反汇编”窗口自动反汇编显示出来。如执行中断 INT 21H 时，在“反汇编”窗口反汇编出此中断服务程序的代码。

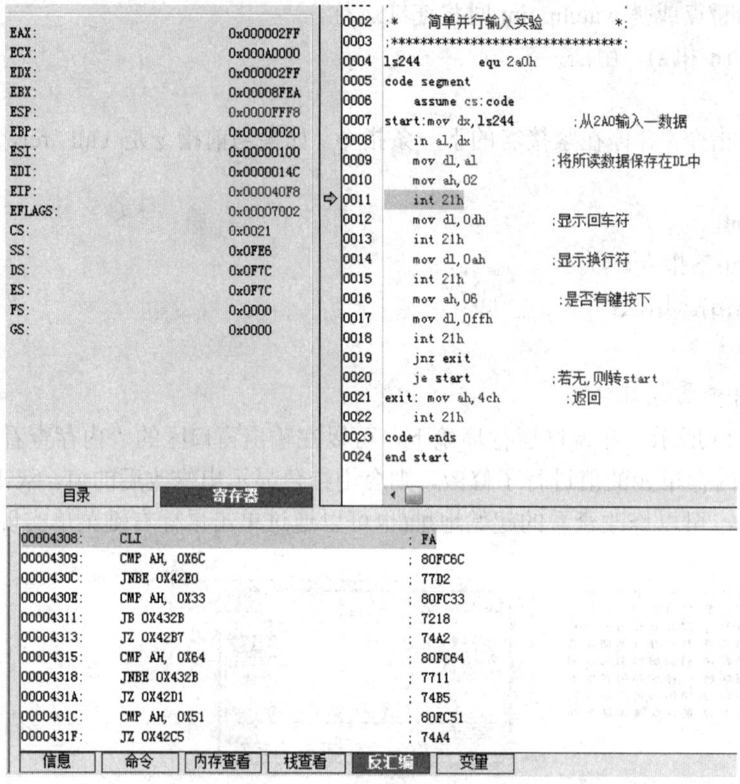

图 2.3-22　“反汇编”窗口

6) “变量”窗口

如图 2.3-23 所示，在调试运行环境下，可以在输出区“变量”窗口查看变量。如在 DATA 数据段，变量 D1 存储的字节数据为 20H。

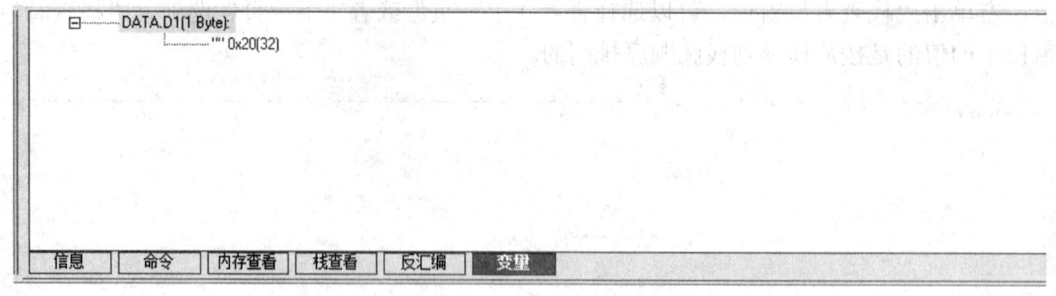

图 2.3-23　“变量”窗口

2.3.3　集成开发环境中汇编语言程序编写、调试举例

以1.2节顺序程序设计中的示例(计算X＋Y=Z，将结果Z存入某存储单元，其中X、Y是32位数)为例，说明在集成开发环境中如何对汇编语言程序进行编写、调试。

方式 1：在程序中输入运算的 X、Y 数据，如图 2.3-24 中的程序。

(1) 在 TPC-ZK-II 集成环境下输入源程序，进行汇编、连接，生成.exe 文件。

(2) 启动“开始/调试”，进入调试开发环境。

(3) 在程序的退出处设置断点，然后运行程序，再利用“内存查看”窗口查看 ZL、ZH 中的内容。从图 2.3-24 可以看出结果正确。

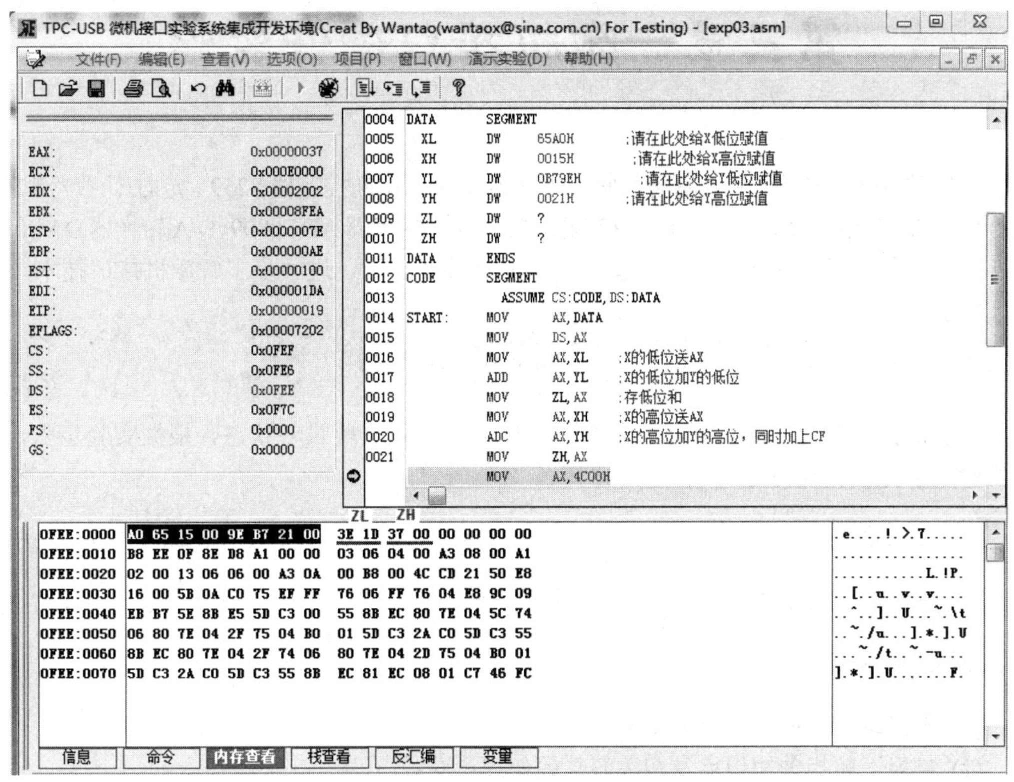

图 2.3-24　方式 1 运行结果查看

方式 2：在调试时输入运算的 X、Y 数据。

(1) 在 TPC-ZK-II 集成环境下输入程序，进行汇编、连接，生成 .exe 文件。

(2) 启动“开始/调试”，进入调试开发环境。

(3) 在程序的退出处设置断点；单步执行查看 DATA 的数据段地址；在“内存查看”窗口按照获得的数据段地址给变量 X，Y 赋值；对 X、Y 赋值后运行程序；利用“内存查看”窗口查看 ZL、ZH 中的内容，并验证程序正确性。

第三章 微机接口硬件实验

通过微机接口硬件实验，熟悉与掌握存储器6264、中断控制器8259、定时/计数器8254、并行接口8255、串行接口8251、DMA控制器8237、A/D转换器ADC0809、D/A转换器DAC0832等芯片的工作方式、初始化编程、实验电路的连接及应用，进一步了解微机接口技术。

3.1 实验准备工作

实验前按照预习要求做好预习工作。实验时，检查实验设备状态，根据实验步骤，按照实验要求完成实验内容。

一、实验设备

PC 1台、TPC-ZK-II微机接口实验系统1套。

二、预习要求

(1) 阅读本实验教程及相关教材；
(2) 复习了解相关知识点及相关芯片的使用方法；
(3) 预习实验示例、实验原理以及示例的编程；
(4) 按照实验内容要求思考、分析、编写程序，做好实验准备工作。

三、实验步骤

(1) 确认实验箱、USB核心板与PC的连接以及实验箱电源线的连接是否正确；
(2) 打开系统集成开发软件，根据实验内容与要求编写或修改程序，并检查、汇编、连接程序，直至程序无误；
(3) 根据实验内容，连接实验线路，检查无误后打开实验箱的电源；
(4) 通过集成软件确认USB总线接口模块连接正确，调试或运行实验系统；
(5) 观察与记录实验现象，分析实验结果。

3.2 基 础 实 验

3.2.1 存储器读写实验

一、实验目的

(1) 熟悉静态存储器RAM 6264的使用方法；

(2) 掌握 CPU 对存储器访问的方法。

二、实验要求

编程实现从 D4000H 地址开始循环写入 100H 个 A～Z 的字母到存储空间，再从相应的存储空间读出，并显示在 PC 屏幕上。

三、实验原理

6264 存储器是 8K×8(即 8KB)的静态存储器芯片。USB 核心板已为扩展的 6264 存储器指定了段的起始地址 D4000H，可使用的地址范围为 D4000H～D7FFFH。

由图 2.2-23MEM 内存地址译码电路图可知，存储空间具体的地址由 A15、A14、A13、A12 确定。实验箱上设有地址选择拨动开关，如图 3.2-1 所示。A15、A14、A13、A12 的值由地址选择拨动开关决定，可以选择 4000H～7FFFH 的地址范围。

图 3.2-1 中的拨动开关状态：A15、A14、A13、A12 为 0100，而 A11～A0 从 0～0 变化到 1～1，分析如下：

A15	A14	A13	A12	(A11～A0)
0	1	0	0	(0～0)
0	1	0	0	(……)
0	1	0	0	(1～1)

A15～A0 确定的是 4000H～4FFFH 的地址范围，此时该存储器芯片可使用的地址范围是 D4000H～D4FFFH。改变拨动开关可改变存储器使用的地址范围。

图 3.2-2 是存储器读写实验连接图。6264 存储器有两个片选引脚：$\overline{CS1}$ 和 CS2。实验系统中已将 CS2 接高电平，因此控制 $\overline{CS1}$ 即可。

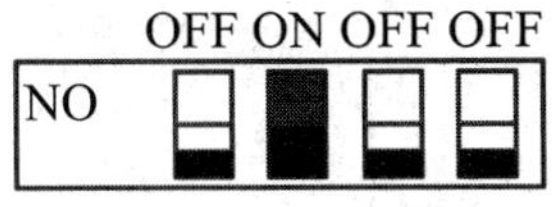

图 3.2-1　拨动开关

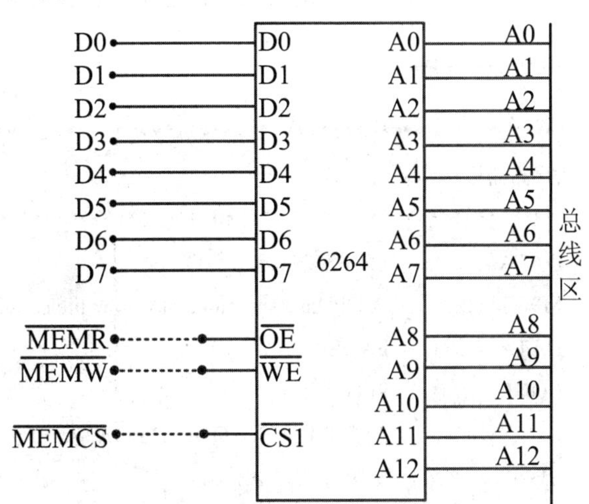

图 3.2-2　存储器读写实验连接图

实验参考接线如下：

- 6264 的 $\overline{WE}$ 接总线的 $\overline{MEMW}$；
- 6264 的 $\overline{OE}$ 接总线的 $\overline{MEMR}$；

- 6264 的 $\overline{\text{CS1}}$ 接 MEM 译码的 $\overline{\text{MEMCS}}$。

四、实验示例程序流程图

实验示例程序的参考流程如图 3.2-3 所示。

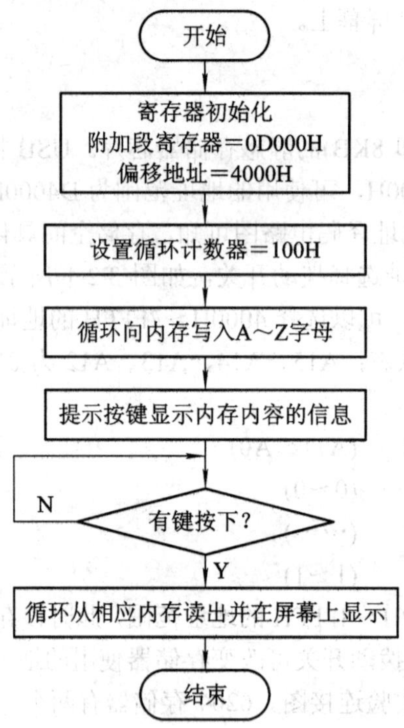

图 3.2-3　存储器读写实验参考流程图

五、实验示例程序

```
;************************************************************
;存储器读写实验
;************************************************************
DATA        SEGMENT
MESSAGE     DB 'Please enter a key to show the contents!', 0DH, 0AH, '$'
DATA        ENDS
CODE        SEGMENT
            ASSUME CS: CODE, DS:DATA, ES:DATA
START:      MOV AX, DATA
            MOV DS, AX
            MOV AX, 0D000H
            MOV ES, AX
            MOV BX, 04000H
            MOV CX, 100H
```

```
            MOV DX, 40H
REP1:       INC DL
            MOV ES:[BX], DL
            INC BX
            CMP DL, 5AH
            JNZ SS1
            MOV DL, 40H
SS1:        LOOP REP1
            MOV DX, OFFSET MESSAGE
            MOV AH, 09
            INT 21H
            MOV AH, 01H
            INT 21H
            MOV AX, 0D000H
            MOV ES, AX
            MOV BX, 04000H
            MOV CX, 0100H
REP2:       MOV DL, ES:[BX]
            MOV AH, 02H
            INT 21H
            INC BX
            LOOP REP2
            MOV AX, 4C00H
            INT 21H
CODE        ENDS
END     START
```

六、实验内容及要求

(1) 对示例程序进行汇编、连接、运行及分析；
(2) 通过拨动地址选址开关改变扩充存储器可使用的地址范围，然后进行编程校验。

3.2.2　I/O 端口地址译码实验

一、实验目的

(1) 掌握 I/O 端口地址译码电路的工作原理；
(2) 理解 I/O 端口地址译码方式。

二、实验要求

编程利用 I/O 端口地址译码输出实现控制发光二极管闪烁，二极管亮灭时间通过软件延时实现。

三、实验原理

实验连接如图 3.2-4 所示，其中 74LS74 为 D 触发器，可直接使用实验箱上数字电路实验区的 D 触发器。

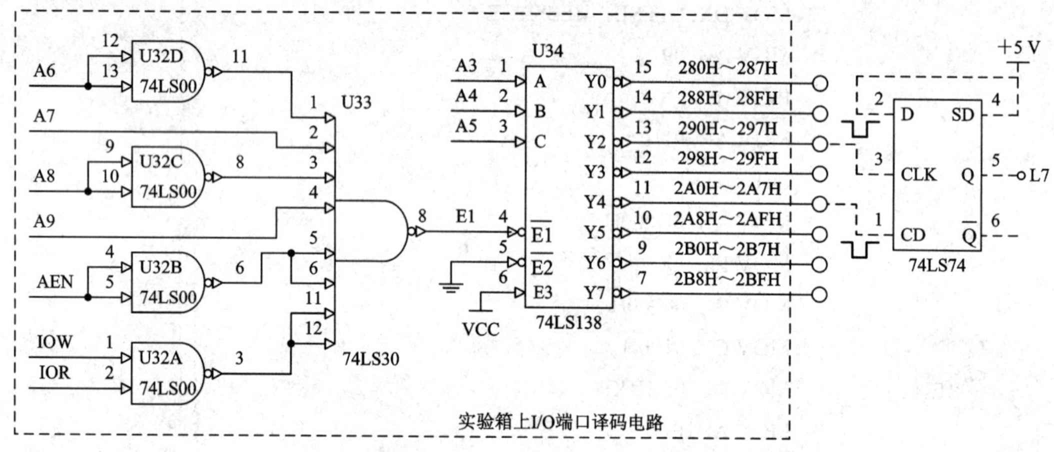

图 3.2-4　I/O 端口地址译码实验连接图

实验箱的 I/O 端口地址译码电路可参看图 2.2-6。当 CPU 执行 I/O 读写指令且地址在 280H～2BFH 范围内时，74LS138 译码器必有一根译码输出有效，输出负脉冲。

例如：

执行下面两条指令，74LS138 译码器 Y2 端口输出一个负脉冲。

```
MOV DX, 290H
OUT DX, AL(或 IN AL, DX)
```

执行下面两条指令，74LS138 译码器 Y4 端口输出一个负脉冲。

```
MOV DX, 2A0H
OUT DX, AL(或 IN AL, DX)
```

实验参考接线如下：

- I/O 端口译码的 Y2(290H-297H)接 D 触发器的 CLK；
- I/O 端口译码的 Y4(2A0H-2A7H)接 D 触发器的 CD；
- 74LS74 D 触发器的 D 接 D 触发器的 SD，接 +5 V 电源；
- 74LS74 D 触发器的 Q 接逻辑笔或 L7(LED 灯)。

四、实验示例程序流程图

实验示例程序的参考流程如图 3.2-5 所示。

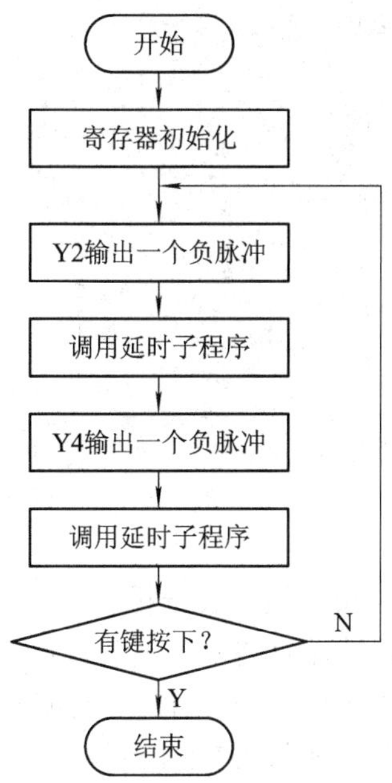

图 3.2-5　I/O 端口地址译码实验流程图

五、实验示例程序

```
DAT        SEGMENT
           OUTPORT1   EQU   290H
           OUTPORT2    EQU   2A0H
DATA       ENDS
CODE       SEGMENT
           ASSUME CS:CODE, DS:DATA
START:     MOV AX, DATA
           MOV DS, AX
CNG:       MOV DX, OUTPORT1
           OUT DX, AL
           CALL DELAY              ；调延时子程序
           MOV DX, OUTPORT2
           OUT DX, AL
           CALL DELAY              ；调延时子程序
           MOV AH, 1
           INT 16H
           JE CNG
           MOV AX, 4C00H
           INT 21H
DELAY      PROC NEAR               ；延时子程序
```

```
            MOV BX, 200
LLL:        MOV CX, 0
LL:         LOOP LL
            DEC BX
            JNE   LLL
            RET
DELAY       ENDP
CODE        ENDS
END         START
```

六、实验内容及要求

(1) 对示例程序进行汇编、连接、运行及分析；

(2) 说明本实验中 I/O 端口地址译码的方式及其特点；

(3) 结合 74LS74 的功能，分析 L7 发光二极管是如何被控制实现闪烁的；

(4) 改变译码地址实现对发光二极管 L7 的控制。

3.2.3　简单并行口输入输出实验

一、实验目的

掌握简单并行接口的工作原理及使用方法。

二、实验要求

(1) 编程实现用逻辑电平开关预置某个字母的 ASCII 码，通过简单输入接口输入这个 ASCII 码，并将其对应字母在屏幕上显示出来。

(2) 编程实现从 PC 键盘输入一个字符或数字，将其 ASCII 码通过简单输出接口输出，根据 8 个发光二极管发光情况验证程序的正确性。

三、实验原理

(1) 简单并行输入接口电路的连接见图 3.2-6。74LS244 为三态 8 位缓冲器，8 个数据输入端分别接逻辑电平开关 S0～S7，8 个数据输出端分别接数据总线 D0～D7。

设并行输入接口的地址为 2A0H，通过并行接口输入数据需要如下两条指令：

```
MOV DX, 2A0H
IN AL, DX
```

实验参考接线如下：

- 74LS244 的 $1\overline{G}$、$2\overline{G}$ 接 I/O 译码的 Y4(2A0H～2A7H)；
- 74 LS244 的 1Y1～1Y4，2Y1～2Y4 接总线的 D0～D7；
- 74LS244 的 1A1～1A4，2A1～2A4 接逻辑开关的 S0～S7。

(2) 简单并行输出接口电路的连接见图 3.2-7。74LS273 为锁存器，8 个 D 输入端分别接数据总线 D0～D7，8 个 Q 输出端接 LED 的 L0～L7。

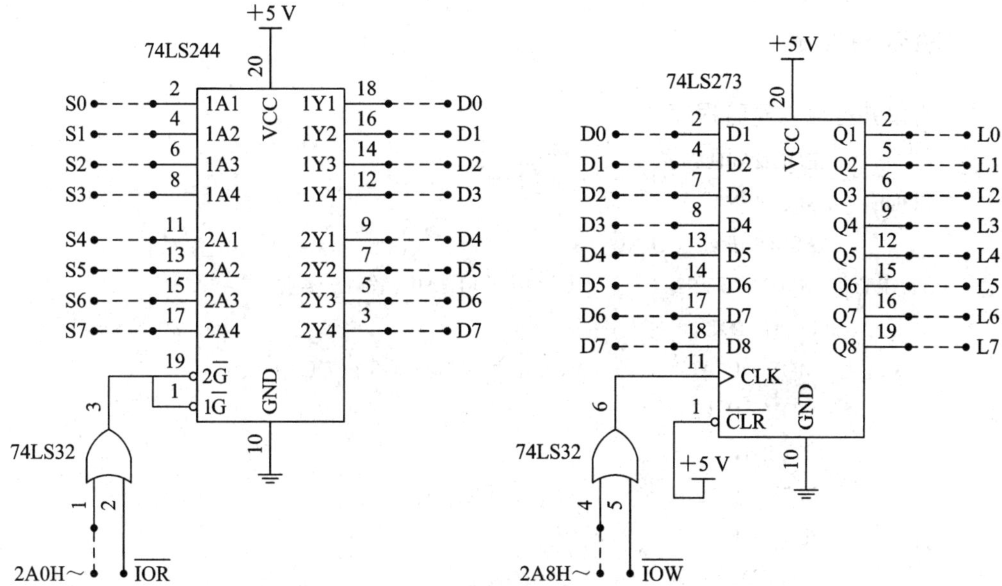

图 3.2-6　74LS244 输入接口原理及接线图　　图 3.2-7　74LS273 输出接口原理及接线图

设并行输出接口的地址为 2A8H，通过并行接口电路输出数据需要以下 3 条指令：

```
MOV AL, 数据
MOV DX, 2A8H
OUT DX, AL
```

实验参考接线如下：

- 74LS273 的 CLK 接 I/O 译码的 Y5(2A8H～2AFH)；
- 74LS273 的 Q0～Q7 接 LED 的 L0～L7；
- 74LS273 的 D0～D7 接总线的 D0～D7。

四、实验示例程序流程图

图 3.2-8 是输入接口程序的参考流程图；图 3.2-9 是输出接口程序的参考流程图。

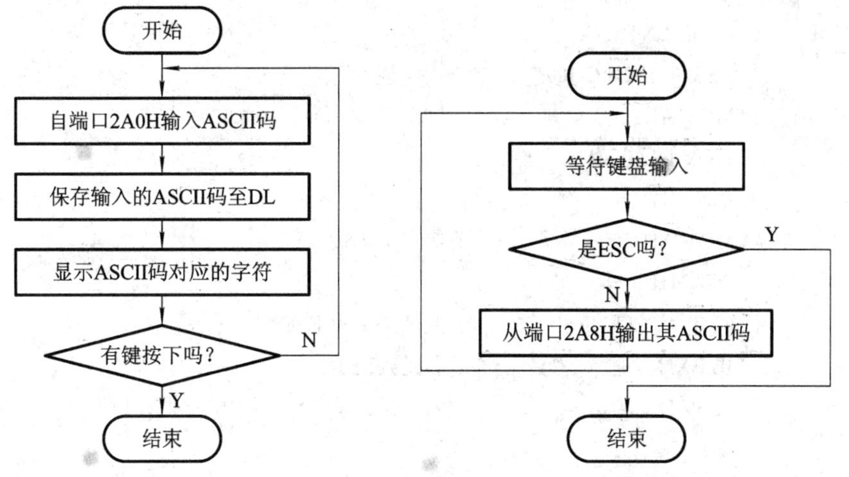

图 3.2-8　74LS244 输入接口程序流程图　　图 3.2-9　74LS273 输出接口程序流程图

五、实验示例程序

1．简单并行输入实验程序

```
LS244   EQU 2A0H
CODE    SEGMENT
        ASSUME CS:CODE
START:  MOV DX, LS244        ; 从端口 2A0H 输入一数据
        IN AL, DX
        MOV DL, AL           ; 将所读数据保存在 DL 中
        MOV AH, 02
        INT 21H
        MOV DL, 0DH          ; 显示回车符
        INT 21H
        MOV DL, 0AH          ; 显示换行符
        INT 21H
        MOV AH, 06           ; 是否有键按下
        MOV DL, 0FFH
        INT 21H
        JNZ EXIT
        JE START             ; 若无，则转 START
EXIT:   MOV AH, 4CH          ; 返回
        INT 21H
CODE    ENDS
END     START
```

2．简单并行输出实验程序

```
LS273   EQU 2A8H
CODE    SEGMENT
        ASSUME CS:CODE
START:  MOV AH, 2            ; 回车符
        MOV DL, 0DH
        INT 21H
        MOV AH, 1            ; 等待键盘输入
        INT 21H
        CMP AL, 27           ; 判断是否为 ESC 键
        JE EXIT              ; 若是则退出
        MOV DX, LS273        ; 若不是，从 2A8H 输出其 ASCII 码
        OUT DX, AL
        JMP START            ; 转 START
```

```
EXIT:     MOV AH, 4CH        ;返回
          INT 21H
CODE      ENDS
END       START
```

六、实验内容及要求

(1) 对示例程序进行汇编、连接、运行及分析；

(2) 结合软件和硬件说明 74LS244 缓冲器和 74LS273 锁存器的工作原理。

3.2.4　8259 中断实验

一、实验目的

(1) 掌握 PC 中断处理系统的基本工作原理；

(2) 掌握 8259 中断控制器的工作原理，学会编写中断服务程序。

二、实验要求

(1) 实验电路连接见图 3.2-10，中断源接 8259 中断控制器主片的 IR3，直接用手动开关产生单脉冲作为中断请求信号。要求每按一次开关产生一次中断，并在屏幕上显示一次“TPCA Interrupt 3!”提示信息，中断 10 次后程序退出。

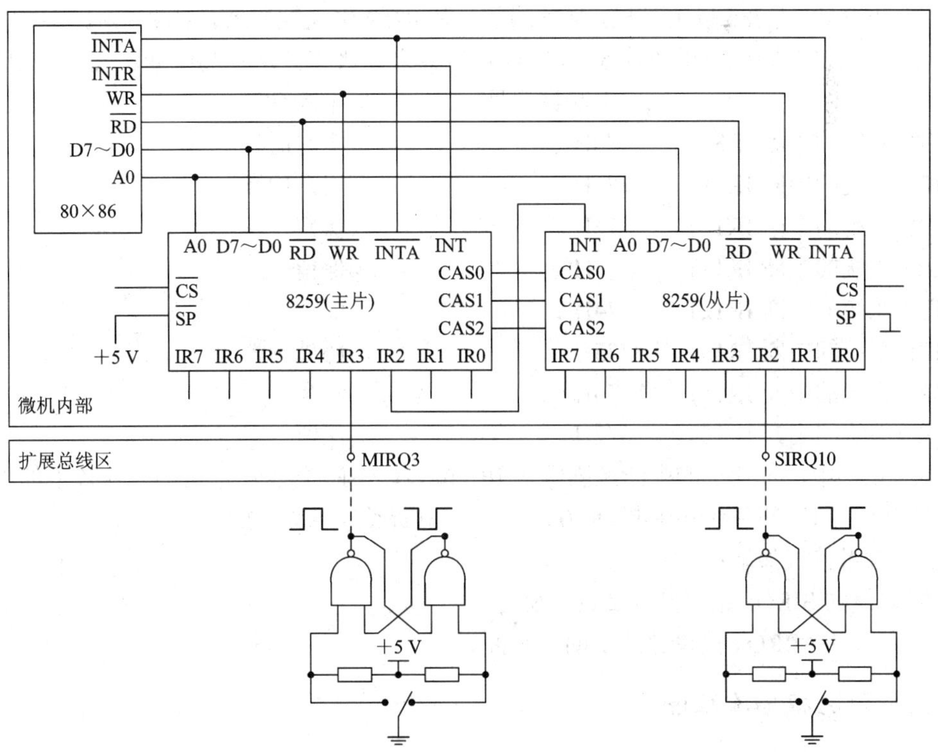

图 3.2-10　8259 中断实验接线图

(2) 实验电路连接仍为图 3.2-10，但中断源接 8259 中断控制器从片的 IR2，直接用手动开关产生单脉冲作为中断请求信号。要求每按一次开关产生一次中断，并在屏幕上显示一次“TPCA Interrupt 10!”提示信息，中断 10 次后程序退出。

三、实验原理

PC 用户使用的可屏蔽硬件中断可由 8259 中断控制器管理。中断控制器先接收外部的中断请求信号，然后经过优先级判别等处理后向 CPU 发出可屏蔽中断请求。IBMPC、PC/XT 机内都有一片 8259 中断控制器，对外可以提供以下 8 个中断源：

中断源	中断类型号	中断功能
IR0	08H	时钟
IR1	09H	键盘
IR2	0AH	保留
IR3	0BH	串行口2
IR4	0CH	串行口1
IR5	0DH	硬盘
IR6	0EH	软盘
IR7	0FH	并行打印机

8 个中断源的中断请求信号线 IR0～IR7 在主机的 62 线 ISA 总线插座中可以引出，系统已设定中断请求信号为“边沿触发”及普通结束方式。

对于 PC/AT 及 286 以上微机，又扩展了一片 8259 中断控制器。如图 3.2-10，主片 8259 中断控制器的 IR2 端口用于两片 8259 中断控制器之间级连。从片的中断源及功能如下：

中断源	中断类型号	中断功能
IR0(系统的中断 IR8)	70H	实时时钟
IR1(系统的中断 IR9)	71H	用户中断
IR2(系统的中断 IR10)	72H	保留
IR3(系统的中断 IR11)	73H	保留
IR4(系统的中断 IR12)	74H	保留
IR5(系统的中断 IR13)	75H	协处理器
IR6(系统的中断 IR14)	76H	硬盘
IR7(系统的中断 IR15)	77H	保留

实验系统中，主片上的中断源固定接 IR3 端口，中断类型号为 0BH，从片上的中断源固定接 IR2 端口，即系统的中断 IR10 端口上，中断类型号为 72H。

实验参考接线如下：

- 总线的 SIRQx 接单脉冲 2 的正脉冲；
- 总线的 MIRQx 接单脉冲 1 的正脉冲。

四、实验示例程序流程图

(1) 中断源接 8259 主片的 IR3 端口，主程序及中断服务程序的参考流程如图 3.2-11 所示。

(2) 中断源接 8259 从片的 IR2 端口，参考流程仍为图 3.2-11 所示，但需将 IR3 端口变为 IR10 端口即可。

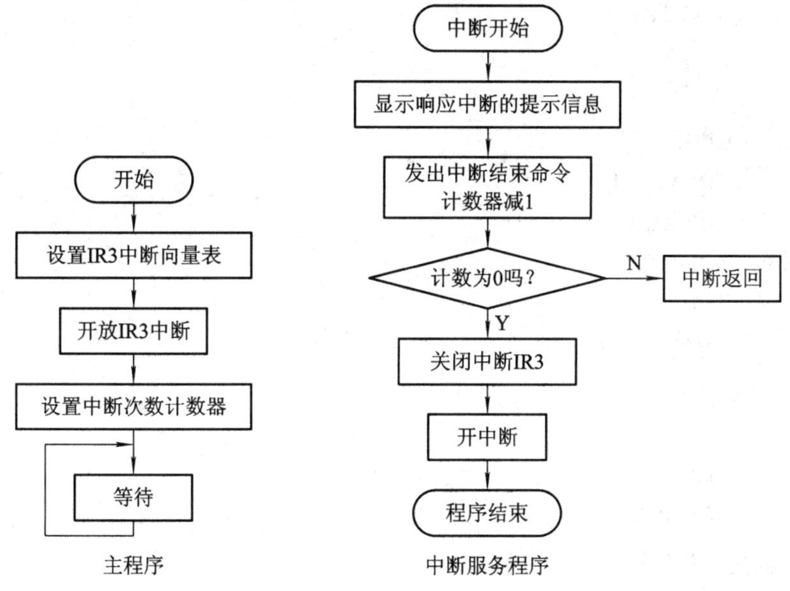

图 3.2-11　主程序及中断服务程序流程图

五、实验示例程序

1. 中断源接 8259 主片的 IR3 程序

```
DATA    SEGMENT
        MESS DB 'TPCA INTERRUPT 3!', 0DH, 0AH, '$'
DATA    ENDS
CODE    SEGMENT
        ASSUME CS:CODE, DS:DATA
START:  MOV AX, CS
        MOV DS, AX
        MOV DX, OFFSET INT3
        MOV AX, 250BH
        INT 21H
        IN AL, 21H
        AND AL, 0F7H
        OUT 21H, AL
        MOV CX, 10
        STI
LL:     JMP LL
INT3:   MOV AX, DATA
        MOV DS, AX
```

```
            MOV DX, OFFSET MESS
            MOV AH, 09
            INT 21H
            MOV AL, 20H
            OUT 20H, AL
            LOOP NEXT
            IN AL, 21H
            OR AL, 08H
            OUT 21H, AL
            STI
            MOV AX, 4C00H
            INT 21H
NEXT:       IRET
CODE        ENDS
END         START
```

2．中断源接 8259 从片的 IR2 程序

```
DATA        SEGMENT
MESS        DB 'TPCA INTERRUPT 10!', 0DH, 0AH, '$'
DATA        ENDS
CODE        SEGMENT
            ASSUME CS:CODE, DS:DATA
START:      CLI
            MOV AX, CS
            MOV DS, AX
            MOV DX, OFFSET INT10
            MOV AX, 2572H
            INT 21H
            IN AL, 21H
            AND AL, 0FBH
            OUT 21H, AL
            IN AL, 0A1H
            AND AL, 0FBH
            OUT 0A1H, AL
            MOV CX, 10
            STI
LL:         JMP LL
INT10:      MOV AX, DATA
            MOV DS, AX
            MOV DX, OFFSET MESS
```

```
            MOV AH, 09
            INT 21H
            MOV AL, 20H
            OUT 20H, AL
            OUT 0A0H, AL
            LOOP NEXT
            IN AL, 21H
            OR AL, 04H
            OUT 21H, AL
            STI
            MOV AX, 4C00H
            INT 21H
NEXT:       IRET
CODE        ENDS
END         START
```

六、实验内容及要求

(1) 对示例程序进行汇编、连接、运行及分析；
(2) 思考实验中用到的中断源的中断类型号是什么以及如何填写中断向量表；
(3) 思考本实验中如何结束中断；
(4) 思考要实现中断，在初始化中如何设置。

3.2.5　扩展中断控制器 8259 实验

一、实验目的

(1) 理解 8259 中断控制器中断查询方式；
(2) 进一步掌握 8259 中断控制器的工作原理，学会编写中断服务程序。

二、实验要求

编程利用 8259 中断控制器的中断查询方式实现中断，每按一次单脉冲产生一次中断，并屏幕上显示相应的中断源请求号。

三、实验原理

中断查询实验连接如图 3.2-12 所示，利用逻辑开关产生中断。

中断查询是通过 CPU 向 8259 中断控制器发送查询命令来实现的。查询命令字由 OCW3 构成，其格式如下：

D_7	D_6	D_5	D_4	D_3	D_2	D_1	D_0
×	0	0	0	1	1	0	0

其中 $D_2 = 1$，是查询命令的特征位。

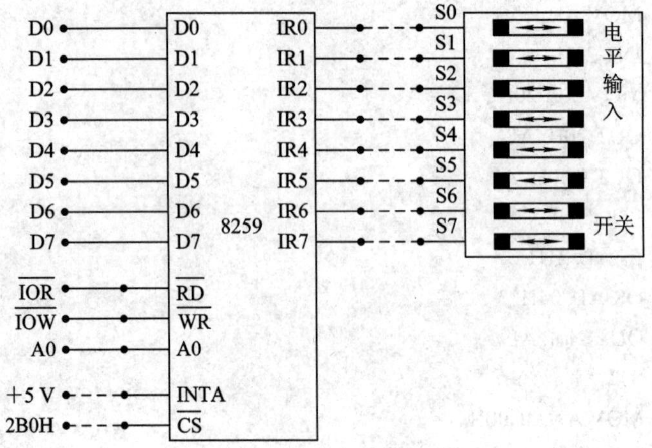

图 3.2-12　中断查询实验连接图

8259 中断控制器在接到 CPU 发来的上述格式的查询命令之后，立即产生状态字，等待 CPU 来读取，状态字的格式如下：

D_7	D_6	D_5	D_4	D_3	D_2	D_1	D_0
I	×	×	×	×	W_2	W_1	W_0

若 I = 0，则表示该 8259 中断控制器没有中断请求；若 I = 1，则表示有中断请求，W_2、W_1、W_0 即为向中断控制器发出中断请求优先级别最高的中断源的中断编码。

实验参考接线如下：

- 8259 的 IR7-IR0 接逻辑开关的 S7～S0；
- 8259 的 $\overline{CS}$ 接 I/O 译码的 Y6(2B0H～2B7H)；
- 8259 的 INTA 接 +5 V 电源。

四、实验示例程序流程图

实验示例程序的参考流程如图 3.2-13 所示。

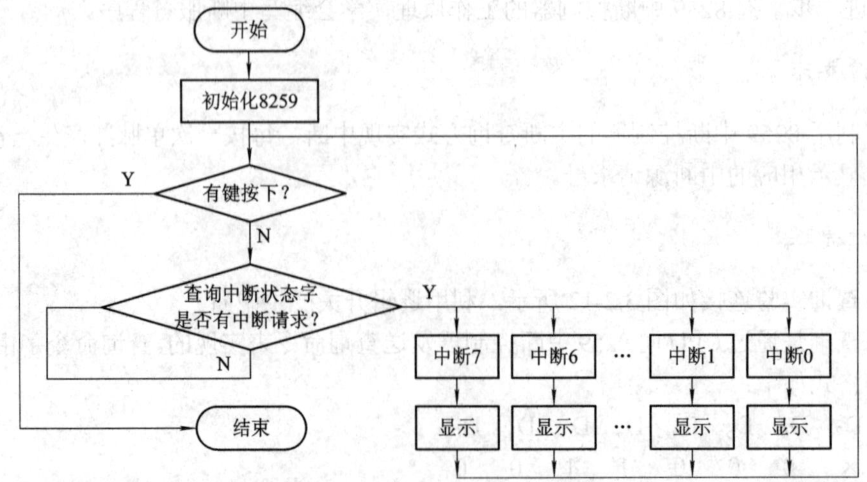

图 3.2-13　中断查询实验流程图

五、实验示例程序

```
;8259 中断查询方式实验
I8259_1     EQU   2B0H          ; 8259 的 ICW1 端口地址
I8259_2     EQU   2B1H          ; 8259 的 ICW2 端口地址
I8259_3     EQU   2B1H          ; 8259 的 ICW3 端口地址
I8259_4     EQU   2B1H          ; 8259 的 ICW4 端口地址
O8259_1     EQU   2B1H          ; 8259 的 OCW1 端口地址
O8259_2     EQU   2B0H          ; 8259 的 OCW2 端口地址
O8259_3     EQU   2B0H          ; 8259 的 OCW3 端口地址
DATA        SEGMENT
            MES1 DB 'YOU CAN PLAY A KEY ON THE KEYBOARD!', 0DH, 0AH, 24H
            MES2 DD   MES1
            MESS1 DB 'HELLO! THIS IS INTERRUPT      *   0   *!', 0DH, 0AH, '$'
            MESS2 DB 'HELLO! THIS IS INTERRUPT      *   1   *!', 0DH, 0AH, '$'
            MESS3 DB 'HELLO! THIS IS INTERRUPT      *   2   *!', 0DH, 0AH, '$'
            MESS4 DB 'HELLO! THIS IS INTERRUPT      *   3   *!', 0DH, 0AH, '$'
            MESS5 DB 'HELLO! THIS IS INTERRUPT      *   4   *!', 0DH, 0AH, '$'
            MESS6 DB 'HELLO! THIS IS INTERRUPT      *   5   *!', 0DH, 0AH, '$'
            MESS7 DB 'HELLO! THIS IS INTERRUPT      *   6   *!', 0DH, 0AH, '$'
            MESS8 DB 'HELLO! THIS IS INTERRUPT      *   7   *!', 0DH, 0AH, '$'
DATA        ENDS
STACKS      SEGMENT
            DB 100 DUP(?)
STACKS      ENDS
STACK1      SEGMENT STACK
            DW 256 DUP(?)
STACK1      ENDS
CODE        SEGMENT
            ASSUME CS:CODE, DS:DATA, SS:STACKS, ES:DATA
            .386
START:      MOV AX, DATA
            MOV DS, AX
            MOV ES, AX
            MOV AX, STACKS
            MOV SS, AX
            MOV DX, I8259_1              ; 初始化 8259 的 ICW1
            MOV AL, 13H                  ; 边沿触发、单片 8259、需要 ICW4
```

```
        OUT DX, AL
        MOV DX, I8259_2          ; 初始化 8259 的 ICW4
        MOV AL, 0B0H             ; 非自动结束 EOI
        OUT DX, AL
        MOV AL, 03H
        OUT DX, AL
        MOV DX, O8259_1          ; 初始化 8259 的 OCW1
        MOV AL, 00H              ; 开放各中断位，不屏蔽
        OUT DX, AL
QUERY:  MOV AH, 1                ; 判断是否有按键按下
        INT 16H
        JNZ QUIT                 ; 有按键则退出
        MOV DX, O8259_3          ; 向 8259 的 OCW3 发送查询命令
        MOV AL, 0CH
        OUT DX, AL
        IN AL, DX                ; 读出查询字
        MOV AH, AL
        AND AL, 80H
        TEST AL, 80H             ; 判断中断是否已响应
        JZ QUERY                 ; 没有响应则继续查询
        MOV AL, AH
        AND AL, 07H
        CMP AL, 00H
        JE IR0ISR                ; 若为 IR0 请求，跳到 IR0 处理程序
        CMP AL, 01H
        JE IR1ISR                ; 若为 IR1 请求，跳到 IR1 处理程序
        CMP AL, 02H
        JE IR2ISR
        CMP AL, 03H
        JE IR3ISR
        CMP AL, 04H
        JE IR4ISR
        CMP AL, 05H
        JE IR5ISR
        CMP AL, 06H
        JE IR6ISR
        CMP AL, 07H
        JE IR7ISR
```

```
            JMP QUERY
IR0ISR:     MOV AX, DATA
            MOV DS, AX
            MOV DX, OFFSET MESS1        ; 显示提示信息
            MOV AH, 09
            INT 21H
            JMP EOI
IR1ISR:     MOV AX, DATA
            MOV DS, AX
            MOV DX, OFFSET MESS2        ; 显示提示信息
            MOV AH, 09
            INT 21H
            JMP EOI
IR2ISR:     MOV AX, DATA
            MOV DS, AX
            MOV DX, OFFSET MESS3        ; 显示提示信息
            MOV AH, 09
            INT 21H
            JMP EOI
IR3ISR:     MOV AX, DATA
            MOV DS, AX
            MOV DX, OFFSET MESS4        ; 显示提示信息
            MOV AH, 09
            INT 21H
            JMP EOI
IR4ISR:     MOV AX, DATA
            MOV DS, AX
            MOV DX, OFFSET MESS5        ; 显示提示信息
            MOV AH, 09
            INT 21H
            JMP EOI
IR5ISR:     MOV AX, DATA
            MOV DS, AX
            MOV DX, OFFSET MESS6        ; 显示提示信息
            MOV AH, 09
            INT 21H
            JMP EOI
IR6ISR:     MOV AX, DATA
```

```
            MOV DS, AX
            MOV DX, OFFSET MESS7        ; 显示提示信息
            MOV AH, 09
            INT 21H
            JMP EOI
IR7ISR:     MOV AX, DATA
            MOV DS, AX
            MOV DX, OFFSET MESS8        ; 显示提示信息
            MOV AH, 09
            INT 21H
EOI:        MOV DX, O8259_2             ; 向 8259 发送中断结束命令
            MOV AL, 20H
            OUT DX, AL
            JMP QUERY
QUIT:       MOV AX, 4C00H               ; 结束程序退出
            INT 21H
CODE        ENDS
END         START
```

六、实验内容及要求

(1) 对示例程序进行汇编、连接、运行及分析；

(2) 思考采用 8259 中断控制器的中断查询方式进行中断的特点。

3.2.6 8255 方式 0 输入输出实验

一、实验目的

掌握并行接口芯片 8255 方式 0 的工作原理、初始化设置、编程及使用的方法。

二、实验要求

编程实现从并行接口芯片 8255 的 C 口输入数据，再从 A 口输出。

三、实验原理

实验连接如图 3.2-14 所示，芯片 8255 的 C 口接逻辑电平开关 S0～S7，用于输入；芯片 8255 的 A 口接 LED 显示电路的 L0～L7，用于输出。通过 LED 灯的显示反应逻辑开关的输入。

实验参考接线如下：

- 8255 的 PC7～PC0 接逻辑开关的 S7～S0；
- 8255 的 PA7～PA0 接 LED 灯的 L7～L0；

- 8255 的 $\overline{CS}$ 接 I/O 译码的 Y1(288H～28FH)。

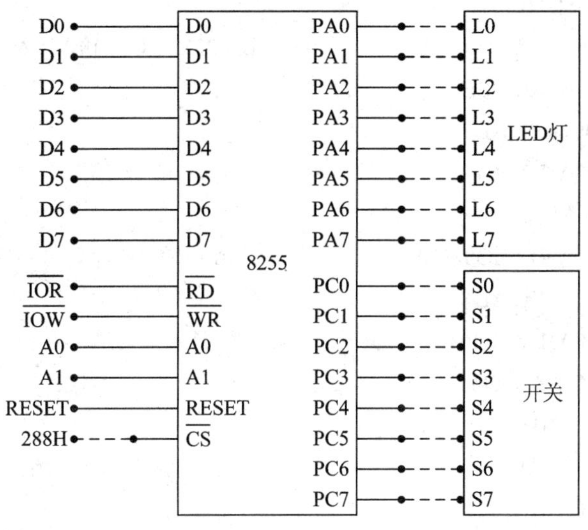

图 3.2-14　8255 方式 0 输入输出实验连接图

四、实验示例程序流程图

实验示例程序的参考流程如图 3.2-15 所示。

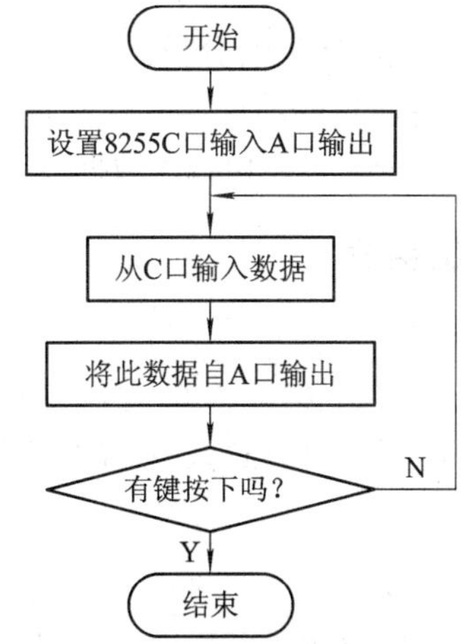

图 3.2-15　8255 方式 0 输入输出实验流程图

五、实验示例程序

```
;*******************************************************************
; 8255 方式 0 的 C 口输入、A 口输出
;*******************************************************************
IO8255A EQU 288H
IO8255B EQU 28BH
IO8255C EQU 28AH
```

```
CODE    SEGMENT
        ASSUME CS:CODE
START:  MOV DX, IO8255B         ; 设 8255 为 C 口输入，A 口输出
        MOV AL, 8BH
        OUT DX, AL
INOUT:  MOV DX, IO8255C         ; 从 C 口输入一数据
        IN AL, DX
        MOV DX, IO8255A         ; 从 A 口输出刚才自 C 口所输入的数据
        OUT DX, AL
        MOV DL, 0FFH            ; 判断是否有按键
        MOV AH, 06H
        INT 21H
        JZ INOUT                ; 若无，则继续自 C 口输入，A 口输出
        MOV AH, 4CH             ; 否则返回
        INT 21H
CODE    ENDS
END     START
```

六、实验内容及要求

(1) 对示例程序进行汇编、连接、运行及分析；
(2) 分析并行接口芯片 8255 各端口的地址；
(3) 编程实现从并行接口芯片 8255 的 A 口输入数据，从并行接口芯片 8255 的 B 口输出。

3.2.7　8255 方式 1 输入输出实验

一、实验目的

了解并行接口芯片 8255 方式 1 的工作原理、初始化设置、编程及使用方法。

二、实验要求

编程实现用发光二极管 L7～L0 的亮灭，显示 S2～S0 开关的状态。如开关状态 S2～S0 为 111 时，则发光二极管 L7 点亮。利用并行接口芯片 8255 的方式 1 实现。

三、实验原理

并行接口芯片 8255 有三种工作方式分别为：方式 0、方式 1 和方式 2。其中方式 1 是一种具有专用联络线的选通输入输出方式，只有 A 口和 B 口作为数据口，C 口的位线分别做 A 口和 B 口的联络线。C 口联络线的定义是固定的，编程时必须按照要求使用，不能改变。方式 1 常用“中断”或“查询”方式进行数据传送。工作原理如下：

方式 1 输入：当 A 口或 B 口被设定为方式 1 输入时，两个并行口各指定 C 口的 3 根线作为并行接口芯片 8255 与外设之间的联络信号，如图 3.2-16 所示。联络线的定义如下：

$\overline{STB}$：选通输入信号，低电平有效。此信号有效时，把外设送来的数据锁存到 8255 端口的数据缓冲器中。

IBF：输入缓冲器“满”信号，输出信号，高电平有效。此信号可以向外设表明缓冲器状态：外部的数据已被并行接口芯片 8255 锁存到缓冲器中，但还未被 CPU 取走，外设此时不能向并行接口芯片 8255 发送数据；只有当 CPU 执行“IN AL，DX”指令读走数据后，IBF 变为低电平，外设才可发送下一个数据。

INTR：中断请求输出端，高电平有效。此信号可以作为中断请求信号，CPU 可以利用中断服务程序读取并行接口芯片 8255 中的数据。利用中断方式时，需要设置并行接口芯片 8255 中的 INTE=1(中断允许)。

INTE：中断允许位，当 A 口或 B 口被设定为方式 1 输入时，分别规定 PC4 和 PC2 做端口 A 和端口 B 的中断允许位，对 C 口使用“置位、复位”控制字设定 PC4 和 PC2 的电平。

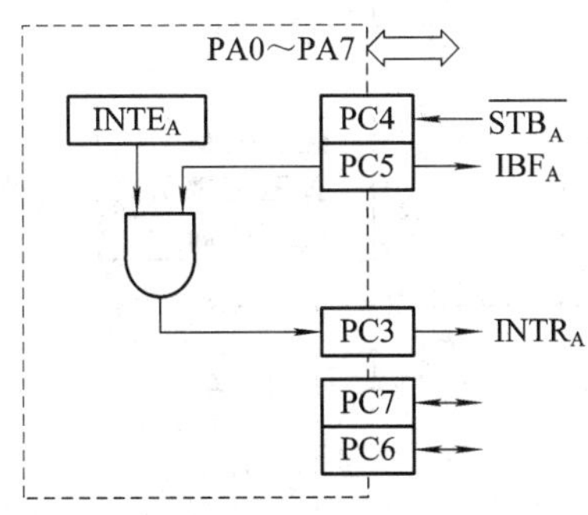

(a) 端口 A 的方式 1 输入结构及引脚定义

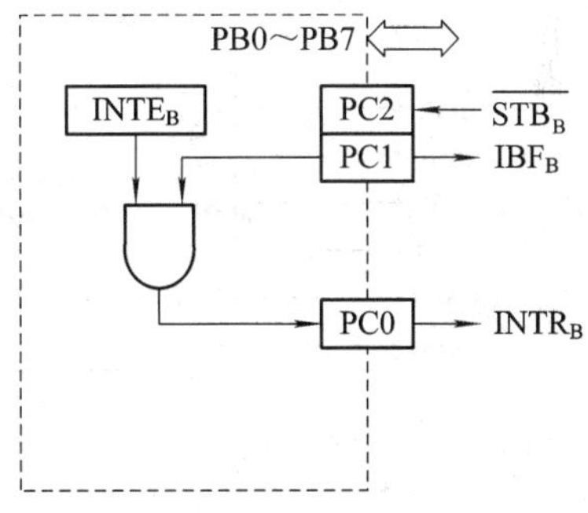

(b) 端口 B 的方式 1 输入结构及引脚定义

图 3.2-16　8255 方式 1 输入结构方式 1 输出：当 A 口或 B 口被设定为方式 1 输出时，两个口各指定 C 口的 3 根线作为并行接口芯片 8255 与外设之间的联络信号，如图 3.2-17 所示。联络线的定义如下：

$\overline{OBF}$：缓冲器“满”信号，低电平有效。当并行接口芯片 8255 接收到 CPU 由“OUT DX, AL”指令输出的数据时，就通过该信号通知外部设备准备接收数据。

$\overline{ACK}$：外设送来的“应答”信号，低电平有效。此信号表明外设已经收到了并行接口芯片 8255 发出的数据信号，它是对 $\overline{OBF}$ 的一个应答信号。

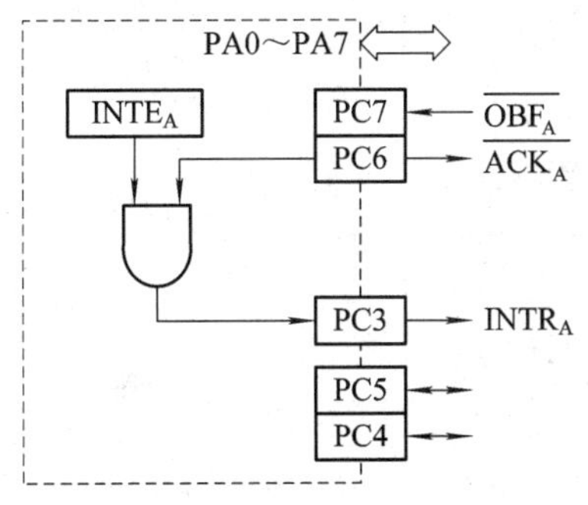

(a) 端口 A 的方式 1 输出结构及引脚定义

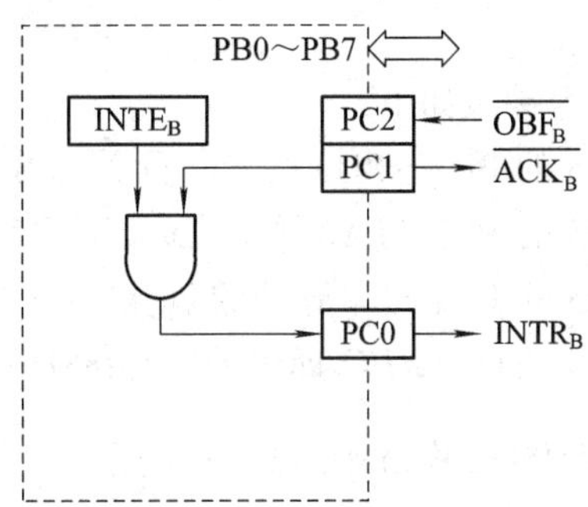

(b) 端口 B 的方式 1 输出结构及引脚定义

图 3.2-17　8255 方式 1 输出结构

INTR：中断请求输出端，高电平有效。此信号可以作为中断请求信号，CPU 可以利用中断服务程序向并行接口芯片 8255 发送数据。INTR 信号的产生是有条件的，要求并行接口芯片 8255 中的 INTE=1(中断允许)，且输出缓冲器空($\overline{OBF}$=1)和$\overline{ACK}$=1。

INTE：中断允许位(同方式 1 输入类似，但需对 PC7(A 口)或 PC2(B 口)进行设置)。

如图 3.2-18 所示是实验连接图。并行接口芯片 8255 的 B 口 PB2～PB0 接逻辑电平开关 S2～S0，并行接口芯片 8255 的 A 口接 LED 显示电路的 L0～L7，PC2($\overline{STB}_B$)与单脉冲发生器的负脉冲端相连。

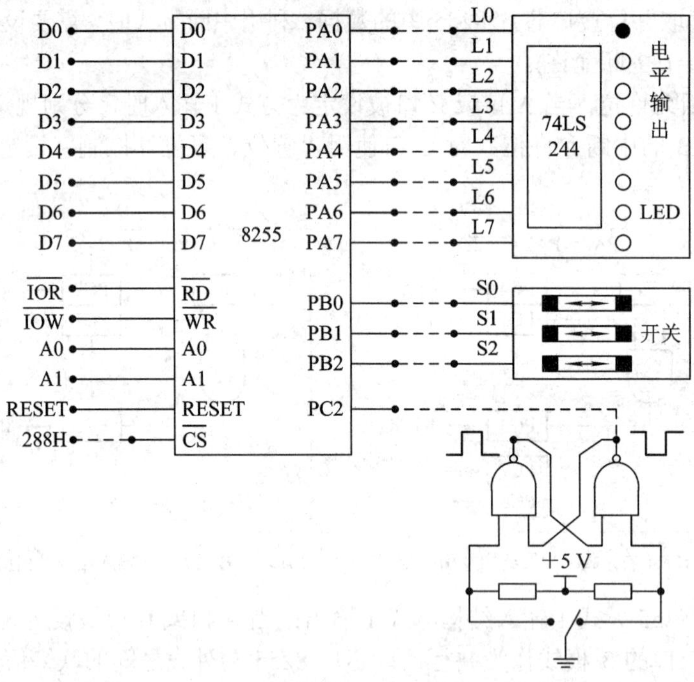

图 3.2-18　8255 方式 1 输入输出实验连接图

在图 3.2-18 中，并行接口芯片 8255 的 A 口、B 口工作于方式 1，A 口输出，B 口输入。输入时，利用固定的联络位 PC1、PC2。PC2 作为选通输入信号$\overline{STB}$，当输入的外设开关状态准备好时，令 PC2($\overline{STB}$)产生负脉冲输入，把外设(开关)送来的数据(S2～S0 的状态)锁存到 8255 B 口的数据缓冲器中。当查询到 PC1(IBF)为高电平时，表示 B 口输入缓冲器"满"。

实验参考接线如下：

- 8255 的 PB2～PB0 接逻辑开关的 S2～S0；
- 8255 的 PA7～PA0 接 LED 显示的 L7～L0；
- 8255 的 PC2 接单脉冲的负脉冲；
- 8255 的$\overline{CS}$接 I/O 译码的 Y1(288H～28FH)。

四、实验示例程序流程图

实验示例程序编程的参考流程如图 3.2-19 所示。

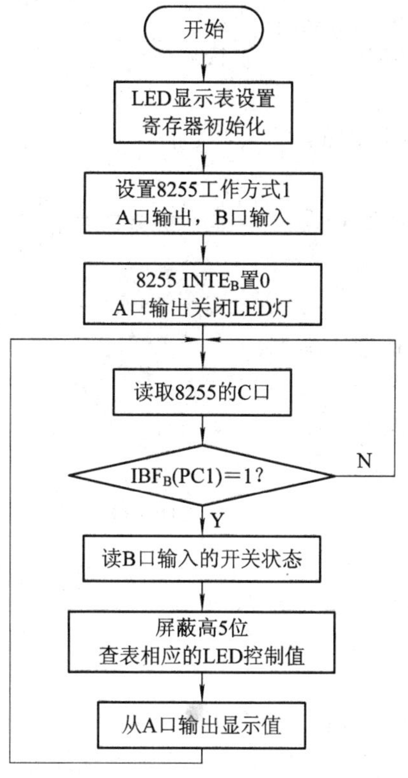

图 3.2-19　8255 方式 1 输入输出实验流程图

五、实验示例程序

```
; 8255 方式 1 输入输出实验
DATA        SEGMENT
IO8255_A    EQU   288H
IO8255_B    EQU   289H
IO8255_C    EQU   28AH
IO8255_K    EQU   28BH
TAB         DB    01H, 02, 04H, 08H, 10H, 20H, 40H, 80H
DATA        ENDS
CODE        SEGMENT
            ASSUME   CS:CODE, DS:DATA
START:      MOV AX, DATA            ; 设数据寄存器的值
            MOV DS, AX
            MOV DX, IO8255_K        ; 设 8255 方式 1，A 口输出，B 口输入
            MOV AL, 0AEH
            OUT DX, AL
            MOV AL, 04H             ; 设置(PC2)/STBB=0
```

```
            OUT DX, AL
LL:         MOV DX, IO8255_C        ; 读 8255 C 口
SS1:        IN AL, DX
            TEST AL, 00000010B      ; PC1=1?
            JZ SS1                  ; N0
            MOV DX, IO8255_B        ; 读 8255 B 口
            IN AL, DX
            AND AL, 07              ; 屏蔽高 5 位
            MOV BX, OFFSET TAB
            XLAT TAB                ; 查表
            MOV DX, IO8255_A        ; 表项输出 A 口
            OUT DX, AL
            JMP LL                  ; 无条件转移 LL 处
CODE        ENDS
            END    START
```

六、实验内容及要求

(1) 对示例程序进行汇编、连接、运行及分析；

(2) 思考如何用并行接口芯片 8255 方式 0 实现上述功能；

(3) 思考如何利用中断方式实现上述功能。

3.2.8　8254 计数器实验

一、实验目的

(1) 掌握 8254 计数器的基本工作原理、初始化、工作方式及编程；

(2) 掌握 8254 计数器典型应用电路的连接及使用方法。

二、实验要求

将 8254 定时/计数器 0 设置为方式 2，初值为 N(N≤0FH)，用手动逐个输入单脉冲，使计数值在屏幕上显示出来，同时用逻辑笔或 LED 灯观察 OUT0 电平变化。

三、实验原理

8254 计数器有三个 16 位“减一”定时/计数器。三个定时/计数器相互独立，可以工作在不同的方式。每一个定时/计数器都有对应的三条信号线：CLK 计数脉冲输入线、OUT 输出信号线和 GATE 门控输入信号线。

8254 三个定时/计数器的控制寄存器共用一个地址单元。控制寄存器用于设置定时/计数器的工作方式，只能写入不能读出。

如图 3.2-20 是实验的连接图。CLK0 的脉冲输入信号连接单脉冲发生器正脉冲端，GATE0 接+5 V 电源，OUT0 接 LED 灯 L7。

实验参考接线如下：

- 8254 的 CLK0 接单脉冲的正脉冲；
- 8254 的 $\overline{CS}$ 接 I/O 译码的 Y0(280H～287H)；
- 8254 的 OUT0 接 LED 显示 / L7；
- 8254 的 GATE0 接 +5 V 电源。

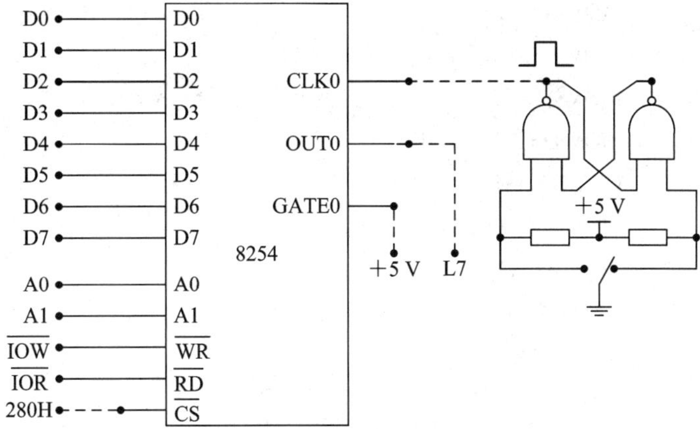

图 3.2-20　8254 计数器实验连接图

四、实验示例程序流程图

8254 计数器实验示例程序的参考流程如图 3.2-21 所示。

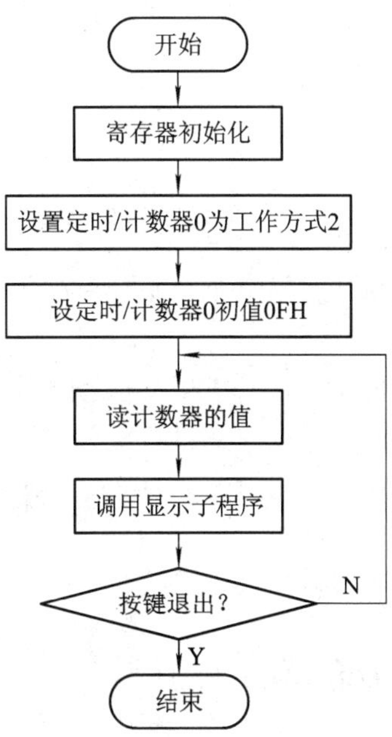

图 3.2-21　8254 计数器实验流程图

五、实验示例程序

```
        DATA            SEGMENT
```

```
IO8254_0        EQU   280H
IO8254_K        EQU   283H
DATA            ENDS
CODE            SEGMENT
                ASSUME   CS:CODE, DS:DATA
START:          MOV AX, DATA
                MOV DS, AX
                MOV AL, 14H          ；设置 8254 计数器 0 为工作方式 2，二进制计数
                MOV DX, IO8254_K
                OUT DX, AL
                MOV DX, IO8254_0     ；送计数初值为 0FH
                MOV AL, 0FH
                OUT DX, AL
LLL:            IN AL, DX            ；读计数初值
                CALL DISP            ；调显示子程序
                PUSH DX
                MOV AH, 06H
                MOV DL, 0FFH
                INT 21H
                POP DX
                JZ LLL
                MOV AX, 4C00H        ；退出
                INT 21H
DISP            PROC NEAR            ；显示子程序
                PUSH DX
                AND AL, 0FH          ；首先取低四位
                MOV DL, AL
                CMP DL, 9            ；判断是否<=9
                JLE NUM              ；若是则为 '0'～'9'，ASCII 码加 30H
                ADD DL, 7            ；否则为 'A'～'F'，ASCII 码加 37H
NUM:            ADD DL, 30H
                MOV AH, 02H          ；显示
                INT 21H
                MOV DL, 0DH          ；加回车符
                INT 21H
                MOV DL, 0AH          ；加换行符
                INT 21H
                POP DX
                RET                  ；子程序返回
```

```
DISP    ENDP
CODE    ENDS
END     START
```

六、实验内容及要求

(1) 对示例程序进行汇编、连接、运行及分析；

(2) 将8254计数器定时/计数器0设置为方式0，初值为N(N≤0FH)，用手动逐个输入单脉冲，使计数值在屏幕上显示出来，并同时用逻辑笔或LED灯观察OUT0电平变化；

(3) 思考在实验中方式0和方式2计数方式及实验结果不同之处。

3.2.9　8254定时器实验

一、实验目的

(1) 掌握8254定时器的工作原理、初始化、工作方式及编程；

(2) 掌握8254定时器典型应用电路的连接及使用方法。

二、实验要求

设8254定时器CLK0的输入时钟频率为1 MHz，编程实现使用8254控制LED闪烁，周期为1秒。

三、实验原理

实验连接如图3.2-22所示。把8254的两个定时/计数器进行级联，定时/计数器0的OUT0输出接定时/计数器1的CLK1输入。定时/计数器0、定时/计数器1的工作方式可设置为方式2或方式3，CLK0连接时钟频率为1 MHz，由定时/计数器0进行1000分频后变为1000 Hz，再由定时/计数器1进行1000分频后得1 Hz，然后由OUT1输出周期为1秒的频率信号。

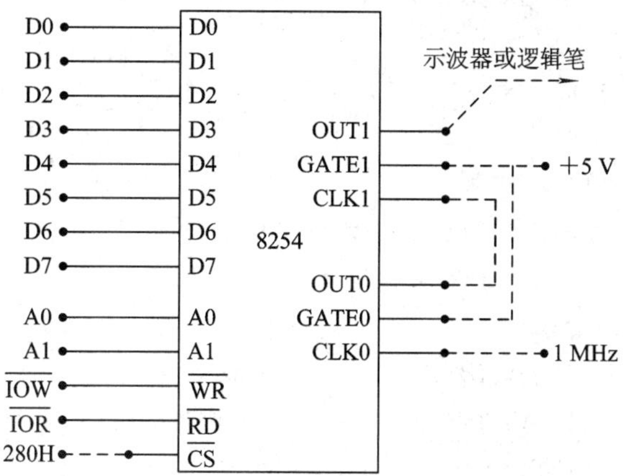

图3.2-22　8254定时器实验连接图

实验参考接线如下：

- 8254的CLK0接时钟1 MHz；

- 8254 的 $\overline{CS}$ 接 I/O 译码的 Y0(280H～287H)；
- 8254 的 OUT0 接 8254 的 CLK1；
- 8254 的 GATE0、GATE1 接 +5 V 电源；
- 8254 的 OUT1 接逻辑笔或 LED 灯 L7。

四、实验示例流程图

8254 定时器实验示例程序的参考流程如图 3.2-23 所示。

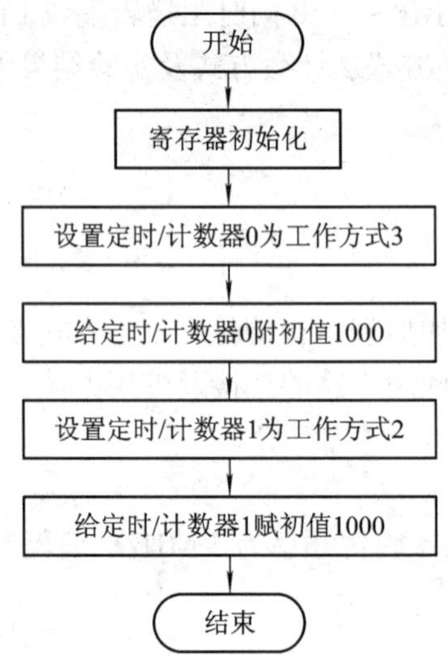

图 3.2-23　8254 定时器实验流程图

五、实验示例程序

```
DATA        SEGMENT
IO8254_0    EQU   280H
IO8254_1    EQU   281H
IO8254_K    EQU   283H
DATA        ENDS
CODE        SEGMENT
            ASSUME CS:CODE, DS:DATA
START:      MOV AX, DATA
            MOV DS, AX
            MOV DX, IO8254_K        ; 向 8254 写控制字
            MOV AL, 36H             ; 使 0 通道为工作方式 3
            OUT DX, AL
            MOVAX, 1000             ; 写入循环计数初值 1000
            MOV DX, IO8254_0
            OUT DX, AL              ; 先写入低字节
```

```
                MOV AL, AH
                OUT DX, AL          ; 后写入高字节
                MOV DX, IO8254_K
                MOV AL, 76H         ; 设 8254 通道 1 为工作方式 2
                OUT DX, AL
                MOV AX, 1000        ; 写入循环计数初值 1000
                MOV DX, IO8254_1
                OUT DX, AL          ; 先写低字节
                MOV AL, AH
                OUT DX, AL          ; 后写高字节
DDD:            JMP  DDD
CODE            ENDS
END             START
```

六、实验内容及要求

(1) 对示例程序进行汇编、连接、运行及分析；

(2) 思考在实验中，CLK0 接 1 MHz 时钟信号时，定时/计数器 0 最大可定时多长时间；

(3) 计算并编程，控制 L7 灯闪烁的周期为 4 s。

3.2.10　8251 串口通信实验

一、实验目的

(1) 了解 8251 串行通信的基本原理；

(2) 掌握串行接口芯片 8251 的工作原理和编程方法。

二、实验要求

编程实现从键盘输入一个字符，将其 ASCII 码加 1 后串行发送出去，再串行接收回来并在屏幕上显示出来，实现自发自收。

三、实验原理

串行接口芯片 8251 基本性能如下：

(1) 通过编程，可以工作在同步方式，也可以工作在异步方式。在同步方式下，波特率范围为 0～64Kbaud，在异步方式下，波特率范围为 0～19.2Kbaud。

(2) 在同步方式时，字符可以有 5～8 个数据位，并且内部能自动检测同步字符，从而实现同步。串行接口芯片 8251 还允许在同步方式下增加奇/偶校验位进行校验。

(3) 在异步方式时，字符可以有 5～8 个数据位和 1 位奇偶校验位，允许设置 1 个、1.5 个或 2 个停止位。

(4) 所有的输入输出电平都与 TTL 电平兼容。

(5) 是全双工、双缓冲的接收/发送器。

(6) 提供出错检测，具有奇偶、溢出和帧错位三种校验电路。

串行接口芯片 8251 的引脚及内部寄存器如图 3.2-24 所示。

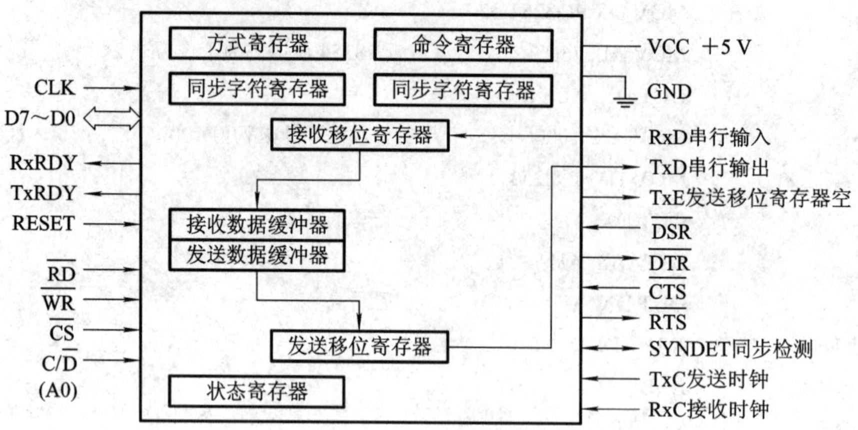

图 3.2-24　8251 引脚及内部寄存器

串行接口芯片 8251 有控制寄存器、方式寄存器和命令寄存器。

(1) 方式寄存器各位的定义如图 3.2-25 所示。

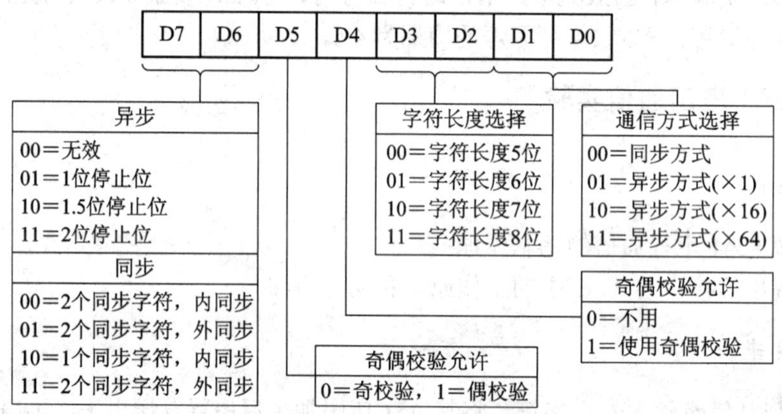

图 3.2-25　8251 方式寄存器

(2) 命令寄存器各位的定义如图 3.2-26 所示。

D7	D6	D5	D4	D3	D2	D1	D0
EH	IR	RTS	ER	SBRK	RxE	DTR	TxEN
1＝搜索同步字符	1＝内部复位	1＝发送请求有效	1＝错误标志复位	1＝发中止字符	1＝接收允许	1＝数据终端准备好	1＝发送允许

图 3.2-26　8251 命令寄存器

(3) 状态寄存器各位的定义如图 3.2-27 所示。状态寄存器用于存放串行接口芯片 8251 的工作状态。

D7	D6	D5	D4	D3	D2	D1	D0
DSR	SYNDET/BD	FE	OE	PE	TXEMPTY	RXRDY	TXRDY
1＝数据装置就绪	1＝同步检出	1=格式错	1＝溢出错	1=奇偶错	1＝发送移位器空	1＝接收准备好(输入缓冲器满，读复位)	1＝发送准备好(输出缓冲器空，写复位)

图 3.2-27　8251 状态寄存器

串行接口芯片 8251 的初始化及操作流程如图 3.2-28 所示。方式寄存器在 8251 复位之后设置，命令寄存器在方式寄存器设置后可设置。

实验连接如图 3.2-29 所示。其中 8254 定时/计数器用于产生 8251 所需的发送和接收时钟，8254 的计数初值等于 F_{CLK0}/提供给 8251 的时钟频率，而提供给 8251 的时钟频率等于波特率乘以波特率因子。TXD 和 RXD 连在一起，实现自发自收。

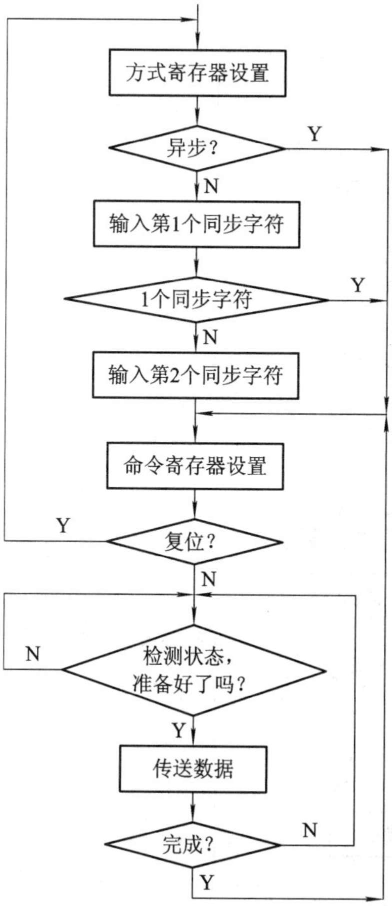

图 3.2-28　8251 初始化及操作流程

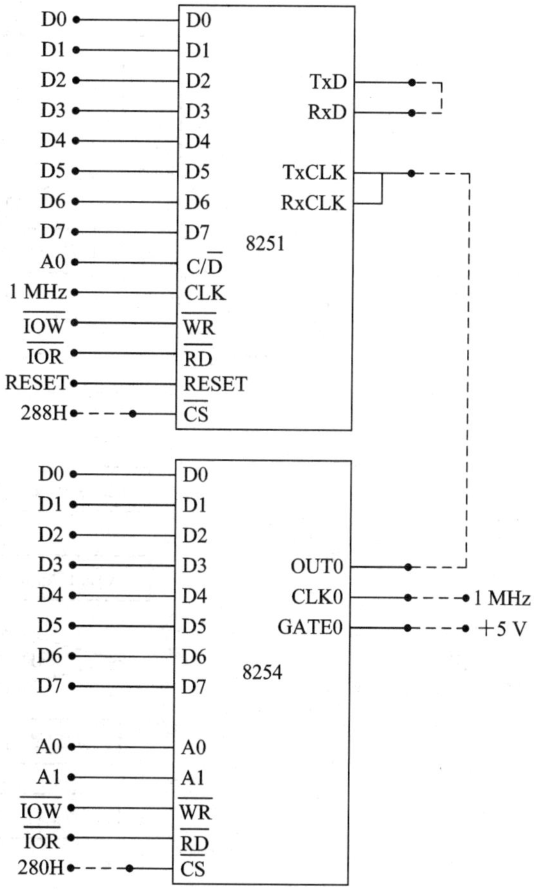

图 3.2-29　8251 串口通信实验连接图

实验参考接线如下：

- 8254 的 CLK0 接时钟的 1 MHz；
- 8254 的 $\overline{CS}$ 接 I/O 译码的 Y0(280H～287H)；
- 8254 的 OUT0 接 8251 的 TxCLK 与 RxCLK；

- 8254 的 GATE0 接 +5 V 电源；
- 8251 的 TxD 接 8251 的 RxD；
- 8251 的 $\overline{CS}$ 接 I/O 译码的 Y7(2B8H～2BFH)。

四、实验示例流程图

实验示例程序参考流程如图 3.2-30 所示。

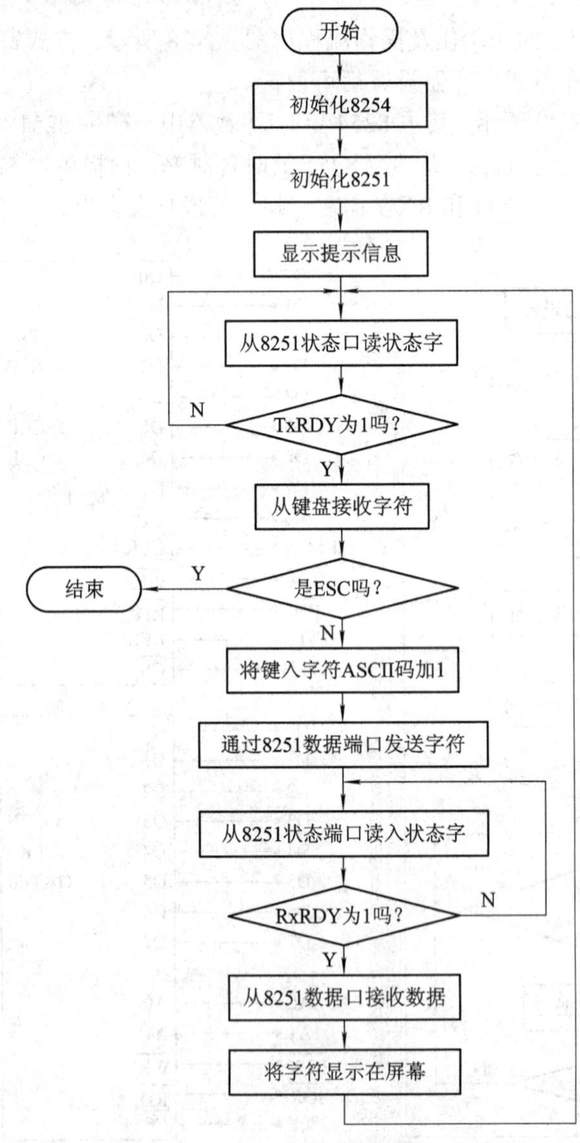

图 3.2-30　8251 串口通信实验程序流程图

五、实验示例程序

```
;**********************************************************************
;8251 串行通信，自发自收
```

```
;************************************************************
DATA        SEGMENT
IO8253A     EQU 280H
IO8253B     EQU 283H
IO8251A     EQU 2B8H
IO8251B     EQU 2B9H
MES1        DB 'YOU CAN PLAY A KEY ON THE KEYBORD!', 0DH, 0AH, 24H
MES2        DD   MES1
DATA        ENDS
CODE        SEGMENT
            ASSUME CS:CODE, DS:DATA
START:      MOV AX, DATA
            MOV DS, AX
            MOV DX, IO8253B         ；设置 8254 计数器 0 工作方式
            MOV AL, 16H
            OUT DX, AL
            MOV DX, IO8253A
            MOV AL, 52              ；给 8254 计数器 0 送初值
            OUT DX, AL
            MOV DX, IO8251B         ；初始化 8251
            XOR AL, AL
            MOV CX, 03              ；向 8251 控制端口送 3 个 0
DELAY:      CALL OUT1
            LOOP DELAY
            MOV AL, 40H             ；向 8251 控制端口送 40H，使其复位
            CALL OUT1
            MOV AL, 4EH             ；设置为 1 个停止位，8 个数据位，波特率因子为 16
            CALL OUT1
            MOV AL, 27H             ；向 8251 送控制字允许其发送和接收
            CALL OUT1
            LDS DX, MES2            ；显示提示信息
            MOV AH, 09
            INT 21H
WAITI:      MOV DX, IO8251B
            IN AL, DX
            TEST AL, 01             ；发送是否准备好
            JZ WAITI
            MOV AH, 01              ；是，从键盘上读一字符
            INT 21H
            CMP AL, 27              ；若为 ESC，结束
```

```
            JZ EXIT
            MOV DX, IO8251A
            INC AL
            OUT DX, AL          ; 发送
            MOV CX, 40H
S51:        LOOP S51            ; 延时
NEXT:       MOV DX, IO8251B
            IN AL, DX
            TEST AL, 02         ; 检查接收是否准备好
            JZ NEXT             ; 没有，等待
            MOV DX, IO8251A
            IN AL, DX           ; 准备好，接收
            MOV DL, AL
            MOV AH, 02          ; 将接收到的字符显示在屏幕上
            INT 21H
            JMP WAITI
EXIT:       MOV AH, 4CH         ; 退出
            INT 21H
OUT1        PROC NEAR           ; 向外发送一字节的子程序
            OUT DX, AL
            PUSH CX
            MOV CX, 40H
GG:         LOOP GG             ; 延时
            POP CX
            RET
OUT1        ENDP
CODE        ENDS
END         START
```

六、实验内容及要求

(1) 对示例程序进行汇编、连接、运行及分析；
(2) 分析本实验中芯片 8251 的时钟频率以及 8254 定时/计数器的初值；
(3) 编程实现将存储单元的一组字符发送、接收并显示。

3.2.11　模/数转换器 ADC0809 定时传送方式实验

一、实验目的

(1) 理解模/数转换的基本原理；
(2) 掌握模/数转换器 ADC0809 的使用方法。

二、实验要求

编程实现采集输入的电压，在屏幕上显示出模/数转换后的数据(十六进制)。采用定时传送方式。

三、实验原理

ADC0809 是一个 8 位的逐次逼近型 AD 转换芯片，适合于对采集精度要求不高、速度不是很快的场合。ADC0809 模/数转换器可直接输入 8 个单端的模拟信号，分时进行模/数转换。ADC0809 模/数转换器主要性能如下：

(1) 分辨率：8 位；

(2) 线性误差：±1 LSB；

(3) 电源电压：5 V；

(4) 参考电源 REF(+)≤5V，参考电源 REF(−)≥0 V；

(5) 模拟电压输入范围：0～5 V；

(6) 8 路模拟信号输入；

(7) 转换时间：100 μs；

(8) 功耗 15 mW(5 V、3 mA)。

ADC0809 模/数转换器的原理如图 3.2-31 所示，工作时序如图 3.2-32 所示。

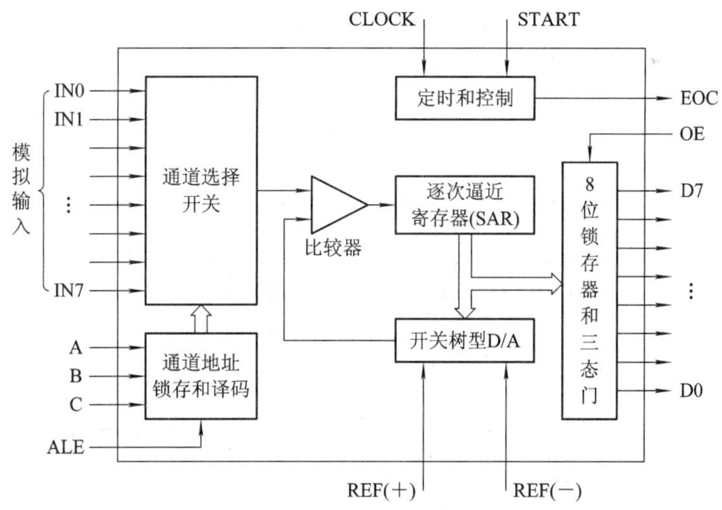

图 3.2-31　ADC0809 模/数转换器原理图

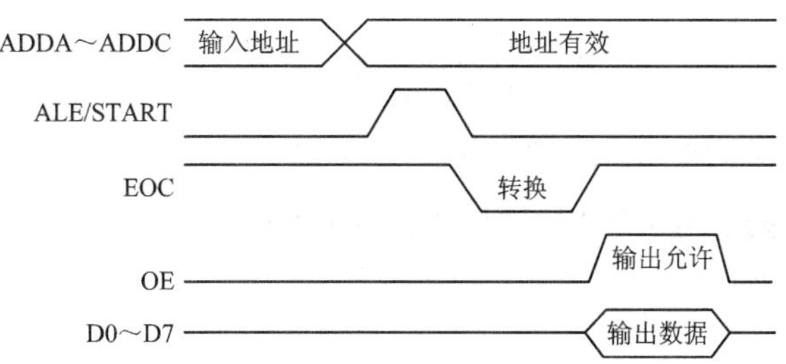

图 3.2-32　ADC0809 模/数转换器工作时序图

ADC0809 模/数转换器的工作过程是：首先通过端口 A、B、C 输入通道地址，利用 ALE 的上升沿将地址存入地址锁存器中，经译码选通 8 路模拟输入通道之一，输入模拟电压；利用 START 信号下降沿启动 A/D 转换；之后 EOC 输出信号变为低电平，指示转换正在进行，直到 A/D 转换完成，EOC 变为高电平，结果数据存入锁存器；当 OE 输入高电平信号时，输出三态门打开，转换的结果数据输出到数据总线上。

A/D 转换后得到的数据应及时传送给 CPU 进行处理，其前提是确认 A/D 转换已完成。通常可采用下面三种主要确认方式。

(1) 定时方式：对于一种给定的 A/D 转换器，转换时间作为一项技术指标是可知的。例如 ADC0809 模/数转换器转换时间为 100 μs，可据此设计一个延时子程序，A/D 转换启动后调用此子程序，确保转换完成。

(2) 查询方式：可检测指示 A/D 转换完成的状态信号。例如，可以查询 ADC0809 模/数转换器的 EOC 的状态，确定转换是否完成。

(3) 中断方式：把指示转换完成的状态信号(EOC)作为中断请求信号，以中断方式进行数据传送。

不管使用哪种方式，只要一旦确定转换完成，即可进行数据传送。

实验连接如图 3.2-33 所示。通过实验箱上的电位器输出 0～5 V 直流电压，送入 ADC0809 模/数转换器通道 0(IN0)。IN0 单极性输入电压与转换后数字的关系为：

$$N = \frac{U_{\mathrm{i}}}{U_{\mathrm{REF}}/256}$$

其中，U_{i} 为输入电压，U_{REF} 为参考电压。

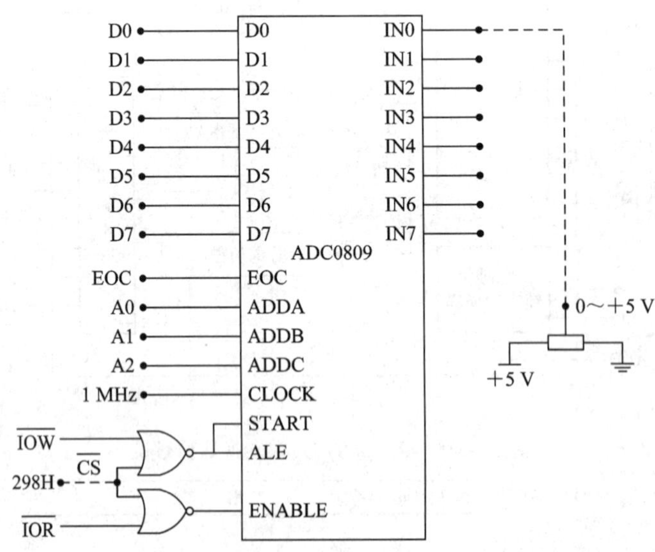

图 3.2-33　模/数转换定时传送方式实验连接图

ADC0809 模/数转换器的 IN0 口地址为 298H，IN1 口地址为 299H。采用定时传送方式，实现 A/D 转换的程序如下：

```
MOV DX            ，端口地址
OUT DX, AL        ；启动转换
```

```
CALL DELAY          ; 延时
IN AL, DX           ; 读取转换结果放在 AL 中
```

可利用 DEBUG 的输出命令启动 A/D 转换器，通过输入命令读取转换结果，验证电压与转换后数据的关系。具体 DEBUG 命令如下：

启动 IN0 开始转换：O 0298 0；

读取转换结果：I 0298；

实验参考接线如下：

- 0809 的 $\overline{CS}$ 接 I/O 地址译码的 Y3(298H～29FH)；
- 0809 的 IN0 接电位器(0～5 V 电源)。

四、实验示例流程图

实验程序参考流程如图 3.2-34 所示。

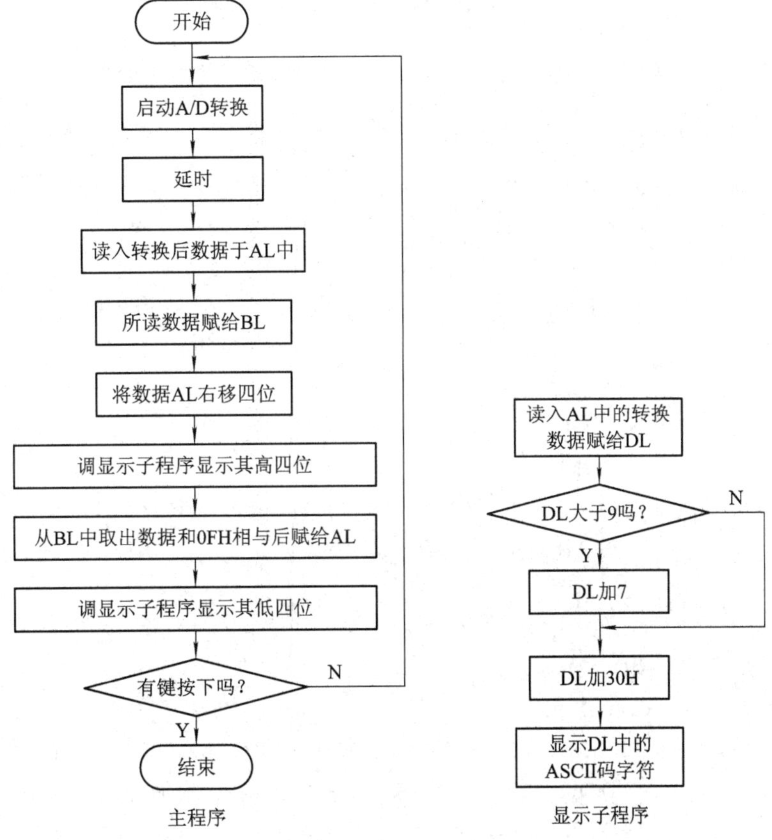

图 3.2-34　A/D 转换定时传送方式主程序及显示子程序流程图

五、实验示例程序

```
;*************************************************************** *************
; A/D 转换，定时传送方式
;********************************* ******************************* ************
```

```
IO0809A     EQU 298H
CODE        SEGMENT
            ASSUME CS:CODE
START:      MOV DX, IO0809A        ; 启动 A/D 转换器
            OUT DX, AL
            MOV CX, 0FFH           ; 延时
DELAY:      LOOP DELAY
            IN AL, DX              ; 从 A/D 转换器输入数据
            MOV BL, AL             ; 将 AL 保存到 BL
            MOV CL, 4
            SHR AL, CL             ; 将 AL 右移四位
            CALL DISP              ; 调显示子程序显示其高四位
            MOV AL, BL
            AND AL, 0FH
            CALL DISP              ; 调显示子程序显示其低四位
            MOV AH, 02
            MOV DL, 20H            ; 加回车符
            INT 21H
            MOV DL, 20H
            INT 21H
            PUSH DX
            MOV AH, 06H            ; 判断是否有键按下
            MOV DL, 0FFH
            INT 21H
            POP DX
            JE START               ; 若没有转 START
            MOV AH, 4CH            ; 退出
            INT 21H
DISP        PROC NEAR              ; 显示子程序
            MOV DL, AL
            CMP DL, 9              ; 比较 DL 是否 >9
            JLE DDD                ; 若不大于则为 '0'～'9'，加 30H 为其 ASCII 码
            ADD DL, 7              ; 否则为'A'～'F'，再加 7
DDD:        ADD DL, 30H            ; 显示
            MOV AH, 02
            INT 21H
            RET
DISP        ENDP
CODE        ENDS
END         START
```

六、实验内容及要求

(1) 对示例程序进行汇编、连接、运行及分析；
(2) 思考在本实验中，软件和硬件如何配合启动 A/D 转换；
(3) ADC0809 模/数转换器采用查询 EOC 状态的方式完成实验任务。

3.2.12　模/数转换器 ADC0809 中断传送方式实验

一、实验目的

(1) 了解模/数转换的基本原理；
(2) 掌握模/数转换中断传送方式的编程方法。

二、实验要求

编程利用模/数转换器 ADC0809 采集输入的电压，在屏幕上显示出模/数转换后的数据(十六进制)。0809 模/数转换器采用中断传送方式。

三、实验原理

实验连接如图 3.2-35 所示。程序由主程序和中断服务程序组成，分别完成以下操作。

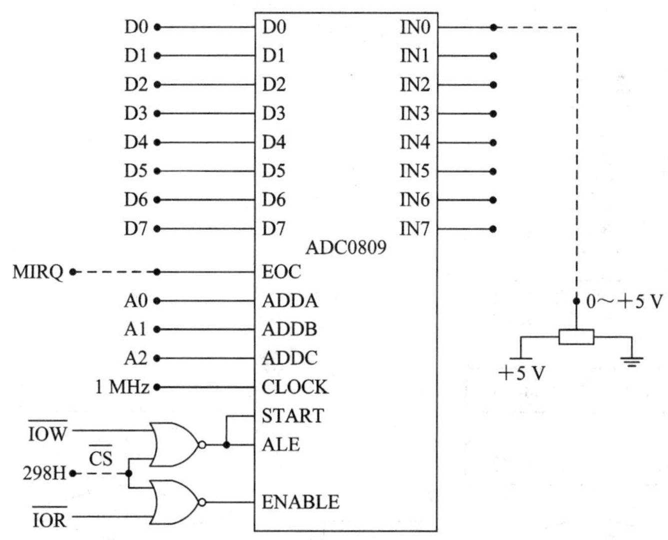

图 3.2-35　模/数转换中断传送方式实验连接图

(1) 主程序包括寄存器初始化、中断向量表填写、开放中断 IR3、启动 A/D 转换、开中断等。由于开放了中断，所以当模数转换结束时，利用 EOC 产生中断请求，进而执行中断服务程序。

(2) 在中断服务程序中读取 0809 转换后的数据，并对转换的数据处理与显示。

实验参考接线如下：

- 0809 的 $\overline{CS}$ 接 I/O 地址译码的 Y3(298H～29FH)；
- 0809 的 IN0 接电位器的 0～5 V；
- 0809 的 EOC 接总线的 MIRQ。

四、实验示例流程图

实验示例程序的参考流程如图 3.2-36 所示。初始化时设置标志 SI 为 0，中断服务程序中将标志 SI 设置为 1，说明 A/D 转换已完成。

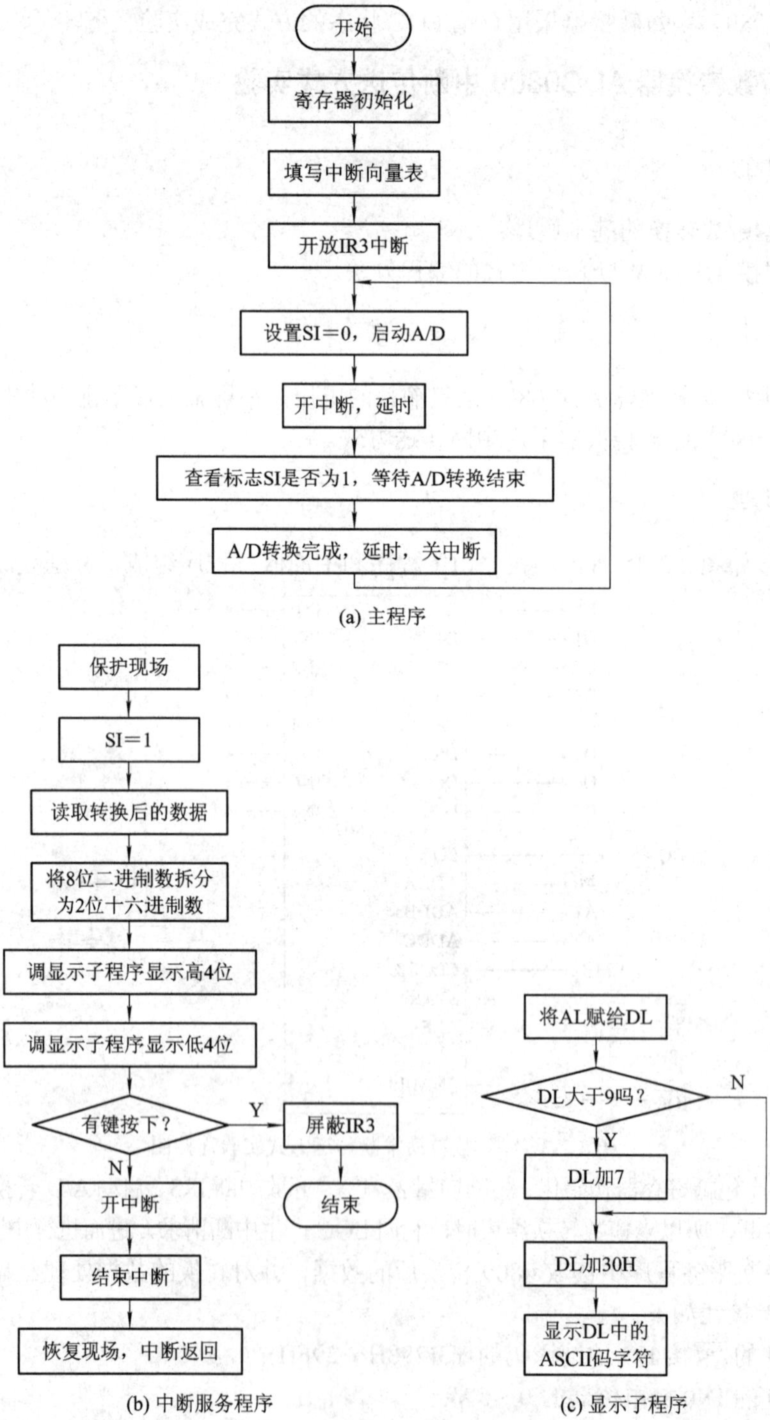

(a) 主程序

(b) 中断服务程序

(c) 显示子程序

图 3.2-36　模/数转换中断传送方式流程图

五、实验程序

```
IO0809A    EQU 298H
STACKS     SEGMENT STACK
 STA       DW 512 DUP(?)
 TOP       EQU    LENGTH STA
STACKS     ENDS
CODE       SEGMENT
           ASSUME CS:CODE
START:     MOV AX, CS
           MOV DS, AX
           MOV DX, OFFSET INT3      ; 设置中断向量
           MOV AX, 250BH            ; AL=中断类型号
           INT 21H
           MOV AX, STACKS           ; 设定堆栈段寄存器 SS
           MOV SS, AX
           MOV SP, TOP              ; 设定堆栈指针 SP 的初值
           IN AL, 21H               ; 设置中断屏蔽字(采用“读-与-写”方式使能)
           AND AL, 0F7H             ; 使能 IRQ3
           OUT 21H, AL              ; 写入 OCW1(屏蔽字)
LOOP0:     MOV SI, 0                ; 建立一个标志，原始=0
           MOV DX, IO0809A          ; 启动 A/D 转换器
           OUT DX, AL
LOOP1:     STI                      ; 开中断(IF 置 1)
           MOV CX, 0FFFFH           ; 设定延时常数
           CMP SI, 01               ; 查询标志 SI，判断是否转换完成
           JNE LOOP1                ; 循环等待
LOOP3:     LOOP LOOP3               ; 转换完成，延时
           CLI                      ; 关中断(IF 置 0)
           JMP LOOP0                ; 返回继续等待下一次中断
INT3:      PUSH AX                  ; 中断服务程序
           PUSH DX
           PUSH CX
           MOV SI, 1                ; 建立一个转换完成的标志(SI=1)
           MOV DX, IO0809A
           IN AL, DX                ; 从 A/D 转换器输入数据
; 处理采集的数据：将 8 位二进制数拆分为两位十六进制数以待显示
           MOV BL, AL               ; 将 AL 保存到 BL
           MOV CL, 4
           SHR AL, CL               ; 将 AL 右移四位
```

```
            CALL DISP           ; 调显示子程序显示其高四位
            MOV AL, BL
            AND AL, 0FH
            CALL DISP           ; 调显示子程序显示其低四位
            MOV AH, 02          ; 系统功能调用(显示字符)
            MOV DL, 20H         ; (空格符)
            INT 21H
            MOV DL, 20H         ; (空格符)
            INT 21H
            PUSH DX
            MOV AH, 06H         ; 判断是否有键按下
            MOV DL, 0FFH        ; DX=0FF 时，输入字符
            INT 21H             ; AL=输入的字符
            POP DX
            JE LOOP2            ; 若没有键盘操作(AL=0)则转 LOOP2
            IN AL, 21H          ; 中断屏蔽字 OCW1 操作
            OR AL, 08H          ; 将 IMR 中的 IRQ3 屏蔽
            OUT 21H, AL
            MOV AH, 4CH         ; 退出
            INT 21H
LOOP2:      STI                 ; 返回主程序之前开中断
            MOV AL, 20H         ; 写 OCW2，发 EOI 命令
            OUT 20H, AL         ; 使 ISR 相应位清零
            POP CX
            POP DX
            POP AX
            IRET                ; 中断返回
DISP        PROC NEAR           ; 显示子程序
            MOV DL, AL
            CMP DL, 9           ; 比较 DL 是否>9
            JLE DDD             ; 若不大于则为 '0'～'9'，加 30H 为其 ASCII 码
            ADD DL, 7           ; 否则为 'A'～'F'，再加 7
DDD:        ADD DL, 30H         ; 显示
            MOV AH, 02
            INT 21H
            RET
DISP        ENDP
CODE        ENDS
END         START
```

六、实验内容及要求

(1) 对示例程序进行汇编、连接、运行及分析；
(2) 思考本实验中，如何产生中断；
(3) 采用中断传送方式，初始化要做哪些设置。

3.2.13 数/模转换器 DAC0832 实验

一、实验目的

(1) 理解 DAC0832 数/模转换器的基本原理；
(2) 掌握 DAC0832 芯片的使用方法。

二、实验要求

编程利用 0832 数/模转换器产生正弦波。

三、实验原理

DAC0832 芯片是采用 CMOS 工艺制成的 R-2R 倒 T 型电阻网络 8 位 D/A 转换器，电流信号输出，通过运算放大器可转化为电压信号。DAC0832 芯片有 20 脚，DIP 封装，内部带有两级 8 位锁存器。该器件不仅可用于一般数字系统和模拟系统之间的接口电路，而且可以直接与 8 位微型计算机接口，是目前使用较为广泛的一种集成 DAC 器件。主要的技术指标如下：

(1) 分辨率：8 位；
(2) 电流建立时间：1 μs；
(3) 线性误差：0.2%FSR(Full Scale Range，满量程)；
(4) 非线性误差：0.4%FSR；
(5) 功耗：20 mW；
(6) 电源电压：+5～+15 V；
(7) 参考电源 VREF：+10～−10 V。

DAC0832 芯片的三种工作方式：

(1) 直通方式：两个锁存器均处于直通状态，输入的数据直接送至 D/A 转换器进行转换并输出。

(2) 单缓冲方式：两个锁存器中一个处于直通状态，而另一个处于受控状态。

(3) 双缓冲方式：两级锁存器都受控。该缓冲方式常用于要求多个模拟量同时输出的场合。

数/模转换实验连接如图 3.2-37 所示。在此实验中 DAC0832 芯片采用单缓冲工作方式，具有单、双极性输出端(图中的 U_a、U_b)，利用 DEBUG 输出命令(Out 290 数据)输出数据给 DAC0832 芯片。用万用表测量单极性输出端 U_a 及双极性输出端 U_b 的电压，可验证数字与电压之间的线性关系。也可用示波器观察输出波形。

设 U_{REF} 表示参考电压，N 表示数字量。设 U_{REF} 等于 5 V，输出电压与输入数字量的关

系为

$$U_a = -(N \times U_{REF})/256$$

其中 N 值范围为 0～255，所以 U_a 值范围为 0～-5 V，U_b 值范围为 -5～+5 V。

$$U_b = -2Ua - U_{REF}$$

设 DAC0832 芯片的端口地址为 290H，根据正弦函数建立一个正弦数字量表，取值范围为一个周期，数字量表中数据个数在 16 个以上。

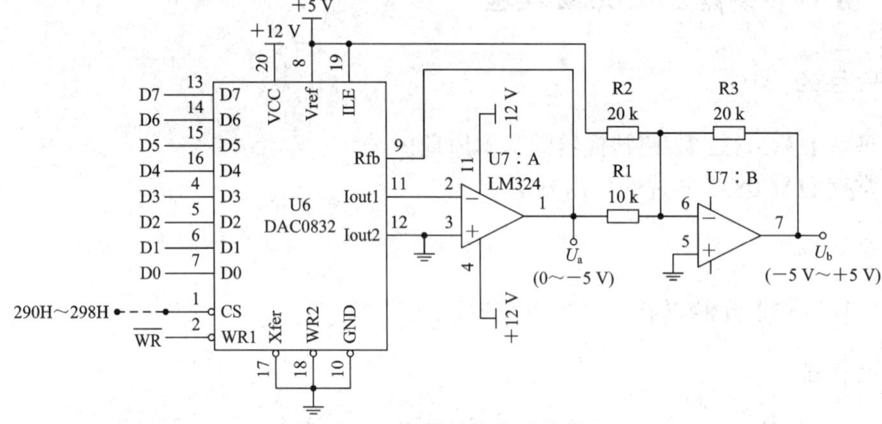

图 3.2-37　数/模转换实验连接图

实验参考接线如下：

- 0832 的 $\overline{CS}$ 接 I/O 地址译码的 Y2(290H～298H)；
- 0832 的 Ua，U_b 接示波器或万用表。

四、实验示例流程图

实验示例程序的参考流程如图 3.2-38 所示。

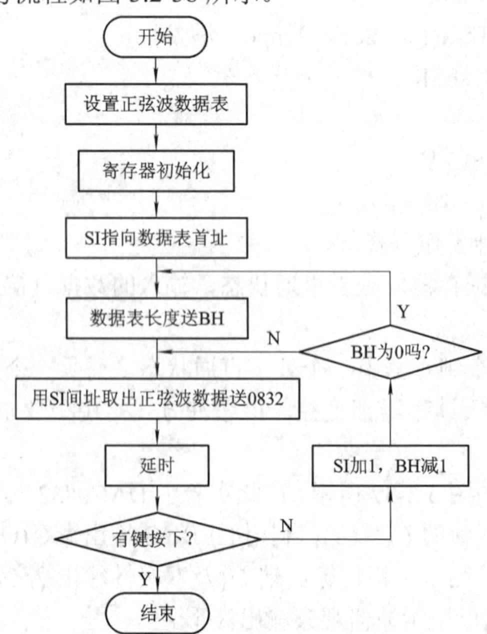

图 3.2-38　0832 模/数转换程序流程图

五、实验程序

```
;************************************************************************
;数/模转换实验：产生正弦波
;************************************************************************
DATA      SEGMENT
 IO0832A  EQU 290H
 SIN      DB 80H, 96H, 0AEH, 0C5H, 0D8H, 0E9H, 0F5H, 0FDH
          DB 0FFH, 0FDH, 0F5H, 0E9H, 0D8H, 0C5H, 0AEH, 96H
          DB 80H, 66H, 4EH, 38H, 25H, 15H, 09H, 04H
          DB 00H, 04H, 09H, 15H, 25H, 38H, 4EH, 66H       ; 正弦波数据
DATA      ENDS
CODE      SEGMENT
          ASSUME CS:CODE, DS:DATA
START:    MOV AX, DATA
          MOV DS, AX
LL:       MOV SI, OFFSET SIN                 ; 置正弦波数据的偏移地址为 SI
          MOV BH, 32                         ; 一组输出 32 个数据
LLL:      MOV AL, [SI]                       ; 将数据输出到 D/A 转换器
          MOV DX, IO0832A
          OUT DX, AL
          MOV AH, 06H
          MOV DL, 0FFH
          INT 21H
          JNE EXIT
          MOV CX, 1
DELAY:    LOOP DELAY                         ; 延时
          INC SI                             ; 取下一个数据
          DEC BH
          JNZ LLL                            ; 若未取完 32 个数据则转 LLL
          JMP LL
EXIT:     MOV AH, 4CH                        ; 退出
          INT 21H
CODE      ENDS
END       START
```

六、实验内容及要求

(1) 对示例程序进行汇编、连接、运行及分析；

(2) 了解 DAC0832 数/模转换器有几种工作方式，以及本实验中采用的方式；

(3) 列出几组典型数字量数据，验证 DAC0832 芯片的单极性与双极性输出；

(4) 编程利用 0832 数/模转换器产生锯齿波(或三角波、方波)。

3.2.14　七段数码管静态显示实验

一、实验目的

掌握七段数码管静态显示的原理。

二、实验要求

编程实现从 PC 键盘输入一位十进制数字(0～9)，在七段数码管上显示出来。

三、实验原理

实验箱上的七段数码管为共阴型。图 3.2-39 所示为 1 位数码管示意图，共阴极七段数码管的段码如表 3.2-1 所示。

表 3.2-1　共阴极七段数码管的段码表

显示字形	g	f	e	d	c	b	a	段码	显示字形	g	f	e	d	c	b	a	段码
0	0	1	1	1	1	1	1	3FH	8	1	1	1	1	1	1	1	7FH
1	0	0	0	0	1	1	0	06H	9	1	1	0	1	1	1	1	6FH
2	1	0	1	1	0	1	1	5BH	A	1	1	1	0	1	1	1	77H
3	1	0	0	1	1	1	1	4FH	B	1	1	1	1	1	0	0	7CH
4	1	1	0	0	1	1	0	66H	C	0	1	1	1	0	0	1	39H
5	1	1	0	1	1	0	1	6DH	D	1	0	1	1	1	1	0	5EH
6	1	1	1	1	1	0	1	7DH	E	1	1	1	1	0	0	1	79H
7	0	0	0	0	1	1	1	07H	F	1	1	1	0	0	0	1	71H

实验连接如图 3.2-40 所示，将并行接口芯片 8255 的 A 口 PA0～PA7 分别与七段数码管的段码驱动输入端 A～DP 相连，位码驱动输入端 S0 接 GND，就可以实现静态显示。

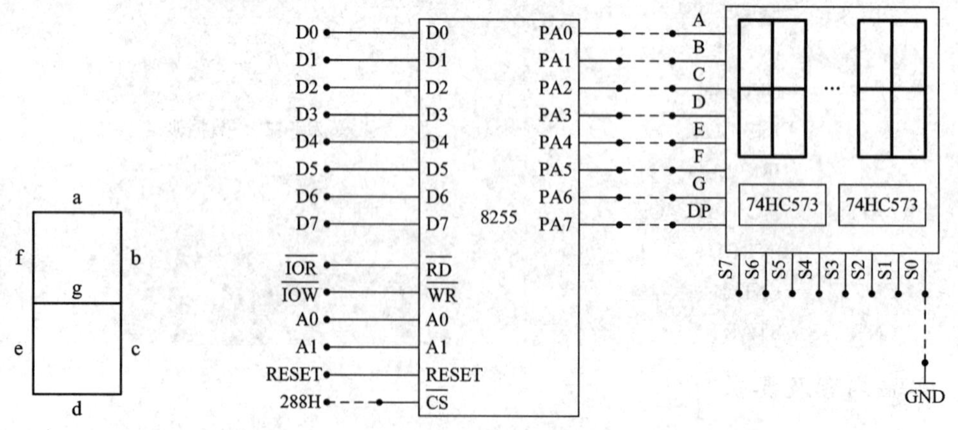

图 3.2-39　数码管示意图　　　图 3.2-40　数码管静态实验连接图

实验参考接线如下：

- 8255 的 PA0～PA7 接数码管的 A～DP；

- 8255 的 $\overline{CS}$ 接 I/O 译码的 Y1(288H～28FH)；
- 数码管的 S0 接 GND。

四、实验示例流程图

实验示例程序参考流程如图 3.2-41 所示。

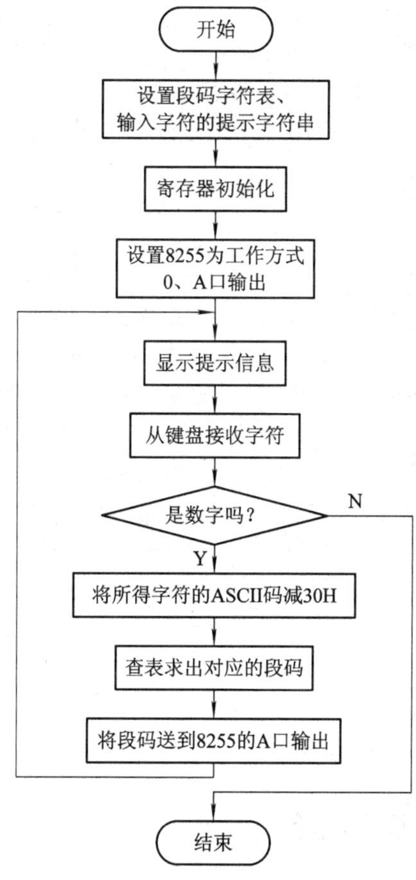

图 3.2-41　数码管静态实验程序流程图

五、实验示例程序

```
DATA        SEGMENT
IO8255_A    EQU 288H
IO8255_k    EQU 28BH
LED         DB 3FH, 06H, 5BH, 4FH, 66H, 6DH, 7DH, 07H, 7FH, 6FH
MESG1       DB 0DH, 0AH, 'INPUT A NUM (0--9), OTHER KEY IS EXIT:', 0DH, 0AH, '$'
DATA        ENDS
CODE        SEGMENT
            ASSUME CS:CODE, DS:DATA
START:      MOV AX, DATA
            MOV DS, AX
```

```
            MOV DX, IO8255_K          ; 使 8255 的 A 口为输出方式
            MOV AX, 80H
            OUT DX, AL
SSS:        MOV DX, OFFSET MESG1      ; 显示提示信息
            MOV AH, 09H
            INT 21H
            MOV AH, 01                ; 从键盘接收字符
            INT 21H
            CMP AL, '0'               ; 是否小于 0
            JL EXIT                   ; 若是则退出
            CMP AL, '9'               ; 是否大于 9
            JG EXIT                   ; 若是则退出
            SUB AL, 30H               ; 将所得字符的 ASCII 码减 30H
            MOV BX, OFFSET LED        ; BX 为数码表的起始地址
            XLAT                      ; 求出相应的段码
            MOV DX, IO8255_A          ; 从 8255 的 A 口输出
            OUT DX, AL
            JMP   SSS                 ; 转 SSS
EXIT:       MOV AX, 4C00H             ; 返回
            INT 21H
CODE        ENDS
END         START
```

六、实验内容及要求

对示例程序进行汇编、连接、运行及分析。

3.2.15　七段数码管动态显示实验

一、实验目的

掌握七段数码管动态显示的原理。

二、实验要求

编程实现在两个数码管上循环显示“00、11、22、33、44、55、66、77、88、99”。

三、实验原理

实验箱上的七段数码管为共阴型。数码管动态实验连接如图 3.2-42 所示。将并行接口芯片 8255 的 A 口 PA0～PA7 分别与七段数码管的段码驱动输入端 A～DP 相连，位码驱动输入端 S0、S1 分别接 8255 的 C 口 PC0、PC1，就可以实现动态显示。

实验参考接线如下：

- 8255 的 PA0～PA7 接数码管的 A～DP；

- 8255 的 $\overline{CS}$ 接 I/O 译码的 Y1(288H～28FH)；
- 8255 的 PC0、PC1 接数码管的 S0、S1。

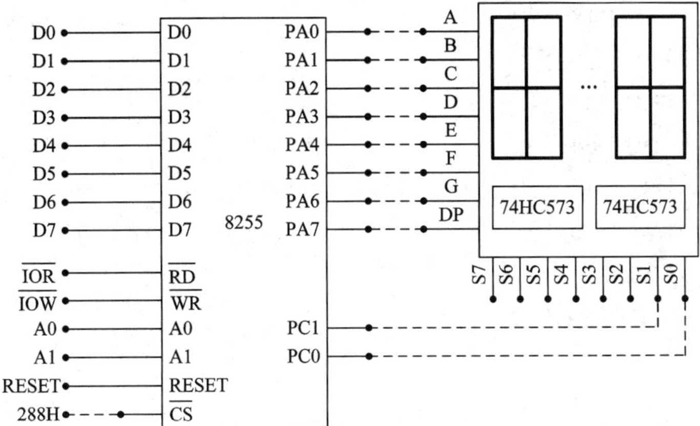

图 3.2-42　数码管动态实验连接图

四、实验示例流程图

实验示例程序参考流程如图 3.2-44 所示。

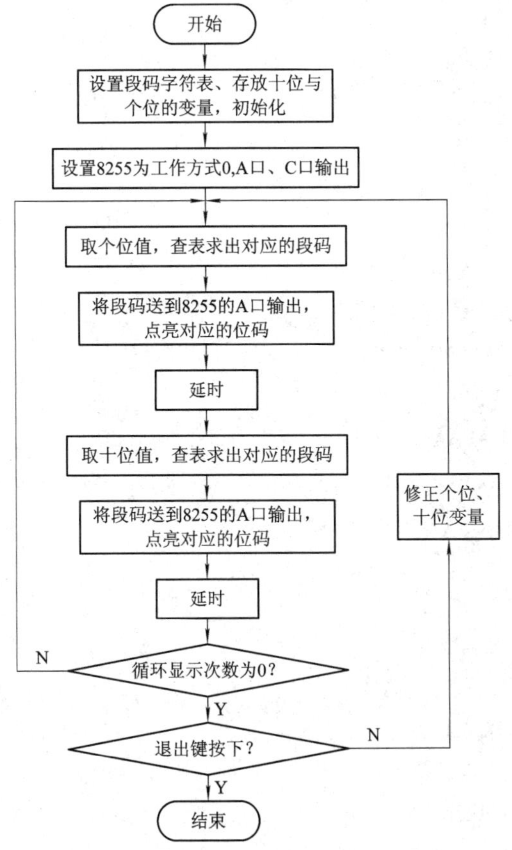

图 3.2-43　数码管动态显示流程图

五、实验示例程序

```
DATA       SEGMENT
IO8255_A   EQU   288H
IO8255_C   EQU   28AH
IO8255_K   EQU   28BH
LED        DB    3FH, 06H, 5BH, 4FH, 66H, 6DH, 7DH, 07H, 7FH, 6FH    ；段码
BUFFER     DB    0, 0                              ；存放要显示的十位和个位
DATA       ENDS
CODE       SEGMENT
           ASSUME CS:CODE, DS:DATA
START:     MOV AX, DATA
           MOV DS, AX
           MOV DX, IO8255_K                        ；将 8255 设为 A 口输出
           MOV AL, 80H
           OUT DX, AL
AGAIN      MOV CX, 100
AA:        PUSH CX
           MOV BX, OFFSET LED
           MOV AL, BUFFER+1
           AND AL, 0FH
           XLAT
           MOV DX, IO8255_A
           OUT DX, AL
           MOV AL, 11111110B
           MOV DX, IO8255_C
           OUT DX, AL
           CALL DELAY
           MOV AL, BUFFER
           AND AL, 0FH
           XLAT
           MOV DX, IO8255_A
           OUT DX, AL
           MOV AL, 11111101B
           MOV DX, IO8255_C
           OUT DX, AL
           CALL DELAY
           POP CX
           LOOP AA
```

```
        MOV CL, BUFFER+1
        INC CL
        CMP CL, 9
        JBE EE
        MOV BUFFER+1, 0
        JMP GG
EE:     MOV BUFFER+1, CL
GG:     MOV CL, BUFFER
        INC CL
        CMP CL, 9
        JBE HH
        MOV BUFFER, 0
        JMP FF
HH:     MOV BUFFER, CL
FF:     MOV AH, 06H
        MOV DL, 0FFH
        INT 21H
        JNZ EXIT
        JE AGAIN
DELAY   PROC
        PUSH BX
        PUSH CX
        MOV BX, 1
LP1:    MOV CX, 65535
LP2:    LOOP LP2
        DEC BX
        JNZ LP1
        POP CX
        POP BX
        RET
DELAY   ENDP
EXIT:   MOV AX, 4C00H
        INT 21H
CODE    ENDS
 END    START
```

六、实验内容及要求

(1) 对示例程序进行汇编、连接、运行及分析；

(2) 分析数码管动态显示与静态显示各自的特点。

3.2.16 DMA 进行存储器向存储器传送实验

一、实验目的

(1) 学习用 DMA 进行存储器到存储器传送数据的方法；
(2) 理解 DMA 的编程方法。

二、实验要求

编程实现在实验系统 RAM 缓冲区 D4000H 开始的一块区域中循环写入 100H 个从 A～Z 的字符，然后用 DMA 块传送方式传送到缓冲区 D4200H 中，并查看送出的数据是否正确。

三、实验原理

1. DMA 传送的基本概念

DMA(直接存储器存取)是一种外设与存储器或者存储器与存储器之间直接传送数据的方法，适用于需要大量数据高速传送的场合。通常在微机系统中，图像显示、磁盘存取、磁盘间的数据传送和高速的数据采集系统均可采用 DMA 数据交换技术。DMA 传送示意图如图 3.2-44 所示，在数据传送过程中，DMA 控制器(简称 DMAC)可以获得总线控制权，控制高速 I/O 设备(如磁盘)和存储器之间直接进行数据传送，不需要 CPU 直接参与。

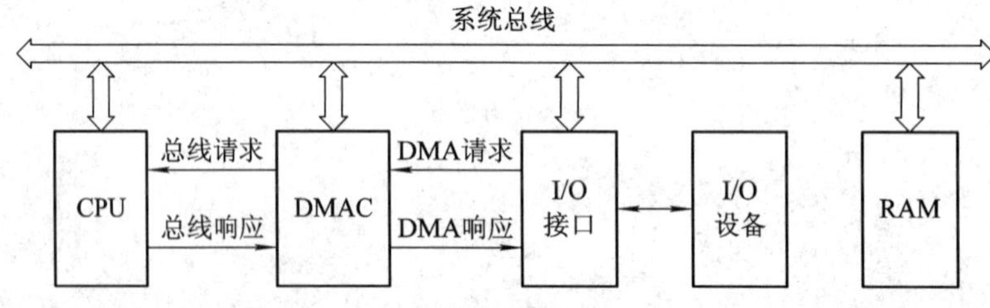

图 3.2-44　DMA 传送示意图

DMA 传送数据过程如下：

(1) I/O 接口向 DMAC 发出 DMA 请求。

(2) 如果 DMAC 未被屏蔽，则在接到 DMA 请求后，向 CPU 发出总线请求，希望 CPU 让出数据总线、地址总线和控制总线的控制权，由 DMAC 控制。

(3) CPU 执行完现行的总线周期，如果 CPU 同意让出总线控制权，则向 DMAC 发出响应请求的回答信号，放弃总线的控制权。

(4) DMAC 收到总线响应信号后，向 I/O 接口发 DMA 响应信号，并由 DMAC 接管总线控制权。

(5) DMAC 给出传送数据的内存地址、传送的字节数以及发出 $\overline{RD}$/$\overline{WR}$ 信号。在 DMA 控制下，每传送一个字节，地址寄存器加 1，字节计数器减 1，如此循环，直至计数器的值为 0。

(6) DMA 传送结束，DMAC 撤除总线请求信号，CPU 重新控制总线，恢复 CPU 的工作。

2. DMA 控制器 8237 的工作方式

DMA 控制 8237 有 4 种工作方式：单字节传送、数据块传送、请求传送和级联方式。

3. 8237 的初始化编程及应用

(1) 输出主清除命令；
(2) 设置页面寄存器；
(3) 写入基地址与当前地址寄存器；
(4) 写入基字节与当前字节计数寄存器；
(5) 写入工作方式寄存器；
(6) 写入屏蔽寄存器；
(7) 写入命令寄存器；
(8) 写入请求寄存器。

若用软件方式发 DMA 请求，则应向指定通道写入命令字，即进行(1)~(8)的编程后，就可以开始 DMA 传送的过程。若无软件请求，则在完成(1)～(7)的编程后，由通道的 DREQ 启动 DMA 传送过程。

4. 内部寄存器

如图 3.2-45 所示是 DMA 控制器 8237 的内部结构图。

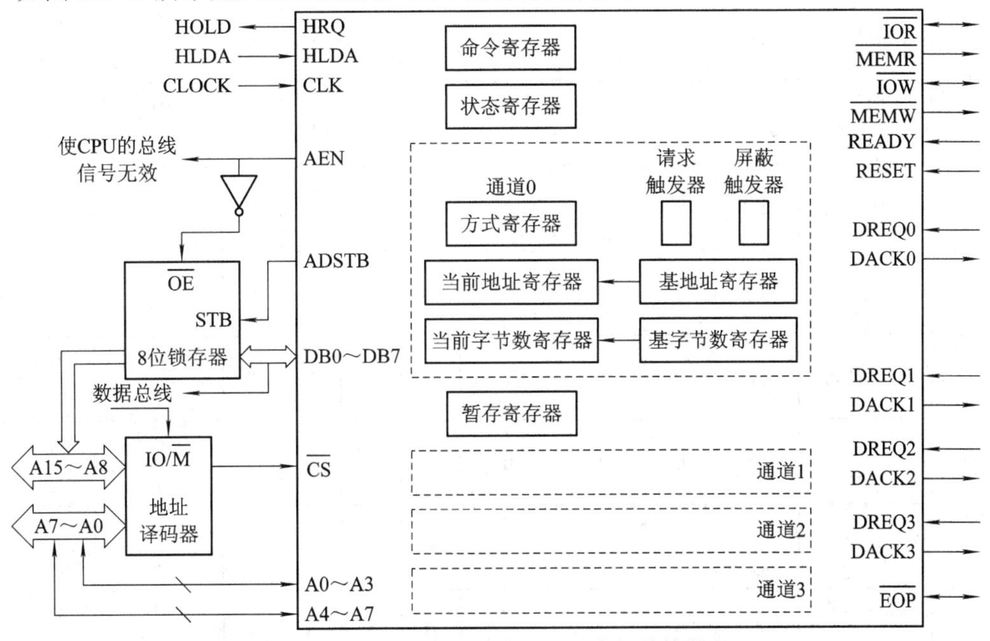

图 3.2-45　DMA 控制器 8237 内部结构图

DMA 控制器 8237 共有 12 个内部寄存器，如表 3.2-2 所示，分为两大类：一类是控制寄存器或状态寄存器；另一类是地址寄存器和字节计数器。CPU 对 8237 内部寄存器的访问是在 8237 作为一般的 I/O 设备时，通过 A3～A0 的地址译码选择相应的寄存器。具体操作是：用 A3 区分上述两类寄存器。A3 等于 0 时选择第二类寄存器，如表 3.2-3 所示；A3 等于 1 时选择第一类寄存器，如表 3.2-4 所示。用第一类寄存器的 A2～A0 来指明选择哪一个寄存器，若有两个寄存器共用一个端口，用读/写信号区分。用第二类寄存器的 A2、A1

来区分选择哪一个通道，用 A0 来区别是选择地址寄存器还是字节计数器。

表 3.2-2　DMA 控制器 8237 的内部寄存器

名称	长度	数量	名称	长度	数量
基地址寄存器	16 位	4	状态寄存器	8 位	1
基字数寄存器	16 位	4	命令寄存器	8 位	1
当前地址寄存器	16 位	4	暂存寄存器	8 位	1
当前字数寄存器	16 位	4	方式寄存器	8 位	4
地址暂存寄存器	16 位	1	屏蔽寄存器	4 位	1
字数暂存寄存器	16 位	1	请求寄存器	4 位	1

表 3.2-3　8237 内部寄存器寻址

通道	寄存器	操作	$\overline{CS}$	$\overline{IOR}$	$\overline{IOW}$	A_3	A_2	A_1	A_0	字节指针触发器	D_0～D_7
0	基和当前地址	写	0	1	0	0	0	0	0	0 1	A_0～A_7 A_8～A_{15}
	当前地址	读	0	0	1	0	0	0	0	0 1	A_0～A_7 A_8～A_{15}
	基和当前字数	写	0	1	0	0	0	0	1	0 1	W_0～W_7 W_8～W_{15}
	当前字数	读	0	0	1	0	0	0	1	0 1	W_0～W_7 W_8～W_{15}
1	基和当前地址	写	0	1	0	0	0	1	0	0 1	A_0～A_7 A_8～A_{15}
	当前地址	读	0	0	1	0	0	1	0	0 1	A_0～A_7 A_8～A_{15}
	基和当前字数	写	0	1	0	0	0	1	1	0 1	W_0～W_7 W_8～W_{15}
	当前字数	读	0	0	1	0	0	1	1	0 1	W_0～W_7 W_8～W_{15}
2	基和当前地址	写	0	1	0	0	1	0	0	0 1	A_0～A_7 A_8～A_{15}
	当前地址	读	0	0	1	0	1	0	0	0 1	A_0～A_7 A_8～A_{15}
	基和当前字数	写	0	1	0	0	1	0	1	0 1	W_0～W_7 W_8～W_{15}
	当前字数	读	0	0	1	0	1	0	1	0 1	W_0～W_7 W_8～W_{15}

续表

通道	寄存器	操作	$\overline{CS}$	$\overline{IOR}$	$\overline{IOW}$	A3	A2	A1	A0	字节指针触发器	D0～D7
3	基和当前地址	写	0	1	0	0	1	1	0	0 1	A_0～A_7 A_8～A_{15}
	当前地址	读	0	0	1	0	1	1	0	0 1	A_0～A_7 A_8～A_{15}
	基和当前字数	写	0	1	0	0	1	1	1	0 1	W_0～W_7 W_8～W_{15}
	当前字数	读	0	0	1	0	1	1	1	0 1	W_0～W_7 W_8～W_{15}

表 3.2-4 软件命令寄存器的寻址

$\overline{CS}$	A_3 A_2 A_1 A_0	$\overline{IOR}$	$\overline{IOW}$	功　能
0	1 0 0 0	0	1	读状态寄存器
0	1 0 0 0	1	0	写命令寄存器
0	1 0 0 1	0	1	非法
0	1 0 0 1	1	0	写请求寄存器
0	1 0 1 0	1	0	非法
0	1 0 1 0	0	1	写单通道屏蔽寄存器
0	1 0 1 1	0	1	非法
0	1 0 1 1	1	0	写方式寄存器
0	1 1 0 0	0	1	非法
0	1 1 0 0	1	0	字节指针触发器清零
0	1 1 0 1	0	1	读暂存寄存器
0	1 1 0 1	1	0	总清
0	1 1 1 0	0	1	非法
0	1 1 1 0	1	0	清屏蔽寄存器
0	1 1 1 1	0	1	非法

5．DMA 方式下内存与内存间的数据传送

DMA 方式下内存与内存间的数据传送示意图如图 3.2-46 所示。

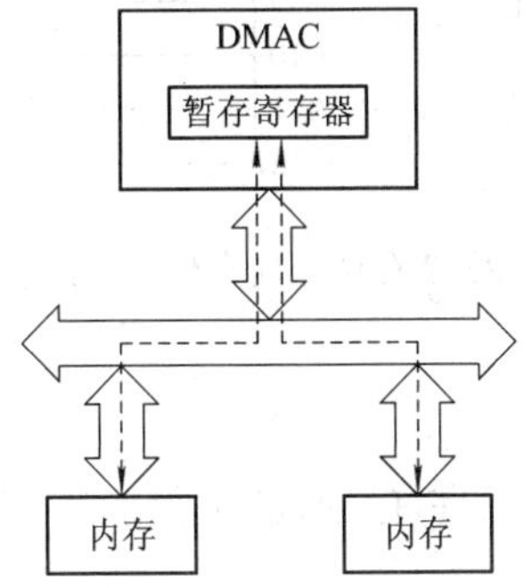

图 3.2-46　内存与内存间的数据传送示意图

实验连接如图 3.2-47 所示。

实验参考接线如下：

- 6264 的 $\overline{\text{MEMW}}$ 接总线的 $\overline{\text{MEMW}}$；
- 6264 的 $\overline{\text{MEMR}}$ 接总线的 $\overline{\text{MEMR}}$；
- 6264 的 $\overline{\text{CS}}$ 接 MEM 译码的 $\overline{\text{MEMCS}}$。

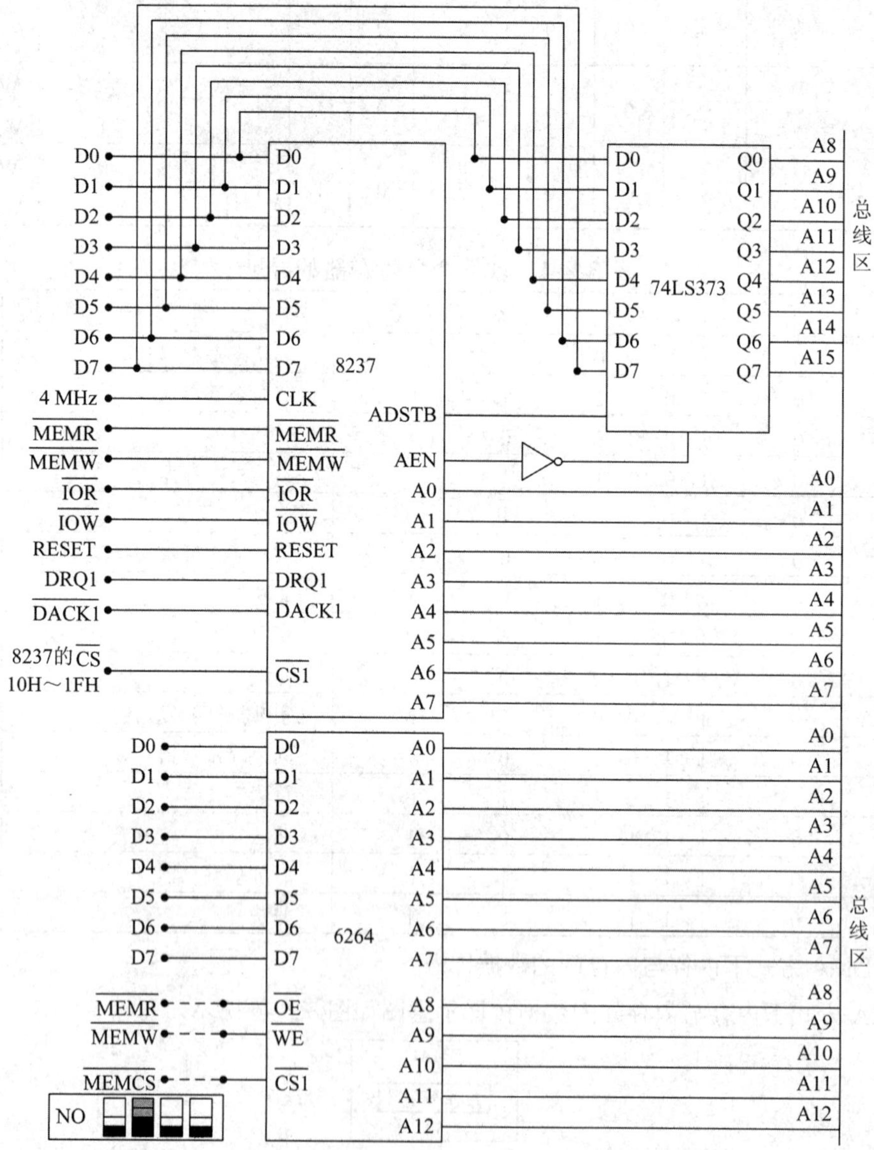

图 3.2-47　8237 存储器向存储器传送实验连接图

四、实验示例流程图

8237 的端口地址范围为 10H～1FH，通道 1 页面寄存器的端口地址为 83H。实验示例程序参考流程如图 3.2-48 所示。

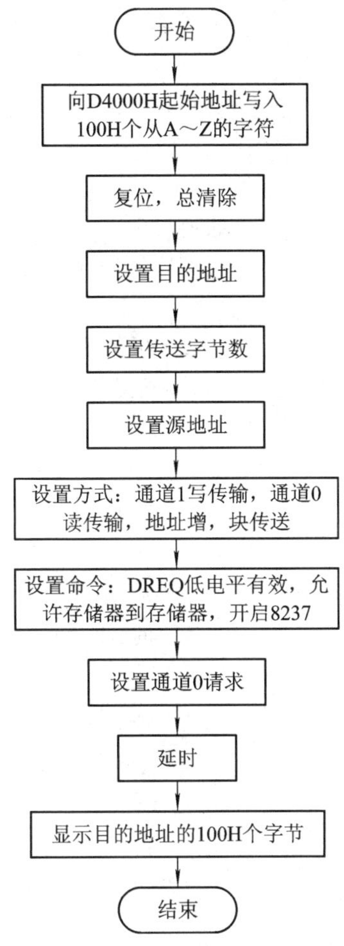

图 3.2-48　DMA 进行存储器向存储器传送实验流程图

五、实验示例程序

```
;*****************************************************************
; DMA 进行存储器向存储器传送实验(块传送)
;*****************************************************************
CODE     SEGMENT
         ASSUME CS:CODE
START:   MOV AX, 0D000H
         MOV ES, AX
         MOV BX, 4000H
         MOV CX, 100H
         MOV DL, 40H
REP1:    INC DL
         MOV ES:[BX], DL
```

```
        INC BX
        CMP DL, 5AH
        JNZ SS1
        MOV DL, 40H
SS1:    LOOP REP1
        MOV DX, 18H
        MOV AL, 04H          ; 复位命令，使先后触发器清 0
        OUT DX, AL
        MOV DX, 1DH          ; 暂存寄存器
        MOV AL, 00H          ; 数据总清除
        OUT DX, AL
        MOV DX, 12H          ; 目的寄存器
        MOV AL, 00H          ; 写目的地址低位
        OUT DX, AL
        MOV DX, 12H
        MOV AL, 42H          ; 写目的地址高位
        OUT DX, AL
        MOV DX, 13H          ; 传送字节数低位
        MOV AL, 00H
        OUT DX, AL
        MOV DX, 13H          ; 当前字节计数寄存器
        MOV AL, 01H          ; 传送字节数高位
        OUT DX, AL
        MOV DX, 10H          ; 源寄存器
        MOV AL, 00H          ; 源地址低位
        OUT DX, AL
        MOV DX, 10H
        MOV AL, 40H          ; 源地址高位
        OUT DX, AL
        MOV DX, 1BH          ; 方式字寄存器
        MOV AL, 85H          ; 通道 1 写传输，地址增
        OUT DX, AL
        MOV DX, 1BH
        MOV AL, 88H          ; 通道 0 读传输，地址增
        OUT DX, AL
        MOV DX, 18H
        MOV AL, 41H          ; DREQ 低电平有效，存储器到存储器，开启 8237
        OUT DX, AL
        MOV DX, 19H          ; 通道 0 请求
```

```
                MOV AL, 04H              ; 04H
                OUT DX, AL
                MOV CX, 0F000H
DELAY:          LOOP DELAY
                MOV AX, 0D000H
                MOV ES, AX
                MOV BX, 04200H
                MOV CX, 0100H
REP2:           MOV DL, ES:[BX]
                MOV AH, 02H
                INT 21H
                INC BX
                LOOP REP2
                MOV AX, 4C00H
                INT 21H
CODE            ENDS
END             START
```

六、实验内容及要求

对示例程序进行汇编、连接、运行及分析。

3.2.17　DMA 进行 I/O 向存储器写操作实验

一、实验目的

(1) 学习用 DMA 控制器实现从 I/O 接口向存储器输入数据的方法；
(2) 掌握 DMA 的编程方法。

二、实验要求

在实验系统内存 D4000H 位置开辟数据缓冲区，使用 DMA 请求传送方式从外设向内存传送 8 个字节的数据，然后存入数据缓冲区，并在屏幕上显示缓冲区的数据。

三、实验原理

DMA 方式下内存与I/O 设备间的数据传送示意图如图3.2-49 所示。实验连接如图3.2-50 所示。

(1) 字节传送(DAM 的写操作)：利用 CPU 控制可编程 DMA 控制器 8237，实现从接口电路(74LS244)向存储器输入数据。要求每发生一次 DMA 请求，就从接口电路(74LS244)向内存传送一个字节数据，存入从 D400H:0H 开始的 8 个字节的缓冲区中，然后将该缓冲区的内容在 PC 屏幕上显示。

(2) 在图 3.2-50 中，S0～S7 接逻辑开关，将逻辑开关拨成 ASCII 码。DMA 请求是由

单脉冲输入到D触发器，由触发器的Q端向 DRQ1 发出的。CPU 响应后发出 DACK1，信号将触发器 Q 端置成低电平以请求撤销。

(3) USB 模块上的 8237 端口地址范围为 10H～1FH。通道 1 页面寄存器的端口地址为 83H。

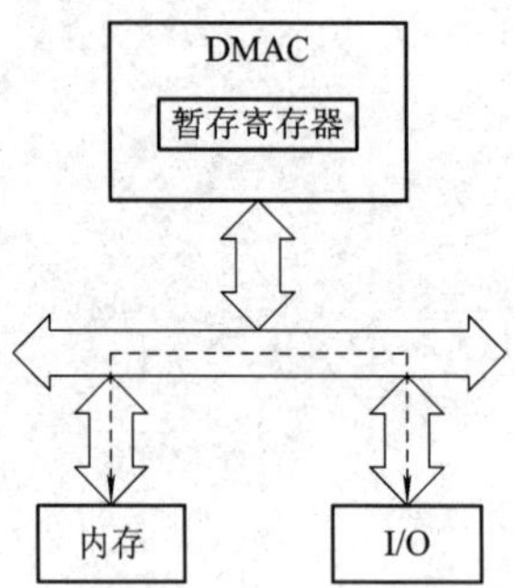

图 3.2-49　DMA 方式下内存与 I/O 外设间数据传送示意图

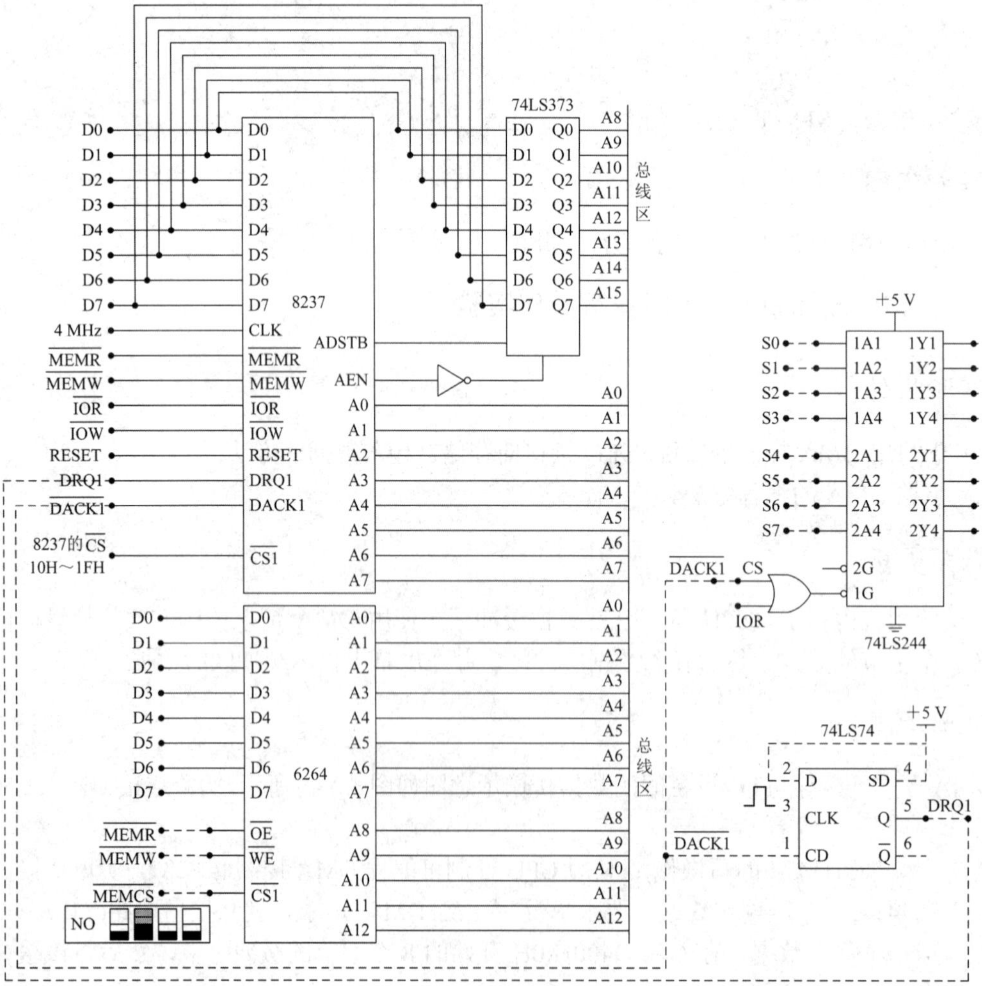

图 3.2-50　DMA 进行 I/O 向存储器写操作实验连接图

实验参考接线如下：

- 74LS244 输入接逻辑开关 S7～S0；
- 74LS244 输出接总线 D7～D0；
- 74LS244 的 $\overline{CS}$ 接总线 $\overline{DACK1}$；
- 8237 的 $\overline{MEMW}$ 接总线 $\overline{MEMW}$；
- 8237 的 $\overline{MEMR}$ 接总线 $\overline{MEMR}$；
- 6264 的 $\overline{CS}$ 接 MEM 译码的 $\overline{MEMCS}$；
- D 触发器的 CLK 接单脉冲的正脉冲；
- D 触发器的 CD 接总线的 $\overline{DACK1}$；
- D 触发器的 Q 接总线的 DRQ1；
- D 触发器的 D、SD 接 +5 V 电源。

四、实验示例流程图

本程序实现将 I/O 口中的数据用 DMA 方式读到内存，然后将该内存的内容送 PC 屏幕上显示。参考流程如图 3.2-51 所示：

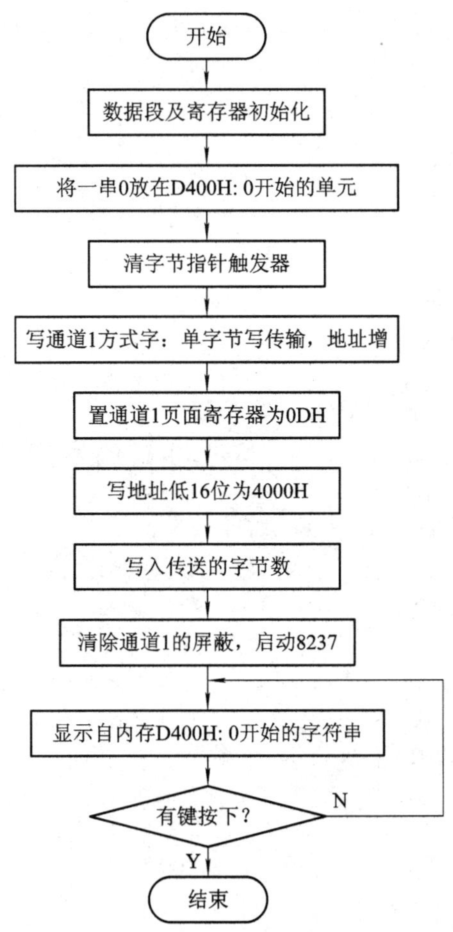

图 3.2-51　DMA 进行 I/O 向存储器写实验程序流程图

五、实验示例程序

```
;*********************************************************************
; DMA 进行 I/O 向存储器写操作实验(请求传送)
;*********************************************************************
DATA      SEGMENT
INDATA1   DB 8 DUP(30H), 0DH, 0AH, 24H
DATA      ENDS
EXTRA     SEGMENT AT 0D400H
INDATA2   DB 11 DUP(?)
EXTRA     ENDS
CODE      SEGMENT
          ASSUME CS:   CODE, DS:DATA, ES:EXTRA
START:    MOV AX, DATA
          MOV DS, AX
          MOV AX, EXTRA
          MOV ES, AX
          LEA SI, INDATA1
          LEA DI, INDATA2
          CLD
          MOV CX, 11
          REP MOVSB
          MOV AX, EXTRA
          MOV DS, AX
          MOV AL, 00
          OUT 1CH, AL                 ; 清字节指针
          MOV AL, 45H                 ; 写方式字
          OUT 1BH, AL
          MOV AL, 0DH                 ; 置地址页面寄存器
          OUT 83H, AL
          MOV AL, 00
          OUT 12H, AL                 ; 写入基地址的低十六位
          MOV AL, 40H
          OUT 12H, AL
          MOV AX, 7                   ; 写入传送的 8 个字节数
          OUT 13H, AL                 ; 写低字节
          MOV AL, AH
          OUT 13H, AL                 ; 写高字节
          MOV AL, 01                  ; 清通道屏蔽
          OUT 1AH, AL                 ; 启动 DMA
SSS:      LEA DX, INDATA2
LLL:      MOV AH, 09
          INT 21H
```

```
            MOV AH, 1
            INT 16H
            JE SSS
    EXIT:   MOV AH, 4CH
            INT 21H
            CODE ENDS
            END START
```

六、实验内容及要求

对示例程序进行汇编、连接、运行及分析。

3.3 综合实验

3.3.1 4×4 键盘及显示控制实验

一、实验目的

(1) 了解 4 × 4 键盘和显示电路的工作原理；
(2) 熟悉芯片 8255 控制键盘及显示电路的方法。

二、实验要求

编程实现在 4 × 4 小键盘上每按一个键，即可在一位数码管上显示出相应字符。

三、实验原理

4 × 4 键盘的电路见图 2.2-12。实验连接如图 3.3-1 所示，利用芯片 8255 的 A 口输出数码管的段码、芯片 8255 的 PC3～PC0 连接 4×4 键盘的列 3～列 0、PC7～PC4 接行 3～行 0。数码管的位码 S0 接地(GND)。

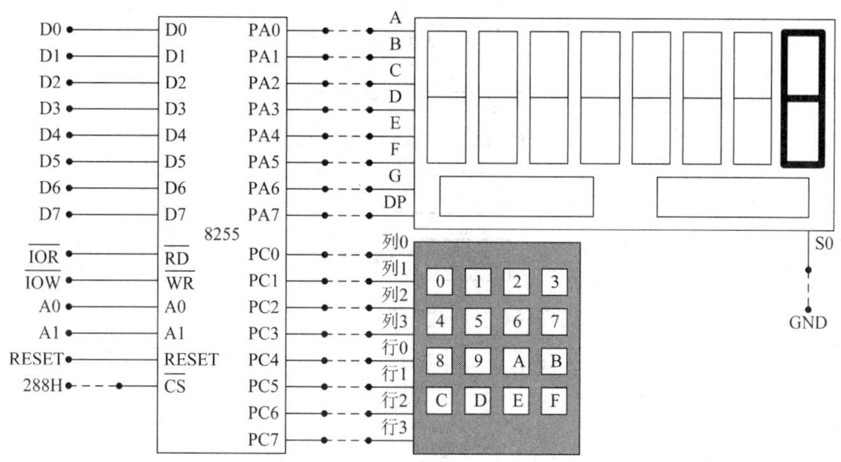

图 3.3-1　4 × 4 键盘显示实验连接图

键盘扫描常见的算法有行列扫描法、线反转法两种。本次实验使用线反转法，算法如下：

(1) 设置芯片 8255 的 PC 口高 4 位为行输出，低 4 位为列输入。通过芯片 8255 的 PC 口高四位输出 0，然后从低四位列线读入。当有键按下时，从该按键所在的列读入为低电平，从而获得按键所在的列值。

(2) 设置芯片 8255 PC 口高 4 位为行输入，低 4 位为列输出。通过芯片 8255 PC 口低四位输出 0，然后从高四位行线读入。当有键按下时，从该按键所在的行读入为低电平，从而获得按键所在的行值。

(3) 根据行值和列值获取按键的位置码，通过查表方式，根据位置码获得按键的键值。

实验参考接线：

- 8255 的 $\overline{CS}$ 接 I/O 地址译码的 Y1(288H～28FH)；
- 8255 的 PA7～PA0 接数码管的 DP～A；
- 8255 的 PC7～PC0 接 4 × 4 键盘的行 3～列 0；
- 数码管的 S0 接 GND。

四、实验示例流程图

实验示例程序的参考流程如图 3.3-2 所示。

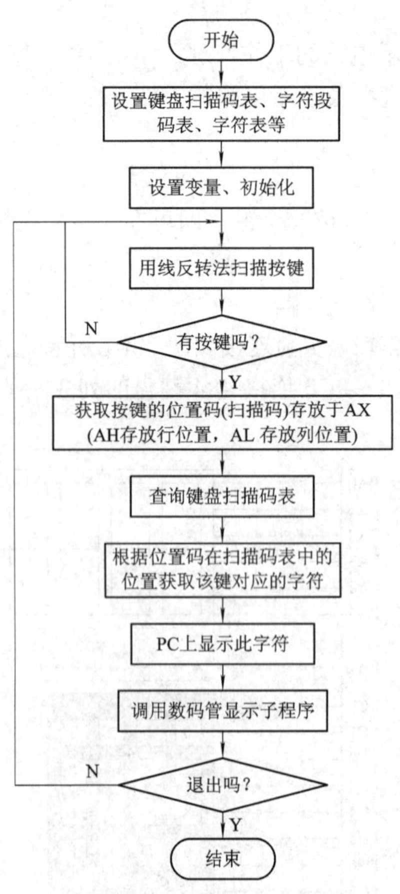

图 3.3-2　4 × 4 键盘显示实验流程图

五、实验示例程序

```
;************************************************************************
; 4×4 按键显示控制实验
;************************************************************************
A8255       EQU 288H                ; 8255 A 口
C8255       EQU 28AH                ; 8255 C 口
K8255       EQU 28BH                ; 8255 控制寄存器
DATA        SEGMENT
TABLE1      DW 0770H, 0B70H, 0D70H, 0E70H, 07B0H, 0BB0H, 0DB0H, 0EB0H
            DW 07D0H, 0BD0H, 0DD0H, 0ED0H, 07E0H, 0BE0H, 0DE0H, 0EE0H
                                    ; 键盘扫描码表
LED         DB 3FH, 06H, 5BH, 4FH, 66H, 6DH, 7DH, 07H, 7FH, 6FH, 77H, 7CH
            DB 39H, 5EH, 79H, 71H, 0FFH  ; 段码表 0,1,2,3,4,5,6,7,8,9,A,B,C,D,E,F
CHAR        DB '0123456789ABCDEF'   ; 字符表
MES         DB 0AH, 0DH, 'PLAY ANY KEY IN THE SMALL KEYBOARD! ', 0AH, 0DH
            DB 'IT WILL BE ON THE SCREEN! END WITH E ', 0AH, 0DH, '$'
KEY_IN      DB 0H
DATA        ENDS
STACKS      SEGMENT STACK           ; 堆栈空间
            DB 100 DUP (?)
STACKS      ENDS
CODE        SEGMENT
            ASSUME CS:CODE, DS:DATA, SS:STACKS, ES:DATA
START:      CLI
            MOV AX, DATA
            MOV DS, AX
            MOV ES, AX
            MOV AX, STACKS
            MOV SS, AX
            MOV DX, OFFSET MES      ; 显示提示信息
            MOV AH, 09
            INT 21H
            MOV DX, K8255           ; 初始化 8255 控制字
            MOV AL, 81H
            OUT DX, AL
MAIN_KEY:   CALL KEY                ; 获得一个字符并显示
            CALL DISPLY             ; 调显示子程序，显示得到的字符
            CMP BYTE PTR KEY_IN, 'E'
            JNZ MAIN_KEY
            MOV AX, 4C00H           ; IF (DL)='E' RETURN TO EXIT!
```

```
            INT 21H                      ; 退出
KEY         PROC NEAR
KEY_LOOP:   MOV AH, 1
            INT 16H
            JNZ EXIT                     ; PC 键盘有键按下则退出
            MOV DX, C8255
            MOV AL, 0FH
            OUT DX, AL
            IN AL, DX                    ; 读行扫描值
            AND AL, 0FH
            CMP AL, 0FH
            JZ KEY_LOOP                  ; 未发现有键按下则转
            CALL DELAY                   ; DELAY FOR AMOMENT
            MOV AH, AL
            MOV DX, K8255
            MOV AL, 88H
            OUT DX, AL
            MOV DX, C8255
            MOV AL, AH
            OR AL, 0F0H
            OUT DX, AL
            IN AL, DX                    ; 读列扫描值
            AND AL, 0F0H
            CMP AL, 0F0H
            JZ KEY_LOOP                  ; 未发现有键按下则转
            MOV SI, OFFSET TABLE1        ; 键盘扫描码表首址
            MOV DI, OFFSET CHAR          ; 字符表首址
            MOV CX, 16                   ; 待查表的表大小
KEY_TON:    CMP AX, [SI]
            JZ KEY_FIND                  ; IN THE TABLE
            DEC CX
            JZ KEY_LOOP                  ; 未找到对应扫描码
            ADD SI, 2
            INC DI
            JMP KEY_TON
KEY_FIND:   MOV DL, [DI]
            MOV AH, 02
            INT 21H                      ; 显示查找到的键盘码
            MOV BYTE PTR KEY_IN, DL
KEY_WAITUP:
            MOV DX, K8255
```

```
                MOV AL, 81H
                OUT DX, AL
                MOV DX, C8255
                MOV AL, 0FH
                OUT DX, AL
                IN AL, DX                   ；读行扫描值
                AND AL, 0FH
                CMP AL, 0FH
                JNZ KEY_WAITUP              ；按键未抬起转
                CALL DELAY                  ; DELAY FOR AMOMENT
                RET
EXIT:           MOV BYTE PTR KEY_IN, 'E'
                RET
KEY             ENDP
DELAY           PROC NEAR
                PUSH AX                     ; DELAY 50MS--100MS
                MOV AH, 0
                INT 1AH
                MOV BX, DX
DELAY1:         MOV AH, 0
                INT 1AH
                CMP BX, DX
                JZ DELAY1
                MOV BX, DX
DELAY2:         MOV AH, 0
                INT 1AH
                CMP BX, DX
                JZ DELAY2
                POP AX
                RET
DELAY           ENDP
DISPLY          PROC NEAR
                PUSH AX
                MOV BX, OFFSET LED
                MOV AL, BYTE PTR KEY_IN
                SUB AL, 30H
                CMP AL, 09H
                JNG DIS2
                SUB AL, 07H
DIS2:           XLAT
                MOV DX, A8255
```

```
                OUT DX, AL              ; 输出显示数据，段码
                POP AX
                RET
DISPLY          ENDP
CODE            ENDS
END             START
```

六、实验内容及要求

(1) 对示例程序进行汇编、连接、运行及分析；

(2) 改变按键显示。如将以前的“0”键改为“5”键，即按下以前“0”键位置的按键时显示“5”。

3.3.2　继电器控制实验

一、实验目的

(1) 了解微机控制继电器的一般使用方法；

(2) 进一步熟悉芯片 8255、8254 的使用与应用。

二、实验要求

编程利用 8254 定时/计数器实现继电器周而复始的闭合 5 秒钟，指示灯亮，断开 5 秒钟，指示灯灭。

三、实验原理

实验连接如图 3.3-3 所示。

将 8254 的定时/计数器 0 与定时/计数器 1 级连。设置 8254 定时/计数器 0 工作于方式 3、定时/计数器 1 工作于方式 0，CLK0 接频率为 1 MHz 时钟，设置计数器的初值(乘积为 5000000)，启动定时工作后，经过 5 秒钟 OUT1 输出高电平。通过芯片 8255 的 PA0 口查询 OUT1 的输出电平。根据 OUT1 的电平，用 PC0 输出高低电平，控制继电器动作。当 PC0 输出高电平时，可使继电器常开触点闭合，发光二极管接通，指示灯亮；当 PC0 输出低电平时，常开触点断开，发光二极管断开，指示灯灭。

实验参考接线如下：

- 8255 的 $\overline{CS}$ 接 I/O 地址译码的 Y1(288H～28FH)；
- 8255 的 PC0 接继电器；
- 8255 的 PA0 接 8254 的 OUT1；
- 8254 的 $\overline{CS}$ 接 I/O 地址译码的 Y0(280H～287H)；
- 8254 的 CLK0 接时钟的 1 MHz；
- 8254 的 OUT0 接 8254 的 CLK1；
- 8254 的 GATE0、GATE1 接 +5 V 电源。

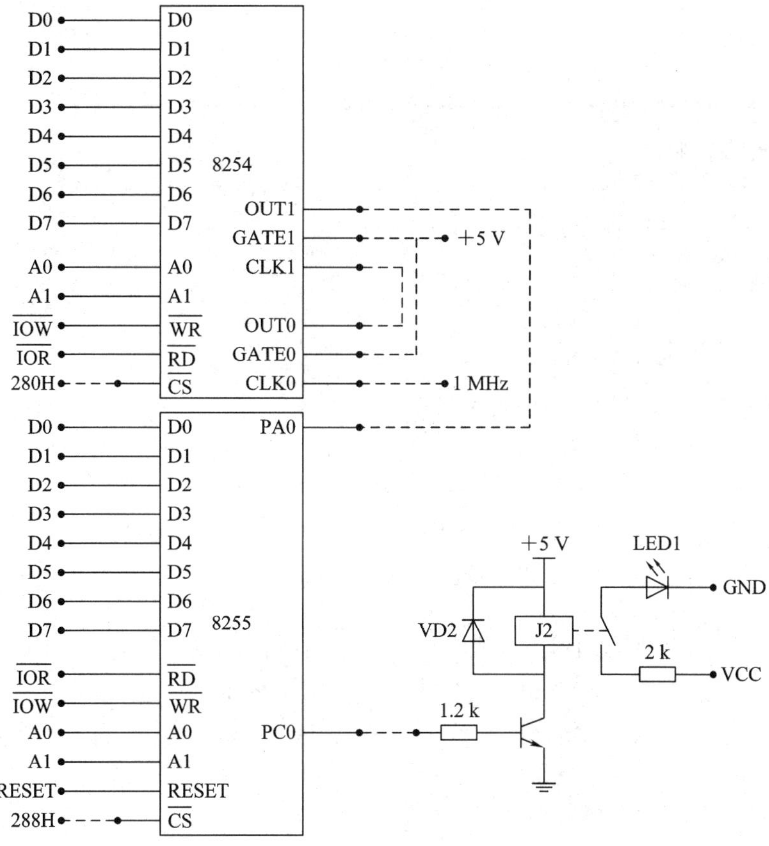

图 3.3-3　继电器控制实验连接图

四、实验示例流程图

实验示例程序参考流程如图 3.3-4 所示。

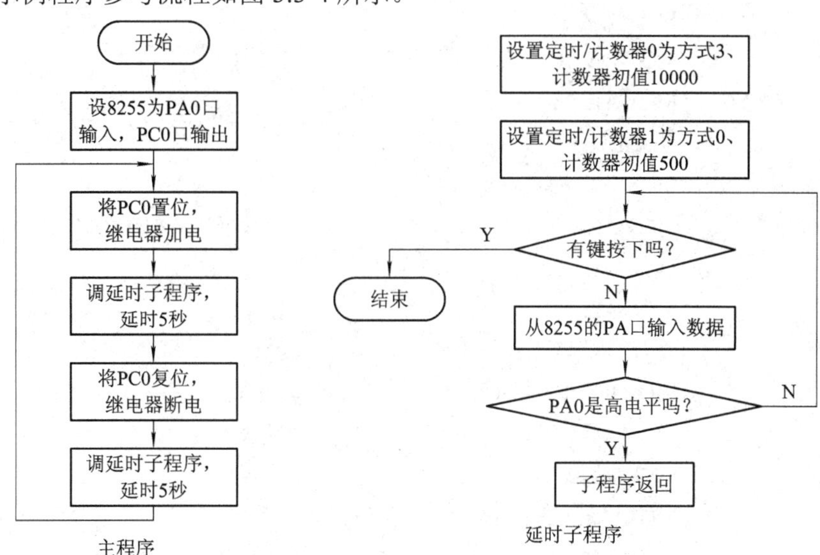

图 3.3-4　继电器控制实验主程序与子程序流程图

五、实验示例程序

```
;*************************************************************
; 继电器控制
;*************************************************************
IO8253A      EQU 280H
IO8253B      EQU 281H
IO8253C      EQU 283H
IO8255C      EQU 28AH
IO8255CTL    EQU 28BH
CODE         SEGMENT
             ASSUME CS:CODE
START:       MOV DX, IO8255CTL          ; 设 8255 为 PA0 输入，PC0 输出
             MOV AL, 90H
LLL:         OUT DX, AL
             MOV DX, IO8255C
             MOV AL, 01                 ; 将 PC0 置位
             OUT DX, AL
             CALL DELAY                 ; 延时 5S
             MOV AL, 0                  ; 将 PC0 复位
             OUT DX, AL
             CALL DELAY                 ; 延时 5S
             JMP LLL                    ; 转 LLL
DELAY        PROC NEAR                  ; 延时子程序
             PUSH DX
             MOV DX, IO8253C            ; 设 8253 计数器为方式 3
             MOV AL, 36H
             OUT DX, AL
             MOV DX, IO8253A
             MOV AX, 10000              ; 写入计数器初值 10000
             OUT DX, AL
             MOV AL, AH
             OUT DX, AL
             MOV DX, IO8253C
             MOV AL, 70H                ; 设计数器 1 为工作方式 0
             OUT DX, AL
             MOV DX, IO8253B
             MOV AX, 500                ; 写入计数器初值 500
             OUT DX, AL
```

```
            MOV AL, AH
            OUT DX, AL
LL2:        MOV AH, 06              ; 是否有键按下
            MOV DL, 0FFH
            INT 21H
            JNE EXIT                ; 若有则转 EXIT
            MOV DX, IO8255C
            IN AL, DX               ; 查询 8255 的 PA0 是否为高电平
            AND AL, 01H
            JZ LL2                  ; 若不是则继续
            POP DX
            RET                     ; 定时时间到，子程序返回
EXIT:       MOV AH, 4CH
            INT 21H
DELAY       ENDP
CODE        ENDS
END         START
```

六、实验内容及要求

(1) 对示例程序进行汇编、连接、运行及分析；

(2) 改变指示灯亮灭的周期为 2 秒钟，并改用芯片 8255 的 PB0 口检测是否定时时间到，PC6 口控制继电器。

3.3.3 电子琴实验

一、实验目的

(1) 了解利用芯片 8255 和 8254 实现电子琴的基本方法；

(2) 进一步理解芯片 8255 及 8254 的应用。

二、实验要求

编程实现用 PC 键盘上的数字键 1、2、3、4、5、6、7 作为电子琴按键，按下即发出相应的音阶。

三、实验原理

对于音乐，每个音阶都有确定的频率，各音阶标称频率值如表 3.3-1 所示。

实验连接如图 3.3-5 所示，使用 8255 的 PC0、PC1 控制扬声器的开关。

定时/计数器设置不同的计数初值，8254 会产生不同频率的波形，可使扬声器发出不同频率的音调，产生类似于电子琴音阶的高低音变换。

表 3.3-1　各音阶标称频率值

音阶	1	2	3	4	5	6	7	1*
低频率/Hz	262	294	330	347	392	440	494	524
高频率/Hz	524	588	660	698	784	880	988	1048

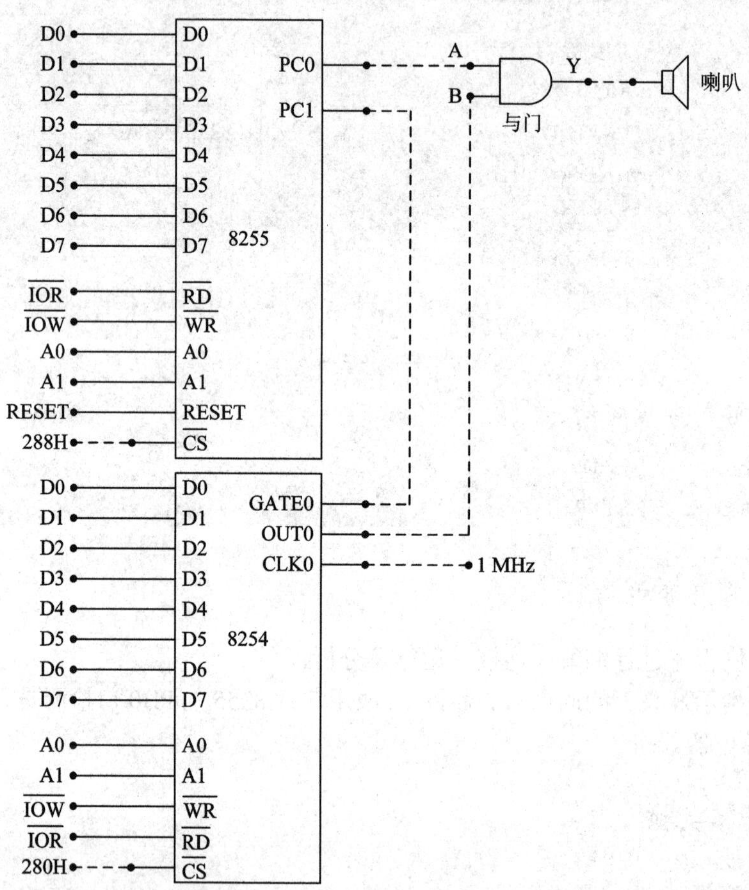

图 3.3-5　电子琴实验连接图

实验参考接线如下：

- 8255 的 $\overline{CS}$ 接 I/O 地址译码的 Y1(288H～28FH)；
- 8255 的 PC0 接与门的 A；
- 8254 的 CLK0 接时钟的 1 MHz；
- 8254 的 $\overline{CS}$ 接 I/O 译码的 Y0(280H～287H)；
- 8254 的 OUT0 接与门的 B；
- 8254 的 GATE0 接 8255 的 PC1；

与门的 Y 接喇叭。

四、实验示例流程图

电子琴实验示例程序参考流程如图 3.3-6 所示。

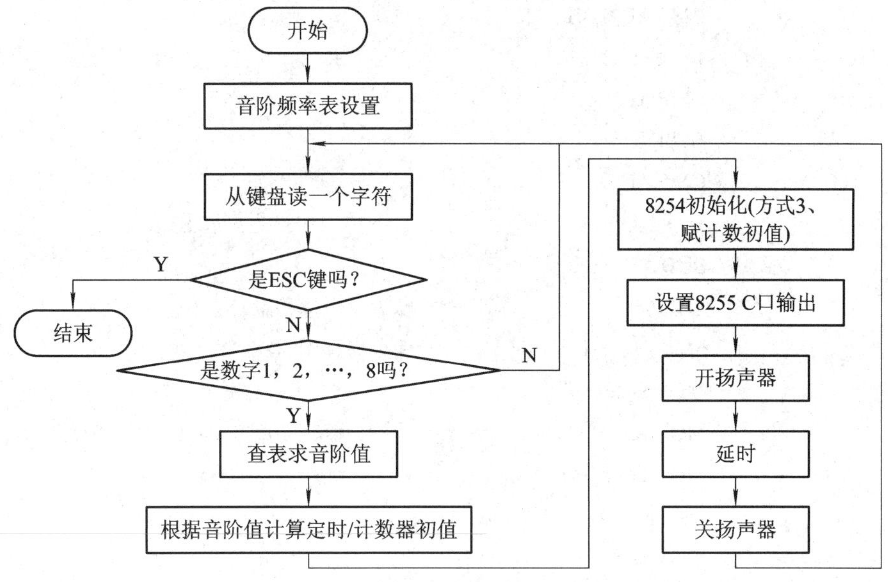

图 3.3-6　电子琴实验程序流程图

五、实验示例程序

```
;*****************************************************************
;电子琴实验
;*****************************************************************
DATA          SEGMENT
IO8255C       EQU 28AH
IO8255CTL     EQU 28BH
IO8253A       EQU 280H
IO8253B       EQU 283H
TABLE         DW 524, 588, 660, 698, 784, 880, 988, 1048        ; 高音的
;TABLE        DW 262, 294, 330, 347, 392, 440, 494, 524         ; 低音的
MSG           DB 'PRESS 1, 2, 3, 4, 5, 6, 7, 8, ESC:', 0DH, 0AH, '$'
DATA          ENDS
CODE          SEGMENT
              ASSUME CS: CODE, DS:DATA
START:        MOV AX, DATA
              MOV DS, AX
              MOV DX, OFFSET MSG
              MOV AH, 9
              INT 21H                   ; 显示提示信息
SING:         MOV AH, 7
              INT 21H                   ; 从键盘接收字符，不回显
```

```
            CMP AL, 1BH
            JE FINISH               ; 若为 ESC 键，则转 FINISH
            CMP AL, '1'
            JL SING
            CMP AL, '8'
            JG SING                 ; 若不在 '1'~'8' 之间转 SING
            SUB AL, 31H
            SHL AL, 1               ; 转为查表偏移量
            MOV BL, AL              ; 保存偏移到 BX
            MOV BH, 0
            MOV AX, 4240H           ; 计数初值 = 1000000 / 频率，保存到 AX
            MOV DX, 0FH
            DIV WORD PTR[TABLE+BX]
            MOV BX, AX
            MOV DX, IO8253B         ; 设置 8253 计时器 0 为方式 3
            MOV AL, 00110110B
            OUT DX, AL
            MOV DX, IO8253A
            MOV AX, BX
            OUT DX, AL              ; 写计数初值低字节
            MOV AL, AH
            OUT DX, AL              ; 写计数初值高字节
            MOV DX, IO8255CTL       ; 设置 8255 C 口输出
            MOV AL, 10000000B
            OUT DX, AL
            MOV DX, IO8255C
            MOV AL, 03H
            OUT DX, AL              ; 置 PC1，PC0 = 11(开扬声器)
            CALL DELAY              ; 延时
            MOV AL, 0H
            OUT DX, AL              ; 置 PC1，PC0 = 00(关扬声器)
            JMP SING
FINISH:     MOV AX, 4C00H
            INT 21H
DELAY       PROC NEAR               ; 延时子程序
            PUSH CX
            PUSH AX
            MOV AX, 15
X1:         MOV CX, 0FFFFH
```

```
X2:         DEC CX
            JNZ X2
            DEC AX
            JNZ X1
            POP AX
            POP CX
            RET
DELAY       ENDP
CODE        ENDS
END         START
```

六、实验内容及要求

(1) 对示例程序进行汇编、连接、运行及分析；
(2) 编程实现播放一段音乐。

3.3.4　直流电机转速控制实验

一、实验目的

(1) 了解直流电机控制的基本方法；
(2) 进一步了解芯片DAC0832、8255的性能及编程方法。

二、实验要求

编程利用芯片 DAC0832 输出一串脉冲，经放大后驱动直流电机，利用开关 S0～S5 控制输出脉冲电平的占空比，达到控制电机加速、减速的目的。

三、实验原理

实验连接如图 3.3-7 所示。利用芯片 8255 的 C 口输入开关 S0～S5 的状态，S0～S5 代表不同的占空比常数。直流电机的转速是由芯片 0832 的 U_b 输出脉冲的占空比决定的，正向占空比越大，电机转速越快，反之越慢，如图 3.2-8 所示。

芯片 0832 的输出 U_b 为双极性，当输入量小于 80H 时，输出为负，电机反转；等于 80H 时，输出为 0，电机停止转动；大于 80H 时，输出为正，电机正转。通过调整不同的延时时间达到改变电机转速的目的。

实验参考接线如下：

- 0832 的 $\overline{CS}$ 接 I/O 地址译码的 Y2(290H～297H)；
- 8255 的 PC7～PC0 接逻辑开关 S7～S0；
- 8255 的 $\overline{CS}$ 接 I/O 地址译码的 Y1(288H～28FH)；
- 0832 的 U_b 接直流电机。

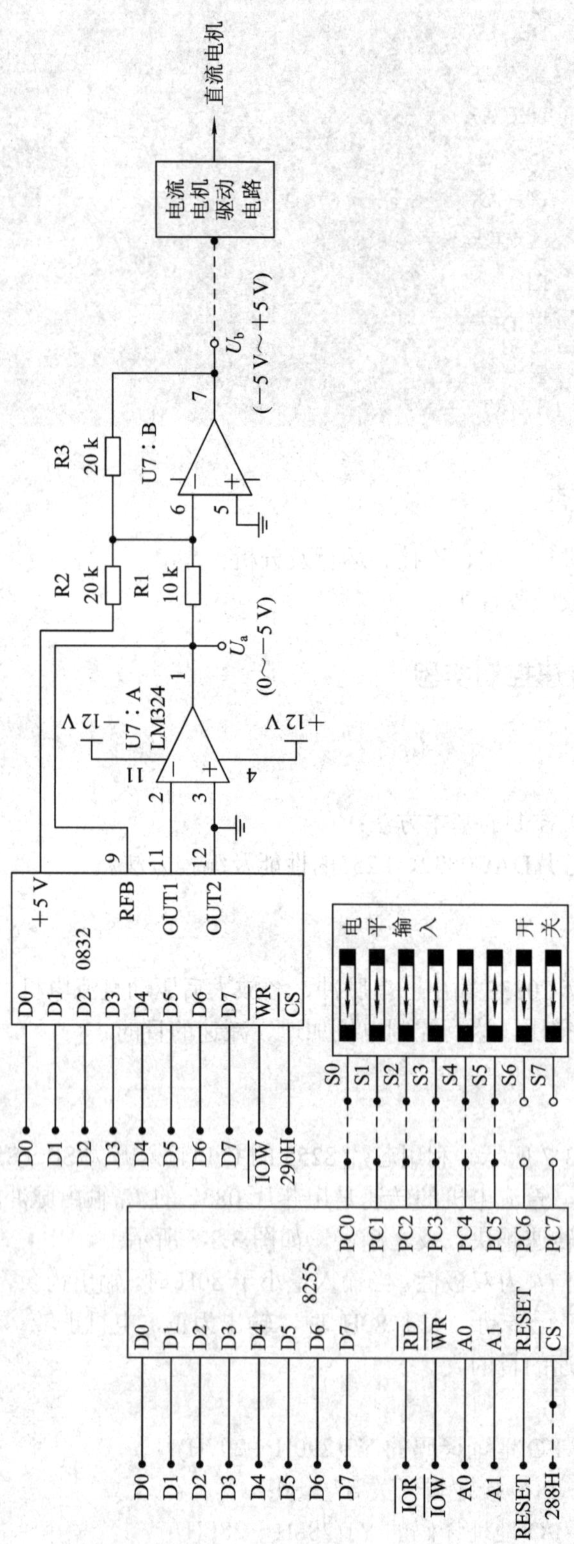

图 3.3-7　直流电机控制实验连接图

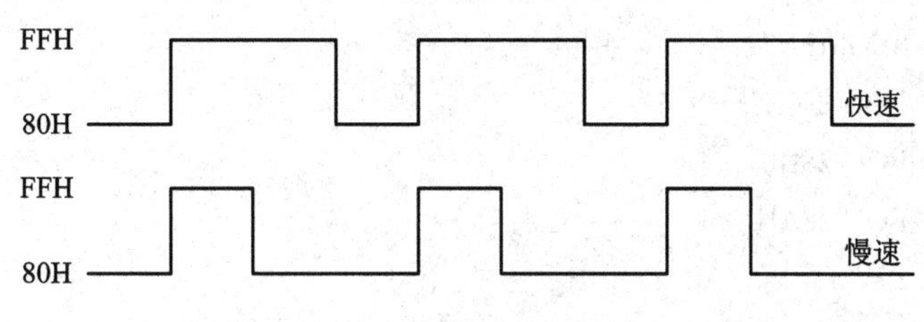

图 3.3-8　输出占空比与电机转速关系

四、实验示例流程图

实验示例程序的参考流程如图 3.3-9 所示。

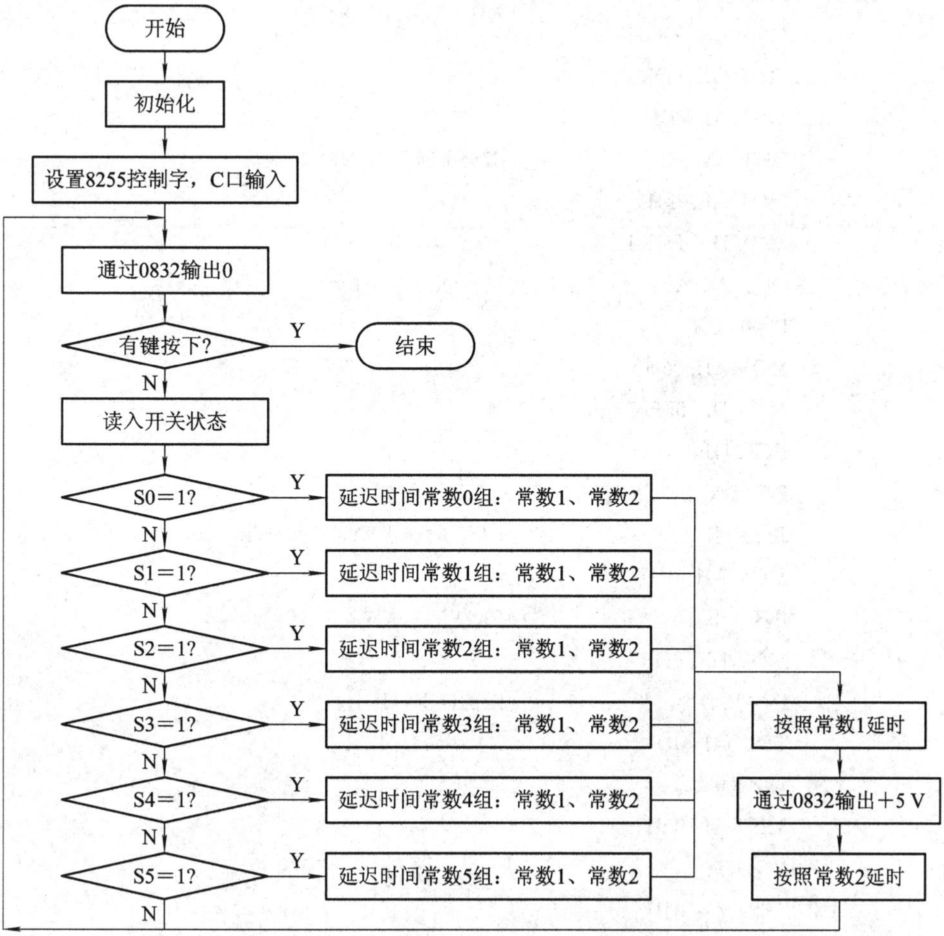

开始
初始化
设置8255控制字，C口输入
通过0832输出0
有键按下？
Y
结束
N
读入开关状态
S0＝1?
Y
延迟时间常数0组：常数1、常数2
N
S1＝1?
Y
延迟时间常数1组：常数1、常数2
N
S2＝1?
Y
延迟时间常数2组：常数1、常数2
N
S3＝1?
Y
延迟时间常数3组：常数1、常数2
N
S4＝1?
Y
延迟时间常数4组：常数1、常数2
N
S5＝1?
Y
延迟时间常数5组：常数1、常数2
N
按照常数1延时
通过0832输出＋5 V
按照常数2延时

图 3.3-9　直流电机控制实验程序流程图

五、实验示例程序

```
;*****************************************************************
;直流电机
;*****************************************************************
```

```
DATA     SEGMENT
PORT1    EQU 290H
PORT2    EQU 28BH
PORT3    EQU 28AH
BUF1     DW 0
BUF2     DW 0
DATA     ENDS
CODE     SEGMENT
         ASSUME CS:CODE, DS:DATA
START:   MOV AX, DATA
         MOV DS, AX
         MOV DX, PORT2
         MOV AL, 8BH
         OUT DX, AL                ; 8255 PORT C INPUT
LLL:     MOV AL, 80H
         MOV DX, PORT1
         OUT DX, AL                ; D/A OUTPUT 0V
         PUSH DX
         MOV AH, 06H
         MOV DL, 0FFH
         INT 21H
         POP DX
         JE INTK                   ; NOT ANY KEY JMP INTK
         MOV AH, 4CH
         INT 21H                   ; EXIT TO DOS
INTK:    MOV DX, PORT3
         IN AL, DX                 ; READ SWITCH
         TEST AL, 01H
         JNZ K0
         TEST AL, 02H
         JNZ K1
         TEST AL, 04H
         JNZ K2
         TEST AL, 08H
         JNZ K3
         TEST AL, 10H
         JNZ K4
         TEST AL, 20H
         JNZ K5
```

```
        JMP LLL
K0:     MOV BUF1, 0400H
        MOV BUF2, 0330H
DELAY:  MOV CX, BUF1
DELAY1: LOOP DELAY1
        MOV AL, 0FFH
        MOV DX, PORT1
        OUT DX, AL
        MOV CX, BUF2
DELAY2: LOOP DELAY2
        JMP LLL
K1:     MOV BUF1, 0400H
        MOV BUF2, 0400H
        JMP DELAY
K2:     MOV BUF1, 0400H
        MOV BUF2, 0500H
        JMP DELAY
K3:     MOV BUF1, 0400H
        MOV BUF2, 0600H
        JMP DELAY
K4:     MOV BUF1, 0400H
        MOV BUF2, 0700H
        JMP DELAY
K5:     MOV BUF1, 0400H
        MOV BUF2, 0800H
        JMP DELAY
CODE    ENDS
END     START
```

六、实验内容及要求

对示例程序进行汇编、连接、运行及分析。

3.3.5 步进电机控制实验

一、实验目的

(1) 了解步进电机控制的基本原理；
(2) 掌握控制步进电机转动的编程方法。

二、实验要求

编程实现当 S0～S6 中某一开关为“1”(向上拨)时步进电机启动(S0～S6 代表不同的速度)；开关 S7 为“1”(向上拨)时，电机正转，为“0”(向下拨)时，电机反转。

三、实验原理

步进电机驱动是通过对每相线圈中的电流的通电顺序切换，以使电机作步进式旋转。步进电机如图 3.3-10 所示。本实验使用的步进电机使用直流 +5 V 电压，每相电流为 0.16A，电机线圈由四相(A、B、C、D)组成，驱动方式为二相激磁方式，各线圈通电顺序如表 3.2-2 所示。

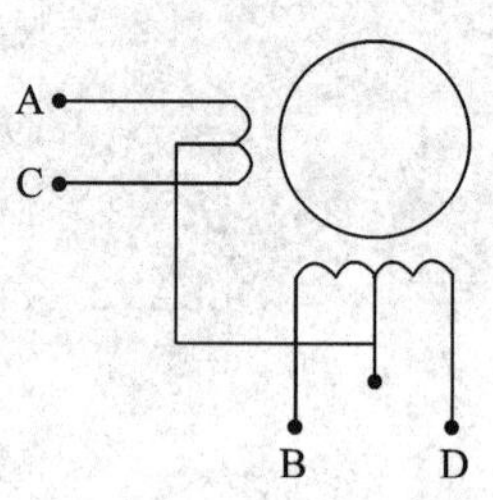

图 3.3-10　步进电机

本实验中，如果按照 AB-BC-CD-DA-AB 顺序输入驱动电流，电机按顺时针方向旋转。如果按照相反的顺序输入驱动电流，则步进电机反转。驱动电路由脉冲信号控制，调节脉冲信号的频率可改变步进电机的转速。

表 3.3-2　线圈通电顺序

顺序 \ 相	D	C	B	A
0	0	0	1	1
1	0	1	1	0
2	1	1	0	0
3	1	0	0	1

逆时针方向转

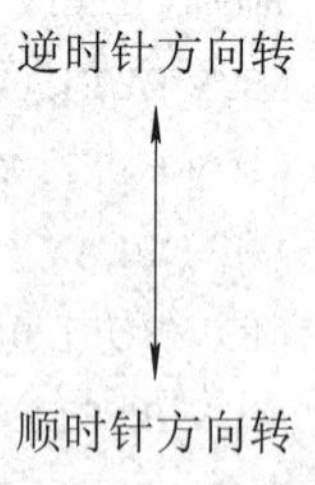

顺时针方向转

实验连接如图 3.3-11 所示。8255 的 PC 口输出脉冲序列至驱动电路，步进电机的驱动电路参考图 2.2-25。开关 S0～S6 通过 8255 的 A 口输入，控制步进电机转速，S7 控制步进电机转向。

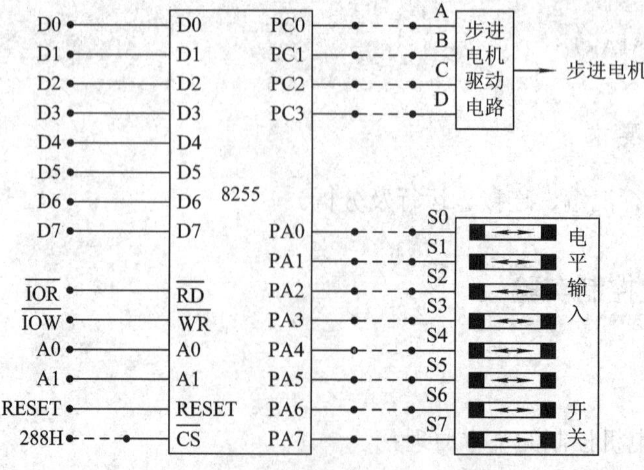

图 3.3-11　步进电机实验连接图

实验参考接线如下：

- 8255 的 PA7～PA0 接逻辑开关的 S7～S0；
- 8255 的 PC3～PC0 接步进电机的 D、C、B、A；
- 8255 的 $\overline{CS}$ 接 I/O 地址的 Y1(288H～28FH)。

四、实验示例流程图

实验示例程序的参考流程如图 3.3-12 所示。

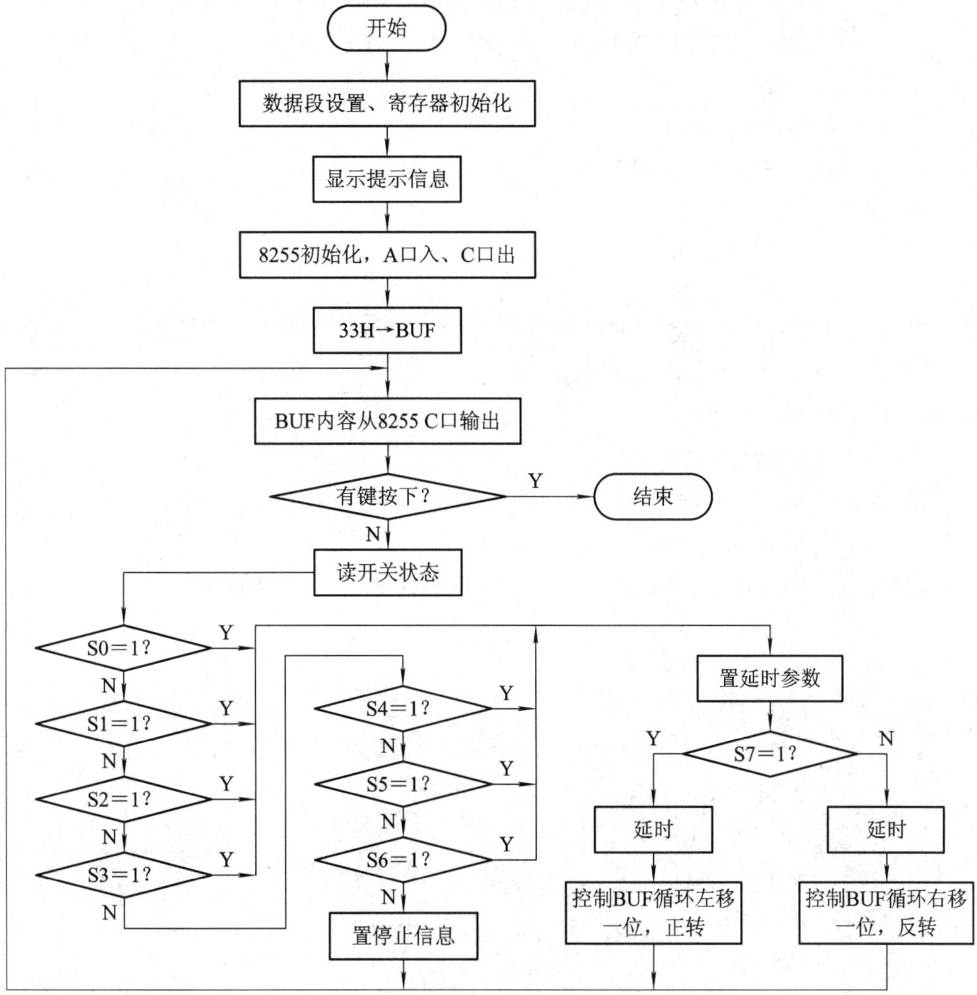

图 3.3-12　步进电机实验流程图

五、实验示例程序

```
;*******************************************************************
;步进电机
;*******************************************************************
```

```
DATA      SEGMENT
P55A      EQU 288H      ;8255 A PORT OUTPUT
P55C      EQU 28AH      ;8255 C PORT INPUT
P55CTL    EQU 28BH      ;8255 COUTRL PORT
BUF       DB 0
MES       DB 'K0-K6 ARE SPEED CONTYOL', 0AH, 0DH
          DB 'K6 IS THE LOWEST SPEED ', 0AH, 0DH
          DB 'K0 IS THE HIGHEST SPEED', 0AH, 0DH
          DB 'K7 IS THE DIRECTION CONTROL', 0AH, 0DH, '$'
DATA      ENDS
CODE      SEGMENT
          ASSUME CS:CODE, DS:DATA
START:    MOV AX, CS
          MOV DS, AX
          MOV AX, DATA
          MOV DS, AX
          MOV DX, OFFSET MES
          MOV AH, 09
          INT 21H
          MOV DX, P55CTL
          MOV AL, 90H
          OUT DX, AL                  ; 8255 A INPUT,   C OUTPUT
          MOV BUF, 33H
OUT1:     MOV AL, BUF
          MOV DX, P55C
          OUT DX, AL
          PUSH DX
          MOV AH, 06H
          MOV DL, 0FFH
          INT 21H                     ; ANY KEY PRESSED
          POP DX
          JE IN1
          MOV AH, 4CH
          INT 21H
IN1:      MOV DX, P55A
          IN AL, DX                   ; INPUT SWITCH VALUE
          TEST AL, 01H
          JNZ K0
          TEST AL, 02H
```

```
        JNZ K1
        TEST AL, 04H
        JNZ K2
        TEST AL, 08H
        JNZ K3
        TEST AL, 10H
        JNZ K4
        TEST AL, 20H
        JNZ K5
        TEST AL, 40H
        JNZ K6
STOP:   MOV DX, P55C
        MOV AL, 0FFH
        JMP OUT1
K0:     MOV BL, 10H
SAM:    TEST AL, 80H
        JZ ZX0
        JMP NX0
K1:     MOV BL, 18H
        JMP SAM
K2:     MOV BL, 20H
        JMP SAM
K3:     MOV BL, 40H
        JMP SAM
K4:     MOV BL, 80H
        JMP SAM
K5:     MOV BL, 0C0H
        JMP SAM
K6:     MOV BL, 0FFH
        JMP SAM
ZX0:    CALL DELAY
        MOV AL, BUF
        ROR AL, 1
        MOV BUF, AL
        JMP OUT1
NX0:    CALL DELAY
        MOV AL, BUF
        ROL AL, 1
        MOV BUF, AL
```

```
            JMP OUT1
DELAY       PROC NEAR
DELAY1:     MOV CX, 0FFFFH
DELAY2:     LOOP DELAY2
            DEC BL
            JNZ DELAY1
            RET
DELAY       ENDP
CODE        ENDS
END         START
```

六、实验内容及要求

对示例程序进行汇编、连接、运行及分析。

3.3.6　双色点阵显示实验

一、实验目的

(1) 了解双色点阵显示器的基本原理；
(2) 掌握控制双色点阵显示的方法。

二、实验要求

编程实现以下功能：
(1) 重复使 LED 点阵红色逐列点亮，绿色逐列点亮，再红色逐行点亮，绿色逐行点亮。
(2) 在 LED 点阵上重复显示红色“年”字和绿色“年”字。

三、实验原理

点阵 LED 显示器是将许多 LED 发光二极管类似矩阵一样排列在一起组成的显示器件。双色 LED 点阵是在每一个点阵的位置上有红绿或红黄或红白两种不同颜色的发光二极管。当微机输出的控制信号使得点阵中有些 LED 发光，有些不发光，即可显示出特定的信息，包括汉字、图形等。实验箱上设有一个共阳极 8 × 8 点阵的红绿两色 LED 显示器，其点阵结构如图 3.3-13 所示。该点阵对外引出有 24 条线，其中 8 条行线，8 条红色列线，8 条绿色列线。要使某一种颜色、某一个 LED 发光，只要将与其相连的行线加高电平，列线加低电平即可。

实验连接如图 3.3-14 所示。点阵的驱动电路可参考图 2.2-17。点阵显示模块工作于总线模式时，行代码、红色列代码、绿色列代码各用一片 74LS273 锁存器。行代码输出的数据通过行驱动器 7407 加至点阵的 8 条行线上，红和绿列代码的输出数据通过 ULN2803 反相驱动后分别加至红和绿的列线上。行锁存器片选信号为“行选 $\overline{CS1}$ ”，红色列锁存器片选信号为“红选 $\overline{CS2}$ ”，绿色列锁存器片选信号为“绿选 $\overline{CS3}$ ”。

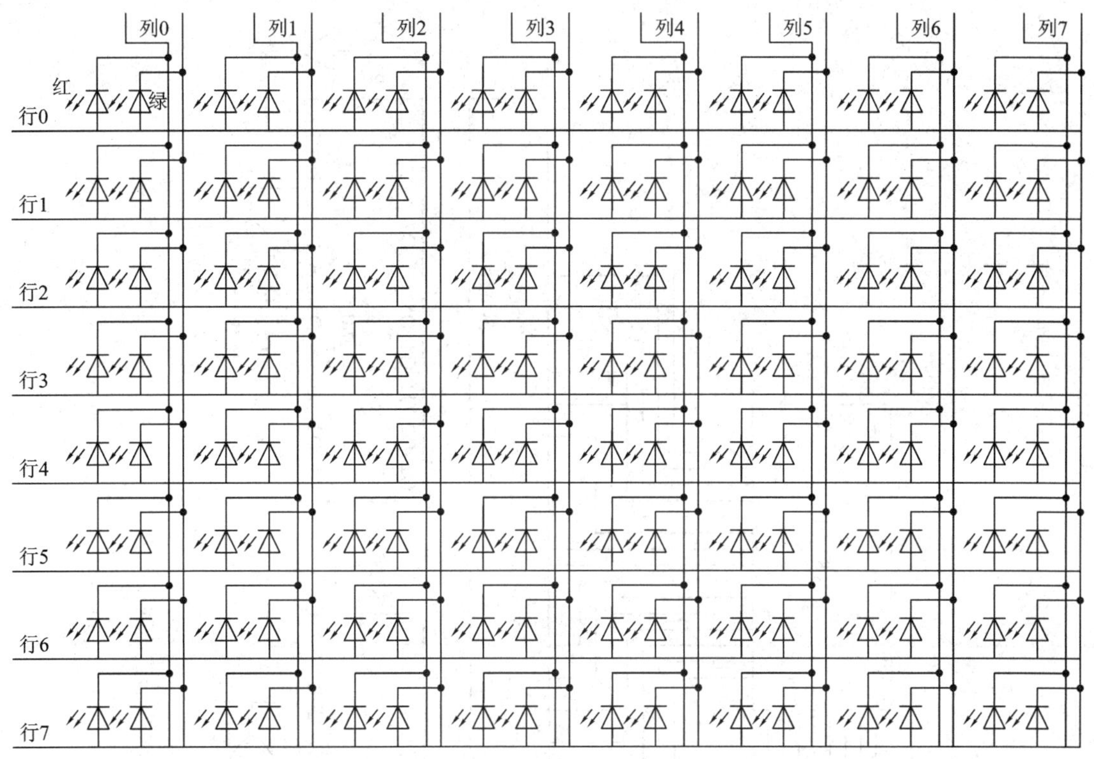

图 3.3-13　双色点阵结构图

如要在点阵显示汉字“年”，可采用逐列循环发光。由“年”的点阵轮廓确定点阵代码(如图 3.3-15 所示)，根据“年”的点阵代码，逐列循环发光的顺序如下：

(1) 行代码输出 44H，红色列代码输出 01H，第 0 列 2 个红色 LED 发光；

(2) 行代码输出 54H，红色列代码输出 02H，第 1 列 3 个红色 LED 发光；

(3) 行代码输出 54H，红色列代码输出 04H，第 2 列 3 个红色 LED 发光；

(4) 行代码输出 7FH，红色列代码输出 08H，第 3 列 7 个红色 LED 发光；

(5) 行代码输出 54H，红色列代码输出 10H，第 4 列 3 个红色 LED 发光；

(6) 行代码输出 0DCH，红色列代码输出 20H，第 5 列 5 个红色 LED 发光；

(7) 行代码输出 44H，红色列代码输出 40H，第 6 列 2 个红色 LED 发光；

(8) 行代码输出 24H，红色列代码输出 80H，第 7 列 2 个红色 LED 发光。

在步骤(1)～(8)之间可插入几毫秒的延时，重复进行(1)～(8)步骤即可在点阵上稳定的显示出红色“年”字。若显示绿色“年”字，只需把红色列码改为绿色列码即可。

实验参考接线如下：

- 双色点阵的行选接I/O地址译码的Y0(280H～287H)；
- 双色点阵的红列选接I/O地址译码的Y1(288H～28FH)；
- 双色点阵的绿列选接I/O地址译码的Y2(290H～297H)；
- 双色点阵的总线(D7～D0)接总线的D7～D0；
- 双色点阵的 WR 接总线的 $\overline{\text{IOW}}$。

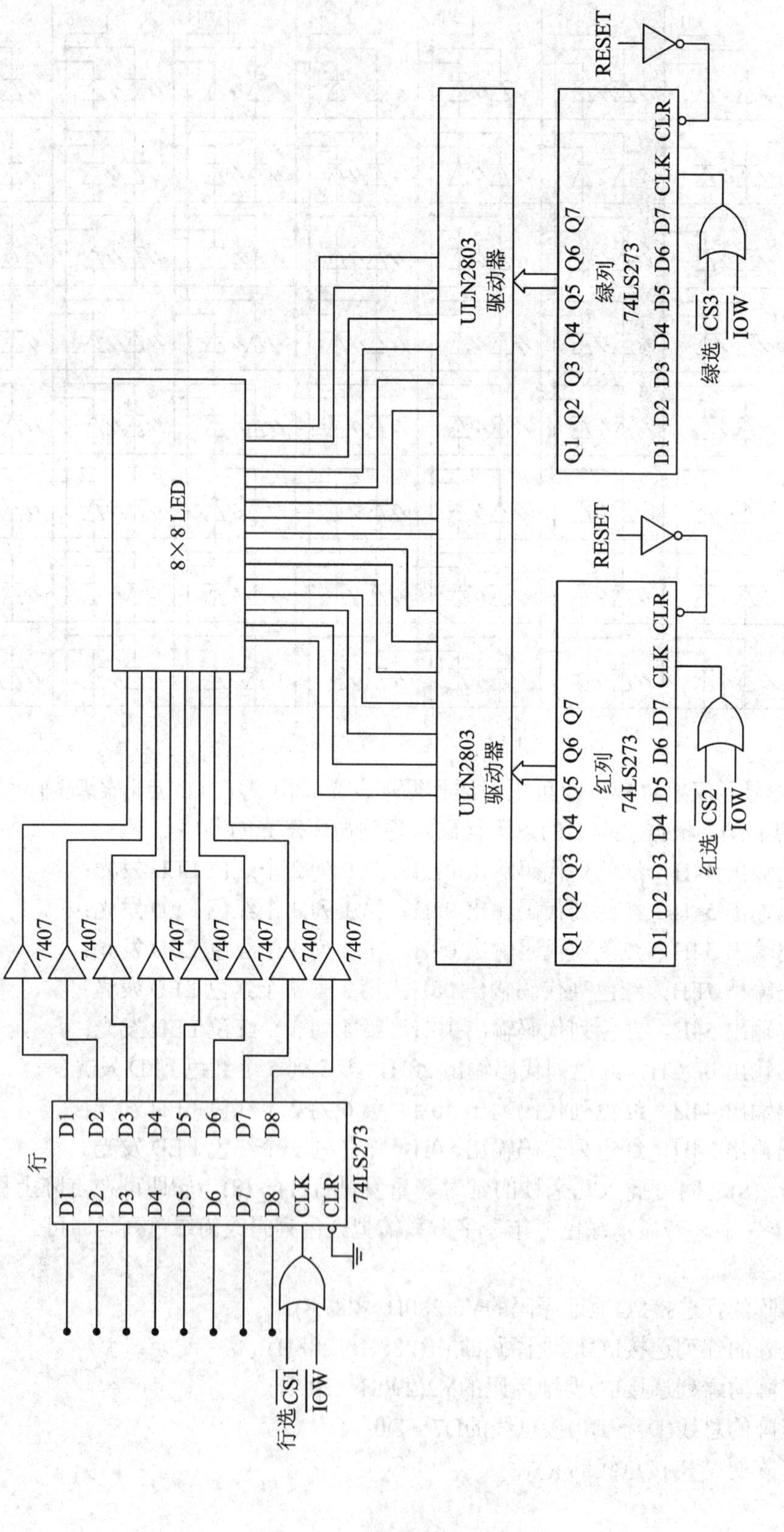

图 3.3-14　双色点阵实验连接图

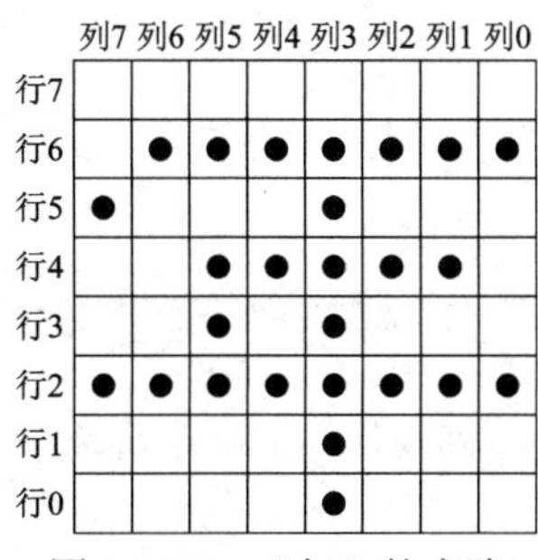

图 3.3-15　“年”的点阵

四、实验示例流程图

实验示例程序的参考流程如图 3.3-16 所示。

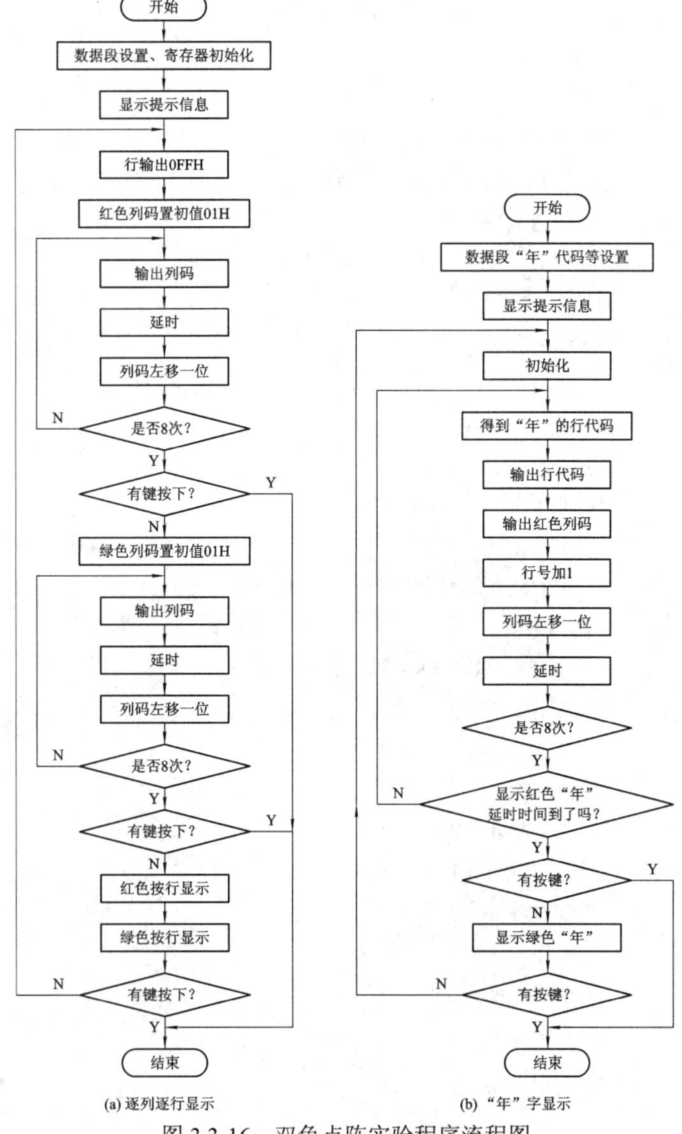

图 3.3-16　双色点阵实验程序流程图

五、实验示例程序

1. 逐行逐列显示程序

```
;****************************************************************
; 逐列逐行显示
;****************************************************************
PROTH       EQU 280H
PROTLR      EQU 288H
PROTLY      EQU 290H
DATA        SEGMENT
MESS        DB 'STRIKE ANY KEY, RETURN TO DOS!', 0AH, 0DH, '$'
COUNT       DB 07
COUNT1      DW 0000
DATA        ENDS
CODE        SEGMENT
            ASSUME CS: CODE, DS:DATA
START:      MOV AX, DATA
            MOV DS, AX
            MOV DX, OFFSET MESS
            MOV AH, 09
            INT 21H                     ; 显示提示信息
AGN:        MOV AL, 0FFH
            MOV DX, PROTH
            OUT DX, AL
            MOV AH, 01                  ; 红灯逐列亮
            MOV CX, 0008H
AGN1:       SHL AH, 01
            MOV DX, PROTLR
            MOV AL, AH
            OUT DX, AL
            PUSH CX
            MOV CX, 0030H
D5:         CALL DELAY1
            LOOP D5
            POP CX
            LOOP AGN1
            MOV AH, 01
            INT 16H
            JNZ A2
```

```
            MOV AH, 01              ; 绿灯逐列亮
            MOV CX, 0008H
AGN2:       MOV DX, PROTLY
            MOV AL, AH
            OUT DX, AL
            PUSH CX
            MOV CX, 0030H
D4:         CALL DELAY1
            LOOP D4
            POP CX
            SHL AH, 01
            LOOP AGN2
            MOV AH, 01
            INT 16H
            JNZ A2
            MOV AL, 0FFH
            MOV DX, PROTLR
            OUT DX, AL
            MOV AH, 01              ; 红灯逐行亮
            MOV CX, 0008H
AGN3:       MOV DX, PROTH
            MOV AL, AH
            OUT DX, AL
            PUSH CX
            MOV CX, 0030H
D2:         CALL DELAY1
            LOOP D2
            POP CX
            SHL AH, 01
            LOOP AGN3
            MOV AL, 00H
            MOV DX, PROTLR
            OUT DX, AL
            MOV AH, 01
            INT 16H
            JNZ A2
            MOV AL, 0FFH
            MOV DX, PROTLY
            OUT DX, AL
            MOV AH, 01              ; 绿灯逐行亮
```

```
              MOV CX, 0008H
AGN4:         MOV DX, PROTH
              MOV AL, AH
              OUT DX, AL
              PUSH CX
              MOV CX, 0030H
D1:           CALL DELAY1
              LOOP D1
              POP CX
              SHL AH, 01
              LOOP AGN4
              MOV AH, 01
              INT 16H
              JNZ A2
              JMP AGN
DELAY1        PROC NEAR                    ; 延迟子程序
              PUSH CX
              MOV CX, 8000H
CCC:          LOOP CCC
              POP CX
              RET
DELAY1        ENDP
A2:           MOV AH, 4CH                  ; 返回
              INT  21H
CODE          ENDS
END           START
```

2. “年”字显示程序

```
;*****************************************************************
 “年”字显示
;*****************************************************************
PROTH         EQU      280H
PROTLR        EQU      288H
PROTLY        EQU      290H
DATA          SEGMENT
MESS          DB   'STRIKE ANY KEY, RETURN TO DOS!', 0AH, 0DH, '$'
MIN1          DB   00H, 01H, 02H, 03H, 04H, 05H, 06H, 07H
COUNT         DB   0
BUFF          DB   44H, 54H, 54H, 7FH, 54H, 0DCH, 44H, 24H
DATA          ENDS
```

```
CODE        SEGMENT
ASSUME      CS:CODE, DS:DATA
START:      MOV AX, DATA
            MOV DS, AX
            MOV DX, OFFSET MESS
            MOV AH, 09
            INT 21H                      ；显示提示信息
AGN:        MOV CX, 80H
D2:         MOV AH, 01H
            PUSH CX
            MOV CX, 0008H
            MOV SI, OFFSET MIN1
NEXT:       MOV AL, [SI]
            MOV BX, OFFSET BUFF
            XLAT                         ；得到行码
            MOV DX, PROTH
            OUT DX, AL
            MOV AL, AH
            MOV DX, PROTLR
            OUT DX, AL                   ；红色逐列显示
            MOV AL, 0
            OUT DX, AL
            SHL AH, 01
            INC SI
            PUSH CX
            MOV CX, 0FFH
DELAY2:     LOOP DELAY2                  ;延时
            POP CX
            LOOP NEXT
            POP CX
            CALL DELAY
            LOOP D2
            MOV AL, 00
            MOV DX, PROTLR
            OUT DX, AL
            MOV AH, 01                   ；有无键按下
            INT 16H
            JNZ A2
AGN1:       MOV CX, 80H                  ；显示绿色“年”
D1:         MOV SI, OFFSET MIN1
```

```
                MOV AH, 01
                PUSH CX
                MOV CX, 0008H
NEXT1:          MOV AL, [SI]
                MOV BX, OFFSET BUFF
                XLAT
                MOV DX, PROTH
                OUT DX, AL
                MOV AL, AH
                MOV DX, PROTLY
                OUT DX, AL
                MOV AL, 0
                OUT DX, AL
                SHL AH, 01
                INC SI
                PUSH CX
                MOV CX, 0FFH
DELAY1:         LOOP DELAY1
                MOV CX, 0FFH
DELAY3:         LOOP DELAY3
                POP CX
                LOOP NEXT1
                POP CX
                CALL DELAY
                LOOP D1
                MOV AL, 00
                MOV DX, PROTLY
                OUT DX, AL
                MOV AH, 01
                INT 16H
                JNZ A2
                JMP AGN                     ；绿色、红色交替显示
DELAY           PROC NEAR                   ；延迟子程序
                PUSH CX
                MOV CX, 0FFFH
CCC:            LOOP CCC
                POP CX
                RET
DELAY           ENDP
A2:             MOV AH, 4CH                 ；返回
```

```
            INT 21H
CODE        ENDS
END         START
```

六、实验内容及要求

对示例程序进行汇编、连接、运行及分析。

3.3.7　模拟竞赛抢答器实验

一、实验目的

(1) 了解竞赛抢答器的基本原理；
(2) 进一步理解点阵的基本结构及应用；
(3) 进一步理解芯片 8255 的综合应用。

二、实验示例

逻辑开关 S0～S7 代表竞赛抢答器按钮 0～7 号。编程实现当某个逻辑电平开关置"1"时，表示某组抢答按钮按下，在七段数码管上将其组号(0～7)显示出来，并在 8 × 8 双色点阵上显示"OK"。

三、实验原理

实验连接如图 3.3-17 所示。设置芯片 8255 为 C 口输入、A 口输出。读取 C 口数据，若为 0 表示无人抢答，若不为 0 则有人抢答，根据读取数据可判断其组号。从键盘上按空格键开始下一轮抢答，按其他键程序退出。

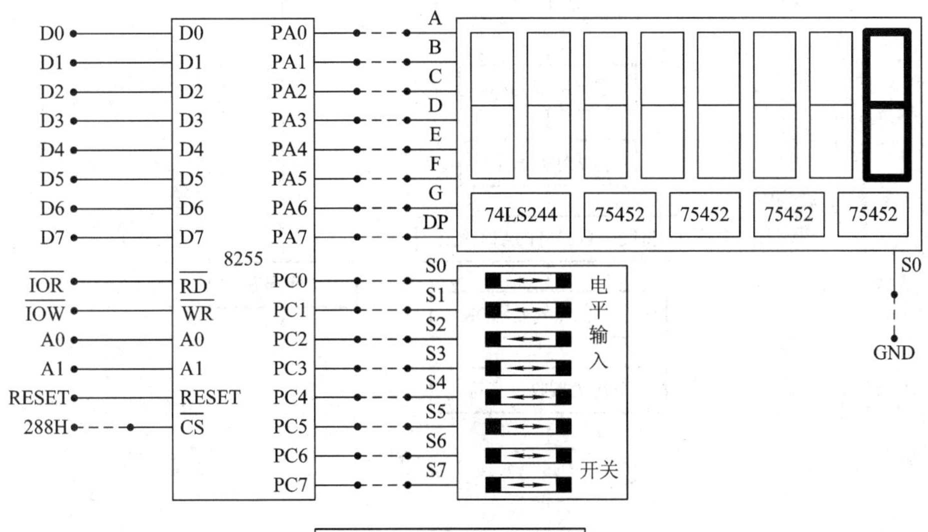

图 3.3-17　抢答器实验连接图

8 × 8 点阵的连接参见图 3.3-14。

实验参考接线如下：

- 8255 的 $\overline{CS}$ 接 I/O 地址译码的 Y1(288H～28FH)；
- 8255 的 PA7～PA0 接数码管显示的 DP～A；
- 8255 的 PC7～PC0 接逻辑开关的 S7～S0；
- 数码管显示的 S0 接 GND；
- 双色点阵的行选接 I/O 地址译码的 Y0(280H～287H)；
- 双色点阵的红选接 I/O 地址译码的 Y3(298H～29FH)；
- 双色点阵的绿选接 I/O 地址译码的 Y2(290H～297H)；
- 双色点阵的总线(D7～D0)接总线的 D7～D0；
- 双色点阵的 WR 接总线的 $\overline{IOW}$。

四、实验示例流程图

实验示例程序的参考流程图如图 3.3-18 所示。

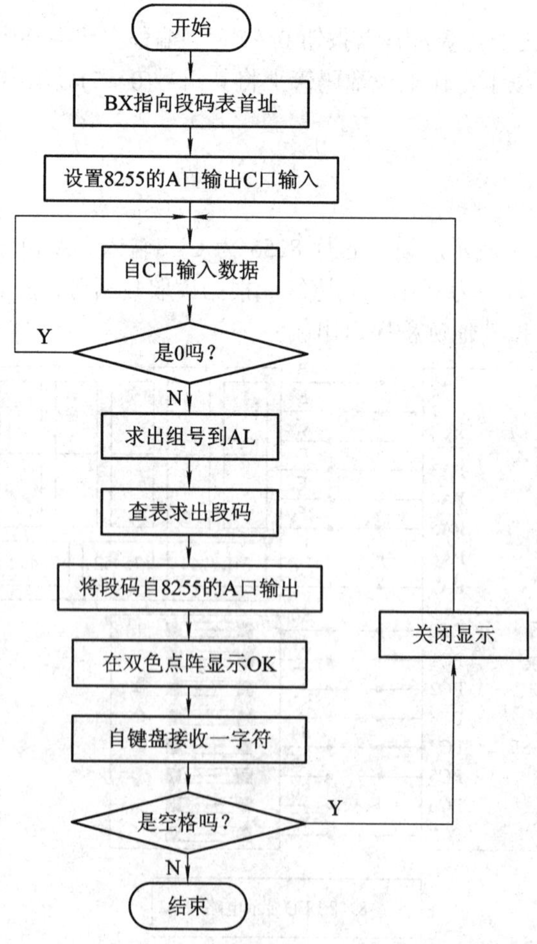

图 3.3-18　抢答器实验程序流程图

五、实验示例程序

```
;***********************************************************
; 模拟抢答器
;***********************************************************
DATA        SEGMENT
PROTH       EQU 280H
PROTHLR     EQU 298H
PROTHLY     EQU 290H
IO8255C     EQU 28AH
IO8255CTR   EQU 28BH
IO8255A     EQU 288H
LED         DB  3FH, 06H, 5BH, 4FH, 66H, 6DH, 7DH, 07H      ; 段码表
MINL        DB  00H, 01H, 02H, 03H, 04H, 05H, 06H, 07H
CUNT        DB  0
BUFF        DB  81H, 42H, 24H, 0FFH, 00H, 0FFH, 81H, 0FFH   ; OK 代码表
DATA        ENDS
CODE        SEGMENT
            ASSUME CS:CODE, DS:DATA
START:      MOV AX, DATA
            MOV DS, AX
            MOV DX, IO8255CTR       ; 设 8255 为 A 口输出，C 口输入
            MOV AX, 89H
            OUT DX, AL
            MOV BX, OFFSET LED      ; 使 BX 指向段码表首址
SSS:        MOV DX, IO8255C
            IN AL, DX               ; 从 8255 的 C 口输入数据
            OR AL, AL               ; 比较是否为 0
            JE SSS                  ; 若为 0，则表明无键按下，转 SSS
            MOV CL, 0FFH            ; CL 作计数器，初值为 -1
RR:         SHR AL, 1
            INC CL
            JNC RR
            MOV AL, CL
            XLAT
            MOV DX, IO8255A
            OUT DX, AL
START2:     MOV AX, DATA
            MOV DS, AX
```

```
AGIN:       MOV CX, 80H
D2:         MOV AH, 01H
            PUSH CX
            MOV CX, 0008H
            MOV SI, OFFSET MINL
NEXT:       MOV AL, [SI]
            MOV BX, OFFSET BUFF
            XLAT
            MOV DX, PROTH
            OUT DX, AL
            MOV AL, AH
            MOV DX, PROTHLR
            OUT DX, AL
            MOV AL, 0
            OUT DX, AL
            SHL AH, 01
            INC SI
            PUSH CX
            MOV CX, 0FFH
DELAY2:     LOOP DELAY2
            POP CX
            LOOP NEXT
            POP CX
            CALL DELAY
            LOOP D2
            MOV AL, 00
            MOV DX, PROTHLR
            OUT DX, AL
AGN1:       MOV CX, 80H
D1:         MOV SI, OFFSET MINL
            MOV AH, 01
            PUSH CX
            MOV CX, 0008H
NEXT1:      MOV AL, [SI]
            MOV BX, OFFSET BUFF
            XLAT
            MOV DX, PROTH
            OUT DX, AL
            MOV AL, AH
```

```
            MOV DX, PROTHLY
            OUT DX, AL
            MOV AL, 0
            OUT DX, AL
            SHL AH, 01
            INC SI
            PUSH CX
            MOV CX, 0FFH
DELAY1:     LOOP DELAY1
            ; MOV CX, 0FFH
DELAY3:     LOOP DELAY3
            POP CX
            LOOP NEXT1
            POP CX
            CALL DELAY
            LOOP D1
            MOV AL, 00
            MOV DX, PROTHLY
            OUT DX, AL
WAI:        MOV AH, 1
            NT 21H
            CMP AL, 20H              ; 是否为空格
            JNE EEE                  ; 不是，转 EEE
            MOV AL, 0                ; 是，关灭灯
            MOV DX, IO8255A
            OUT DX, AL
            JMP START
DELAY       PROC NEAR
            PUSH CX
            MOV CX, 0FFH
CCC:        LOOP CCC
            POP CX
            RET
DELAY       ENDP
A2          PROC NEAR
            MOV AX, 4C00H
            INT 21H
            RET
A2          ENDP
```

```
EEE:        MOV AH, 4CH        ；返回
            INT 21H
CODE        ENDS
END         START
```

六、实验内容及要求

(1) 对示例程序进行汇编、连接、运行及分析；

(2) 编程实现使抢答时喇叭发声。

3.3.8　数字录音机实验

一、实验目的

(1) 了解数字录音技术的基本原理；

(2) 进一步掌握 A/D 转换器、D/A 转换器的应用。

二、实验要求

编程实现采集 IN2 通道输入的语音数据并存入内存，然后再将数据送芯片 DAC0832 使喇叭发声(放音)。

三、实验原理

实验连接如图 3.3-19 所示。将声音传感器(参见图 2.2-19)接芯片 ADC0809 的 IN2 通道，把表示语音的电信号送给芯片 ADC0809 的通道 IN2；D/A 转换器的输出端 U_a 接喇叭(参见图 2.2-21)。

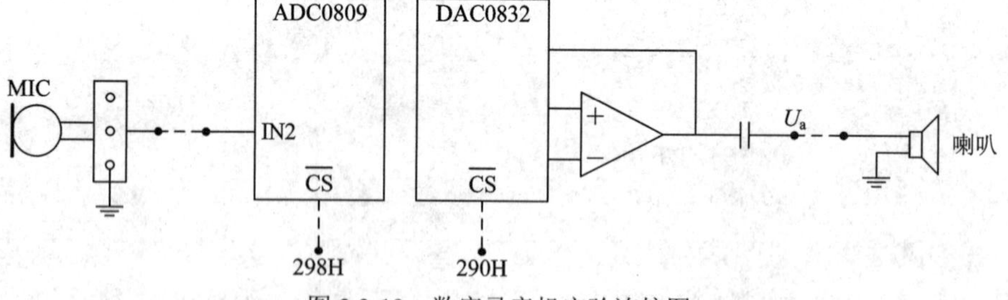

图 3.3-19　数字录音机实验连接图

实验参考接线如下：

- 0809 的 $\overline{CS}$ 接 I/O 地址译码的 Y1(298H～29FH)；
- 0809 的 IN2 接麦克风；
- 0832 的 $\overline{CS}$ 接 I/O 地址译码的 Y0(290H～297H)；
- 0832 的 Ua 接喇叭。

四、实验示例流程图

实验示例程序的参考流程如图 3.3-20 所示。

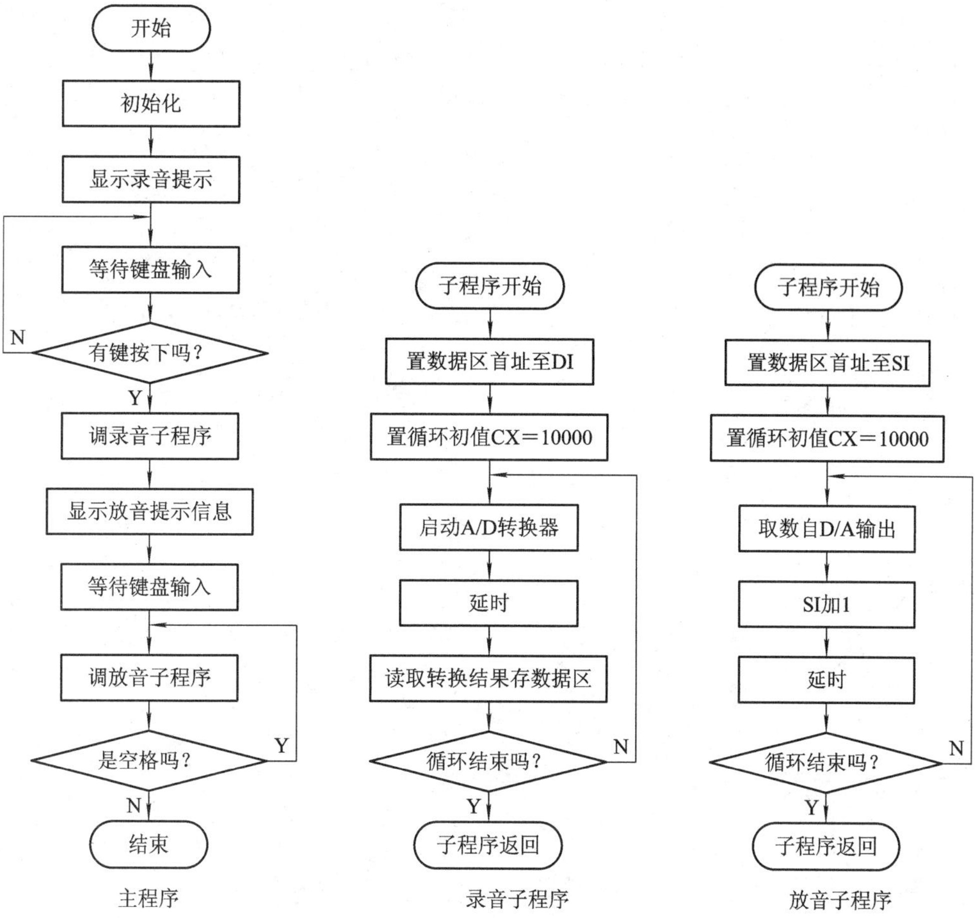

开始
初始化
显示录音提示
等待键盘输入
有键按下吗？
N
Y
调录音子程序
显示放音提示信息
等待键盘输入
调放音子程序
是空格吗？
Y
N
结束

主程序

子程序开始
置数据区首址至DI
置循环初值CX=10000
启动A/D转换器
延时
读取转换结果存数据区
循环结束吗？
N
Y
子程序返回

录音子程序

子程序开始
置数据区首址至SI
置循环初值CX=10000
取数自D/A输出
SI加1
延时
循环结束吗？
N
Y
子程序返回

放音子程序

图 3.3-20　数字录音机程序流程图

五、实验示例程序

```
;*************************************************************
;录音机
;*************************************************************
DATA        SEGMENT
LUPORT      EQU 29AH                              ; 录音口地址
FANGPORT    EQU 290H                              ; 放音口地址
DATA_QU     DB 10000 DUP(?)                       ; 录音数据存放数据区
NEWS_1      DB 'PRESS ANY KEY TO RECORD:', 24H    ; 录音提示
NEWS_2      DB 0DH, 0AH, ' PRESS SPACE TO PLAYING, OTHER KEY IS EXIT:', 24H
                                                  ; 放音提示
DATA        ENDS
CODE        SEGMENT
            ASSUME CS:CODE, DS:DATA, ES:DATA
```

```
;.386
BEGIN:      MOV AX, DATA              ; 初始化
            MOV DS, AX
            MOV ES, AX
            MOV DX, OFFSET NEWS_1     ; 显示录音提示
            MOV AH, 9
            INT 21H
TEST_1:     MOV AH, 1                 ; 等待键盘输入
            INT 16H
            JZ TEST_1                 ; 若不是则循环等待
            CALL LU                   ; 调用录音子程序
            MOV DX, OFFSET NEWS_2     ; 显示放音提示
            MOV AH, 9
            INT 21H
FY:         CALL FANG                 ; 调用放音子程序
            MOV AX, 0C07H
            INT 21H
            CMP AL, 20H
            JZ FY
            MOV AH, 4CH               ; 返回
            INT 21H
LU          PROC NEAR                 ; 录音子程序
            MOV DI,   OFFSET DATA_QU  ; 置数据区首地址为 DI
            MOV CX, 10000             ; 录 10000 个数据
            CLD
            MOV DX, LUPORT            ; 启动 A/D
XUNHUAN:    OUT DX, AL
            IN AL, DX                 ; 从 A/D 读数据到 AL
            STOSB                     ; 存入数据区，使 DI 加 1
            LOOP XUNHUAN              ; 循环
            RET                       ; 子程序返回
LU          ENDP
FANG        PROC NEAR                 ; 放音子程序
            MOV SI, OFFSET DATA_QU    ; 置数据区首地址为 SI
            MOV CX, 10000             ; 放 10000 个数据
            CLD
            MOV DX, FANGPORT          ; 启动 D/A
FANG_YIN:   LODSB                     ; 从数据区取出数据
            OUT DX, AL                ; 放音
```

```
                MOV BX, 5000
DELAY:          DEC BX
                JNZ DELAY
                LOOP FANG_YIN               ; 循环
                RET                         ; 子程序返回
FANG            ENDP
CODE            ENDS
END             BEGIN
```

六、实验内容及要求

(1) 对示例程序进行汇编、连接、运行及分析；

(2) 编程利用芯片 8254、8255 实现对采样频率的控制，如采用 5000 次/秒的速率采集芯片 0809 输入的语音数据并存入内存，然后以同样的速率把采集的数据送芯片 DAC0832 进行放音。

第四章　微机扩展性与综合性实验开发

本章基于微机实验箱现有的资源，设计与开发具有一定应用背景的扩展性与综合性实验，旨在倡导学生理论联系实际，提高学生综合运用知识的能力。

4.1　双机通信

4.1.1　实验开发背景

通信方式可分为并行通信和串行通信两种。串行通信与并行通信相比，因其通信成本低，适合远距离传输，广泛应用在工业自动化、智能终端、通信等领域。

微机实验箱提供的串口实验资源为串行通信芯片 8251，实验内容为自发自收。在多机控制系统中，双机通信是常见的应用形式，因此基于实验箱开发双机通信实验是必要的。

通过实验的开发，可深入理解串行通信 8251 芯片的应用，进一步掌握数据串行传输与控制的基本方法。

4.1.2　实验开发设计

1. 设计内容

使用两个实验系统，分别称为一号机和二号机。一号机与二号机都具有发送与接收数据的功能。一号机为发送端时，从与一号机相连的计算机键盘键入字符，通过一号机异步串行传输后，二号机接收字符，并在与二号机相连的计算机屏幕上显示。二号机为发送端时，从与二号机相连的计算机键盘键入字符，经二号机异步串行传输后，在与一号机相连的计算机屏幕上显示，从而实现双机通信。

2. 设计原理及分析

串行通信的传输分为同步传输与异步传输。异步传输一般以字符为单位进行传送。异步串行通信的数据传送格式如图 4.1-1 所示。

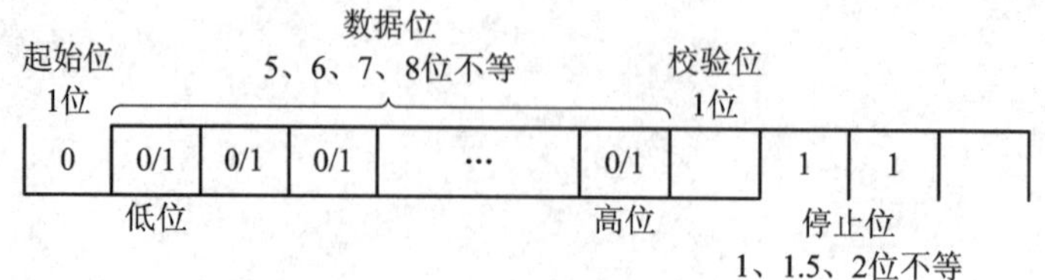

图 4.1-1　异步串行通信的数据格式

可编程串行通信接口芯片 8251 是 Intel 公司研制的，通过编程既可实现同步通信，又可实现异步通信。本次实验采用异步通信，可参考 3.1.10 节。

图 4.1-2 是双机通信实验系统的主要硬件连接示意图。本实验系统由微机控制系统、8251 芯片、8255 芯片、MAX232 芯片、8254 芯片、开关键等组成。

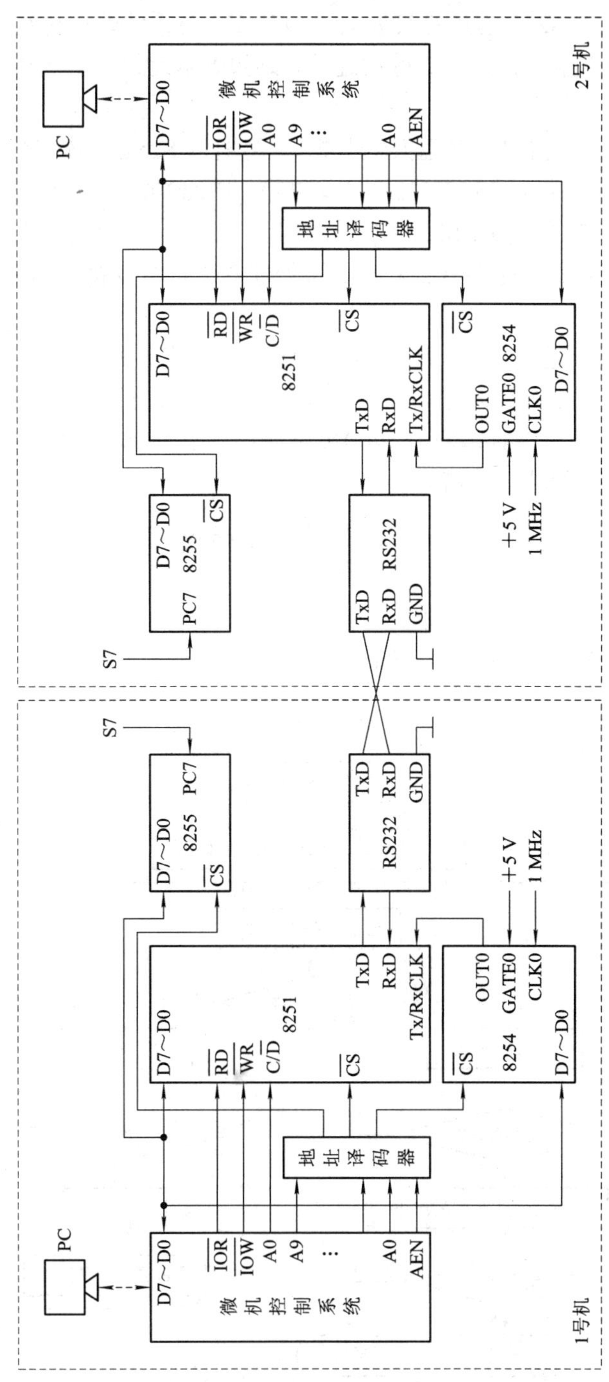

图 4.1-2　双机通信实验系统主要硬件连接示意图

8251 芯片用于串口通信，实现信号的串并转换及正确的发送与接收；8254 芯片用于产生 8251 芯片需要的发送与接收时钟；RS-232 是目前常用的一种串行通信接口，MAX232 芯片用于 TTL 信号与 RS232 信号的电平转换；可利用开关 S7(注：硬件配置中也常用 K 表示开关)设置一号机与二号机的发送与接收数据类型。

一号机和二号机的 8251 芯片的数据端口 D7～D0 与系统数据总线 D7～D0 相连接，读写信号也进行对应的连接，A0 与 C/$\overline{D}$ 相连接，通过奇偶地址选择 8251 芯片的控制端口和数据端口。

工作过程：从一号机的 PC 键盘发送数据，1 号机的 8251 芯片将数据转换成串行数据，这个数据是 TTL 电平，经过 MAX232 芯片转换为 RS232 电平，经过九针传输线传到 2 号机。2 号机的 MAX232 芯片将 RS232 电平转换为 TTL 电平，经过 2 号机的 8251 芯片，将串行数据转换为并行数据，提供给 2 号机的微处理器进行数据接收与处理，通过 2 号的 PC 屏幕进行显示。

由于采用的是异步通信方式，所以需要设定字符帧格式和波特率。本实验中设定 1 个停止位、奇偶校验位、8 个数据位，波特率因子为 16。若波特率选择 1200，则 8254 芯片的定时/计数器 0 提供的时钟频率应为 1200×16。由于 8254 的输入时钟频率 CLK0 为 1MHz，故 8254 定时/计数器 0 的计数初值为：

$$N = \frac{1\ 000\ 000}{1200 \times 16} \approx 52.08$$

3. 实验程序设计

实验程序的参考流程如图 4.1-3 所示。

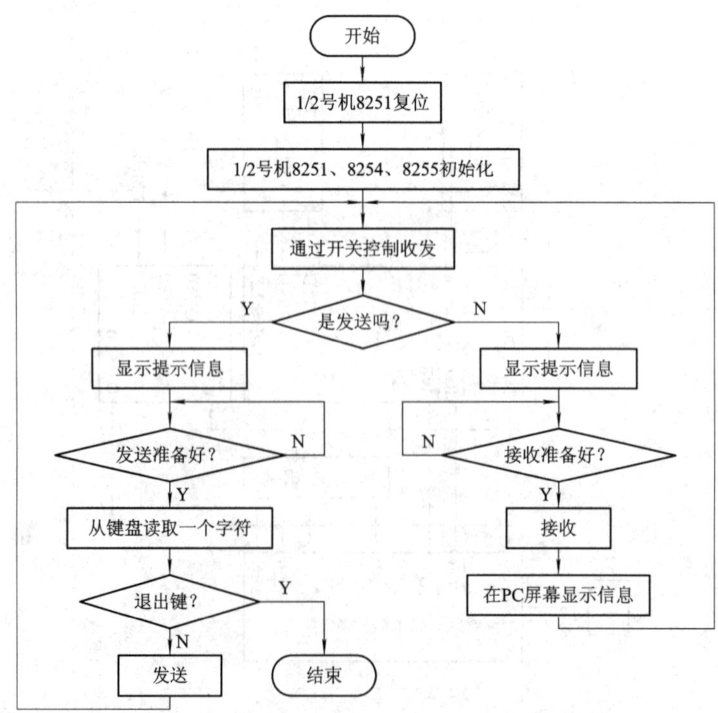

图 4.1-3　双机通信程序参考流程图

首先对 8251 芯片进行复位，然后初始化 8251、8254 与 8255 芯片。8251 芯片初始化时，先对其方式控制字设定，再对其命令控制字设定。芯片初始化后，判定本机是发送还是接收。如为发送端，微机控制系统使用 DOS 调用功能显示提示字符，提示从键盘键入需要传输的字符，然后对 8251 芯片状态字进行检测，检测 8251 芯片是否已经准备好发送。若发送状态字为高电平，则实验箱把从键盘接收的字符通过 8251 芯片进行发送。如为接收端，微机控制系统使用 DOS 调用功能显示提示字符，对 8251 芯片的状态字进行检测，如果 8251 芯片接受准备状态字为高电平，表示已经准备好，可以从 8251 芯片的数据端口进行数据的接收，然后将接收到的字符通过 DOS 调用功能在计算机屏幕上显示。

4.1.3　实验调试

按照图 4.1-2 进行实验系统的硬件连接。编辑、汇编、连接、运行程序，实现 1 号机与 2 号机串行通信，实验程序调试的参考结果如图 4.1-4 所示。其中图 4.1-4(a)为 1 号机的发送与接收界面，图 4.1-4(b)为 2 号机的接收与发送界面。

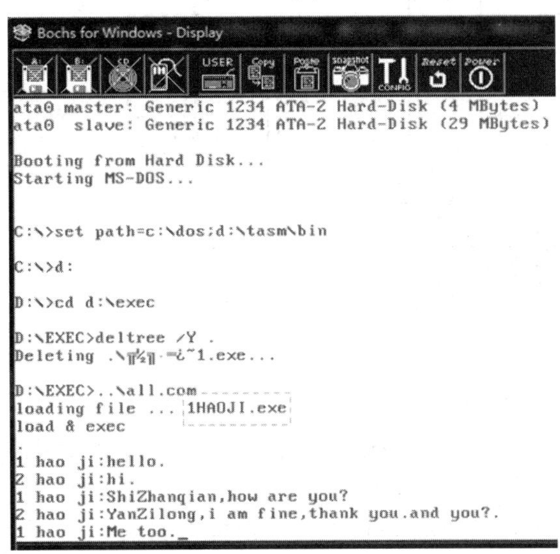

(a) 1 号机发送接收终端界面

(b) 2 号机接收发送终端界面

图 4.1-4　双机通信实验程序调试参考结果

4.2　电 子 时 钟

4.2.1　实验开发背景

电子时钟是一种利用电子电路计时并显示秒、分、时的装置。与传统的机械时钟相比，具有走时准确、显示直观、无机械传动装置等优点，得到广泛应用。

实验箱上有 8254 定时芯片、8259 中断控制芯片，提供的 8254 与 8259 芯片的实验只涉及基础实验。而电子时钟的实验，不仅可将 8254、8259 芯片进行综合应用，还会综合其他芯片与电路模块，如 8255、数码管等的应用。

通过电子时钟实验的开发与实现，可深入理解各个芯片及硬件功能模块的应用，提升学生的综合实践能力。

4.2.2　实验开发设计

1．设计内容

实现电子时钟的功能。在数码管上显示时、分、秒，显示模式如“23-59-59”样式，并且可对电子时钟的时、分、秒进行校正，对显示进行复位。

2．设计原理及分析

电子时钟系统的主要硬件连接示意图如图 4.2-1 所示。

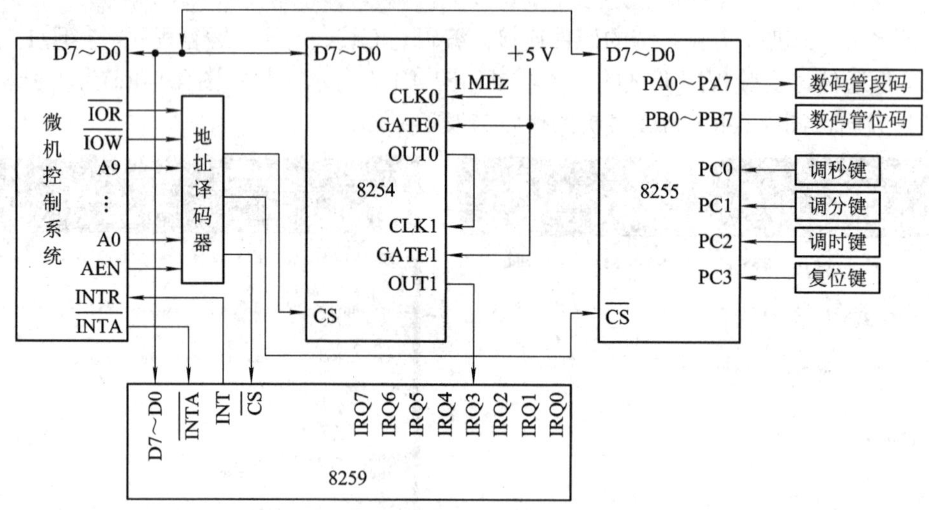

图 4.2-1　电子时钟系统的主要硬件连接示意图

整个系统由微机控制系统、8254 定时/计数器芯片、8255 并行接口芯片、8259 中断控制芯片、数码管、开关键等组成。

8254 芯片的秒信号由定时/计数器 0 与定时/计数器 1 级联产生。定时/计数器 0、定时/计数器 1 可工作在方式 2 或方式 3，初值均可设为 1000，从而将 CLK0 输入的 1MHz 时钟信号转化为 1Hz 的时钟信号经 OUT1 输出。

将 8254 芯片产生的 1Hz 时钟信号输出给 8259 芯片中断控制器 IRQ3，即每秒进行一次中断请求。CPU 响应中断时，在中断服务程序中，按 BCD 码的形式加 1 计数，获得秒、分、时的值。

8255 芯片主要负责显示与调时的控制。通过 8255 芯片的 A 口输出数码管段码，B 口输出数码管位码；通过检测 C 口低四位的开关键实现复位与调时的功能。

3．实验程序设计

实验程序设计参考流程如图 4.2-2 所示。

主程序主要完成各个芯片的初始化、对时间进行调整及控制数码管显示。中断服务程序实现计时功能。在调时子程序中，通过读取 8255 芯片 C 口低四位的状态对秒、分、时的值进行调整与显示复位；当检测到复位键时，从 00-00-00 开始计时。

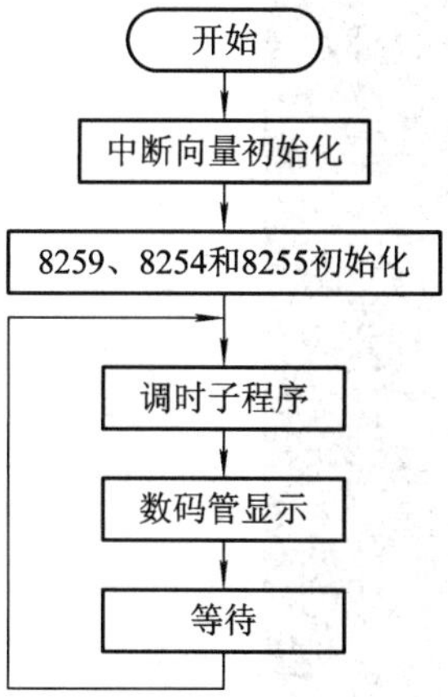

开始
中断向量初始化
8259、8254和8255初始化
调时子程序
数码管显示
等待

(a) 主程序流程图

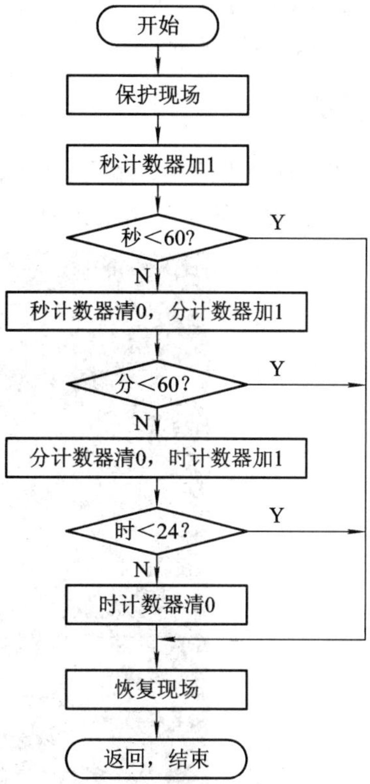

开始
保护现场
秒计数器加1
秒＜60?　Y　N
秒计数器清0，分计数器加1
分＜60?　Y　N
分计数器清0，时计数器加1
时＜24?　Y　N
时计数器清0
恢复现场
返回，结束

(b) 中断服务程序流程图

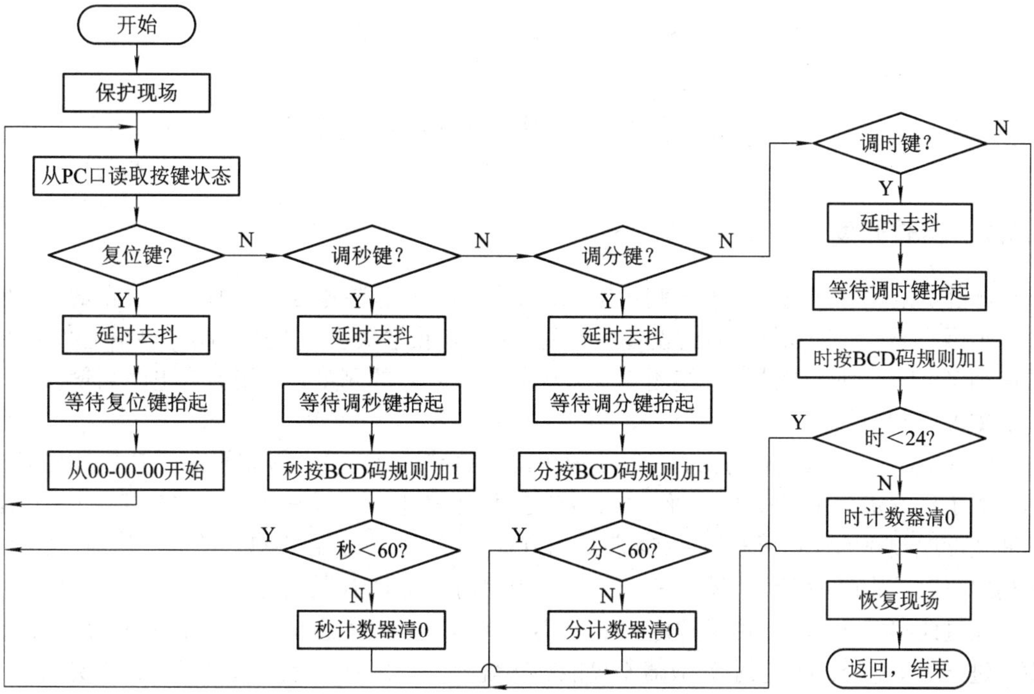

开始
保护现场
从PC口读取按键状态
复位键?　N　Y
延时去抖
等待复位键抬起
从00-00-00开始
调秒键?　N　Y
延时去抖
等待调秒键抬起
秒按BCD码规则加1
秒＜60?　Y　N
秒计数器清0
调分键?　N　Y
延时去抖
等待调分键抬起
分按BCD码规则加1
分＜60?　Y　N
分计数器清0
调时键?　N　Y
延时去抖
等待调时键抬起
时按BCD码规则加1
时＜24?　Y　N
时计数器清0
恢复现场
返回，结束

(c) 调时子程序流程图

图 4.2-2　电子时钟程序流程图

在数码管显示中，用到了 8 个数码管，分成“时”“分”“秒”三组，各占两个数码管，用“-”分隔时、分、秒的显示。

4.2.3　实验调试

按照 4.2-1 图进行硬件连接，编辑、汇编、连接、运行程序。通过调时按键调整初始时间为 07-10-05，实验调试的参考结果如图 4.2-3 所示。

图 4.2-3　电子时钟实验参考结果

4.3　脉冲宽度与频率的测量

4.3.1　实验开发背景

脉冲宽度、脉冲频率是电子测量领域重要的参数。脉冲宽度、脉冲频率的测量涉及的应用范围广泛，如计算机、通信设备、音频、视频、仪器仪表、工业控制等科研生产领域。常用测量方法有使用示波器直接测量、基于定时/计数器的测量、利用数字电路测量以及基于 FPGA 的测量等。

8254 芯片有 6 种工作方式，三种引脚(CLK、GATE、OUT)。前面的实验主要应用 8254 芯片的工作方式 2 和方式 3，工作时 GATE 连接 +5 V 电源，没有使用 GATE 的控制作用。脉冲宽度或频率的测量可利用 8254 芯片的方式 0，且需要使用 GATE 的门控作用。GATE 为高电平时，定时/计数器工作；GATE 为低电平时，定时/计数器停止工作。

通过此实验的开发，可了解定时/计数器测量脉宽与频率的原理；理解 GATE 的门控作用；进一步了解 8254 定时/计数器不仅能够实现分频、定时与计数的功能，还能实现其他功能。

4.3.2　实验开发设计

一、脉冲宽度的测量

1．设计内容

使用 8254 芯片测量脉冲的宽度，并将测量结果显示在计算机屏幕上。

2．设计原理及分析

图 4.3-1 是系统的主要硬件连接示意图，主要由微机控制系统、8254 定时/计数器芯片、8255 并行接口芯片、单脉冲发生电路等组成。

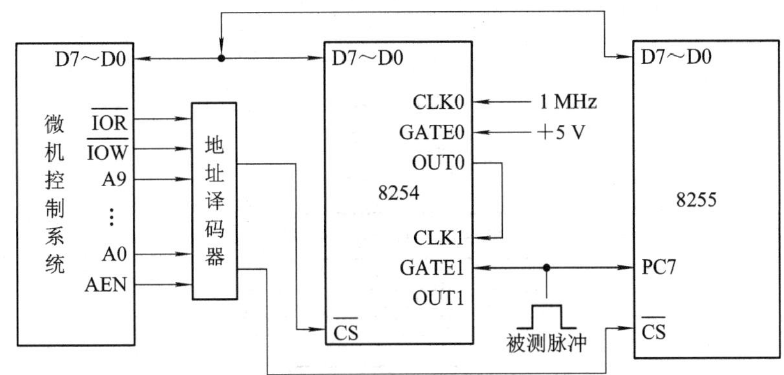

图 4.3-1　脉宽测量系统主要硬件连接示意图

本系统中，利用实验箱的脉冲发生器产生脉冲(参见图 2.2-15)。设置定时/计数器 1 工作于方式 0，GATE1 为高电平时定时/计数器 1 工作，GATE1 为低电平时定时/计数器 1 停止计数工作。利用 8255 芯片的 PC7 检测正脉冲，确定 8254 芯片的工作与停止状态。利用定时/计数器 1 起始工作时的计数初值 $N0$ 减去停止时的计数值 $N1$，如式(4.3-1)，计算结果(N^*)再乘以 CLK 输入时钟脉冲的周期(T_{clk})，可得所测量正脉冲信号的宽度，公式为式(4.3-2)。

$$N^* = N0 - N1 \tag{4.3-1}$$

$$\text{脉宽} = N^* \times T_{\mathrm{clk}} \tag{4.3-2}$$

如图 4.3-1 所示，CLK0 的输入频率是 1MHz，若只使用 1 个定时计数器，测量脉宽大小有限。为了方便、演示直观，本次实验使用两个定时/计数器级联，扩大了脉宽的测量范围。

3．实验程序设计

实验程序设计参考流程如图 4.3-2 所示。首先对 8255、8254 芯片初始化，将 8255 芯片的 C 口设置为输入，将 8254 芯片的定时/计数器 0 设置为工作方式 3，初值为 1000，定时/计数器 1 设置为工作方式 0，初值为 0(即 65 536)。

初始化工作完成后，读取 8255 芯片 PC7 的状态，若为低电平则等待，继续检测，若为高电平，则此时 8254 芯片的定时/计数器 1 开始减 1 计数工作。继续读取 8255 芯片 PC7 的状态，若为高电平则等待，若为低电平，则说明定时/计数器 1 停止计数工作，这时读取定时/计数器 1 的计数值，用初值减去读取到的值，乘以 CLK1 输入时钟脉冲的周期，可得

所测量正脉冲信号的宽度。对脉冲的宽度数据进行处理，并在计算机屏幕上显示。

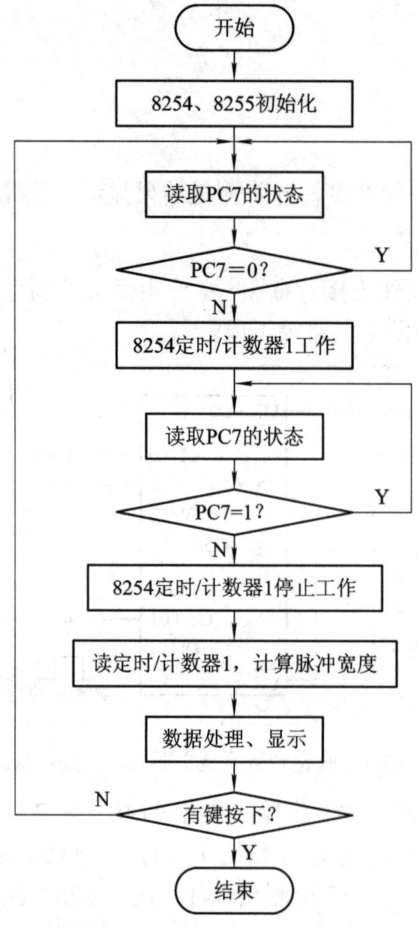

图 4.3-2　脉宽测量程序流程图

二、脉冲频率的测量

1. 设计内容

使用 8254 芯片测量脉冲频率，并将测量结果显示在计算机屏幕上。

2. 设计原理及分析

让被测频率信号通过时间长度为 T 的闸门(高电平)，对通过闸门的信号进行计数，如果计数值为 N^*，则被测信号频率 f 的计算如式(4.3-3)：

$$f=N^*/T \tag{4.3-3}$$

由式(4.3-1)可求得 N^*，如果闸门 T 时间已知，则可计算出脉冲的频率。

系统的主要硬件连接示意图如图 4.3-3 所示。使用了 8254 芯片的 3 个定时/计数器。其中定时/计数器 0 和定时/计数器 1 级联产生周期为 2 s 的方波，OUT1 连接 GATE2，即 GATE2 的闸门时间为 1 s。定时/计数器 2 工作于方式 0，被测脉冲接入 CLK2，在闸门 GATE2 的控制下进行计数。1 s 高电平下的计数值即为被测信号的频率。

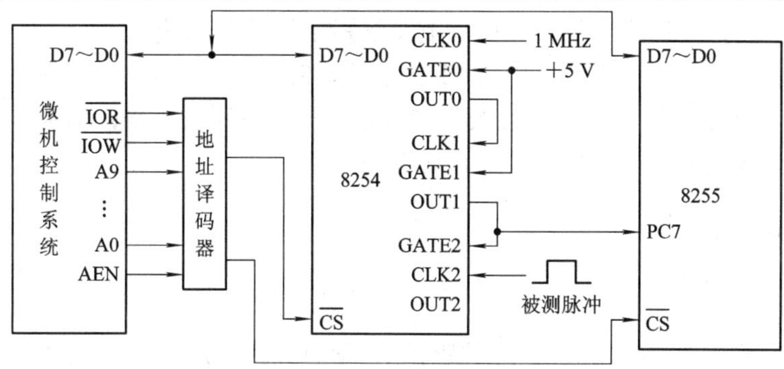

图 4.3-3　频率测量系统主要硬件连接示意图

实验程序设计可参考图 4.3-2。

4.3.3　实验调试

分别按照图 4.3-1 及图 4.3-3 进行硬件连接，编辑、汇编、连接、运行程序。

脉宽测量调试的参考结果如图 4.3-4 所示，每按一次脉冲发生器，测量一次，图中显示了多个脉冲脉宽的测量值。

脉冲频率测量调试的参考结果如图 4.3-5 所示，测量频率为 1000 Hz。

图 4.3-4　脉宽测量调试参考结果

图 4.3-5　脉冲频率测量调试参考结果

4.4　交通灯控制

4.4.1　实验开发背景

从最早的手牵皮带到现代的电子实时监控，交通信号灯在科学化、自动化上不断地更新、发展和完善。

交通灯通常有红、黄、绿三种颜色。绿灯亮时，准许车辆通行；黄灯亮时，已越过停止线的车辆可以继续通行，没有通过的应该减速慢行到停车线前停车并等待；红灯亮时，禁止车辆通行。交通信号灯的时长是根据通过交叉口的交通量来确定的，不同的交叉口则

时长一般设置不同，本次实验为设计简单的交通指示灯控制系统。

交通灯控制实验可进一步综合应用 8255 芯片、8254 芯片、8259 芯片、数码管显示、LED 灯显示等功能模块；提高学生对微机接口芯片综合应用的水平；增强学生使用微机解决现实中实际问题的能力，将所学的知识融会贯通。

4.4.2　实验开发设计

1．设计内容

在十字路口的东西向、南北向分别装有红、绿、黄指示灯。设计红灯亮 18 s，绿灯亮 15 s，黄灯亮 3 s。当绿灯亮 15 s 后，黄灯再亮 3 s，作为警示，当黄灯倒计时结束后，红灯亮 18 s。由数码管的两位显示倒计时的时间。

2．设计原理及分析

图 4.4-1 是交通灯实验系统主要硬件连接示意图。

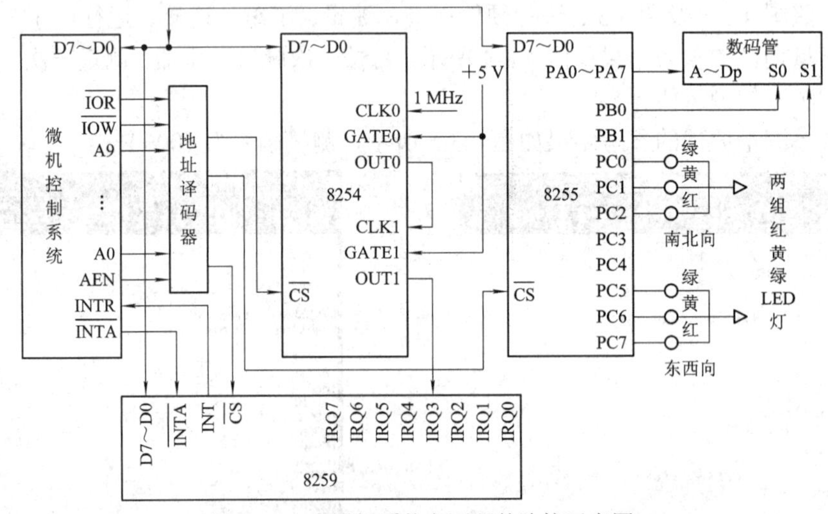

图 4.4-1　交通灯系统主要硬件连接示意图

本系统主要由微机控制系统、8254 定时/计数器、8255 并行接口芯片、LED 灯、数码管、8259 中断控制器等组成。

8254 芯片的定时/计数器 0 和定时/计数器 1 级联，产生 1Hz 的周期信号，作为中断信号接 8259 芯片的 IRQ3，每 1 s 申请一次中断。

通过 8259 芯片中断控制器对系统发送中断请求，在中断服务程序中进行交通灯的倒计时功能，以及控制交通灯的切换。

8255 芯片的 PA 口和 PB 口分别用于控制数码管的段码和位码；PC2～PC0 用于控制南北向的红黄绿灯；PC7～PC5 用于控制东西向的红黄绿灯。

数码管显示倒计时时间。

3．实验程序设计

实验程序设计参考流程如图 4.4-2 所示。主程序中需要设定交通灯的一些初始状态、变量的初始值；对中断向量表设置；对 8259、8254、8255 芯片初始化；控制数码管显示倒计时；等待中断。

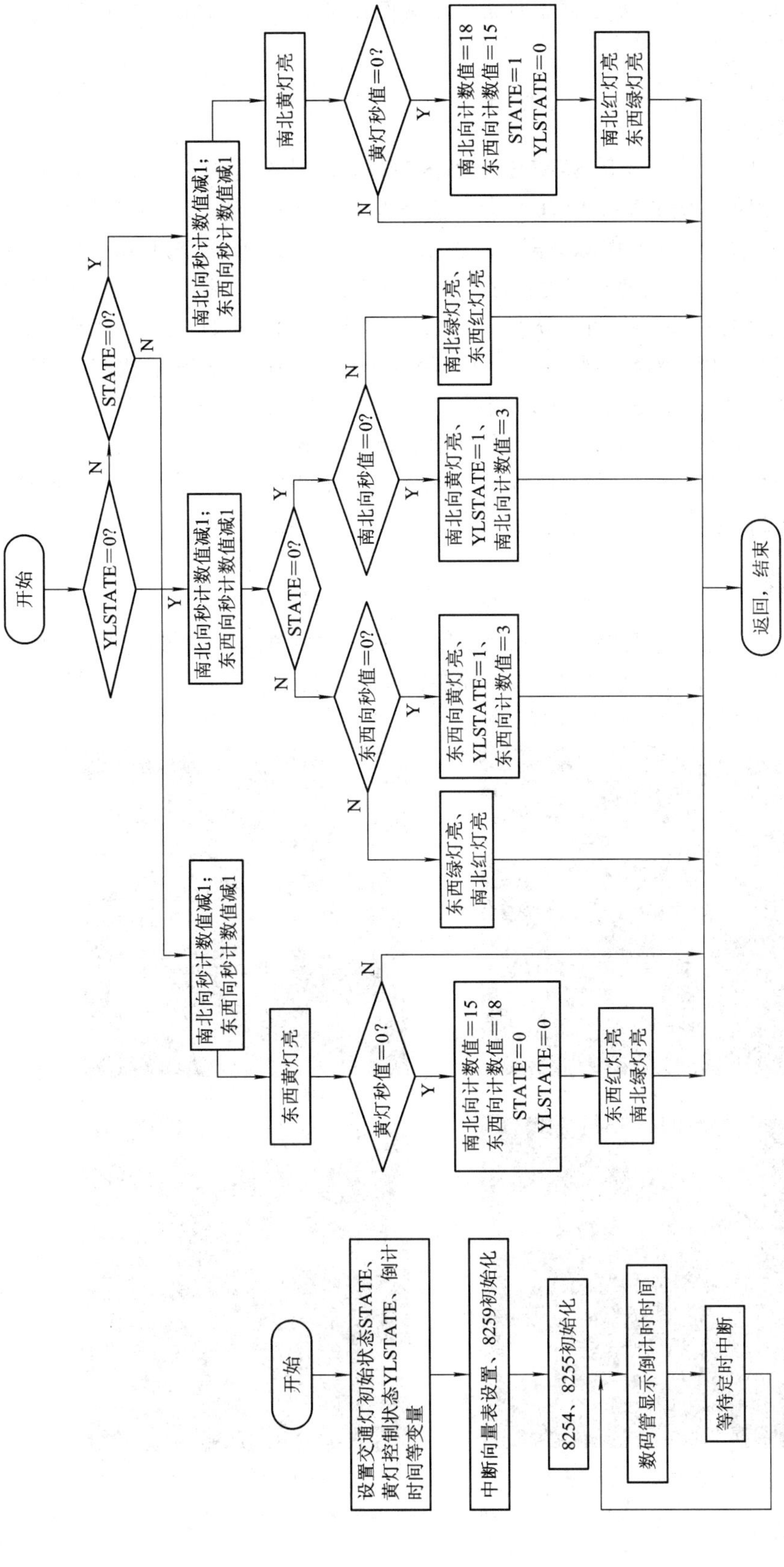

开始
设置交通灯初始状态STATE、黄灯控制状态YLSTATE、倒计时间等变量
中断向量表设置、8259初始化
8254、8255初始化
数码管显示倒计时时间
等待定时中断

(a) 主程序流程图

开始
YLSTATE=0?
N
STATE=0?
Y
N
Y
南北向秒计数值减1；东西向秒计数值减1
东西黄灯亮
黄灯秒值=0?
N
Y
南北向计数值=15
东西向计数值=18
STATE=0
YLSTATE=0
东西红灯亮
南北绿灯亮
南北向秒计数值减1；东西向秒计数值减1
STATE=0?
N
Y
东西向秒值=0?
N
Y
东西绿灯亮、南北红灯亮
东西向黄灯亮、YLSTATE=1、东西向计数值=3
南北向秒值=0?
Y
N
南北向黄灯亮、YLSTATE=1、南北向计数值=3
南北绿灯亮、东西红灯亮
南北向秒计数值减1；东西向秒计数值减1
南北黄灯亮
黄灯秒值=0?
N
Y
南北向计数值=18
东西向计数值=15
STATE=1
YLSTATE=0
南北红灯亮
东西绿灯亮
返回，结束

(b) 中断服务程序流程图

图 4.4-2　交通灯系统程序流程图

在中断服务程序中对秒变量减 1 计数，实现倒计时功能，并且根据倒计时值对红黄绿灯进行控制，具体实现如下：

(1) 当某方向绿灯亮 15 s 后，黄灯亮 3 s，而另一方向红灯亮 18 s。即绿灯倒计时结束后，需要对黄灯控制。

(2) 程序中可设置两个变量 STATE 与 YLSTATE，用状态变量 STATE 记录当前是哪个方向的绿灯亮；用状态变量 YLSTATE 记录当前是否正对黄灯控制。变量具体设置值含义为：

STATE = 0，表示南北向的绿灯亮；STATE = 1，表示东西向的绿灯亮。

YLSTATE = 0，表示当前没有对黄灯控制；YLSTATE = 1，表示当前正对黄灯控制。

在中断服务程序中主要有两大分支：对红绿灯进行控制、对黄灯进行控制。

当 YLSTATE=0 时，对红绿灯控制，每秒减 1 计数，根据 STATE 的状态，确定是哪个方向的绿灯亮。在绿灯亮的方向，当绿灯倒计时完成后改为对黄灯的控制，设置 YLSTATE=1，绿灯灭，黄灯亮，并且设置黄灯的倒计时值为 3。

当 YLSTATE=1 时，说明对黄灯控制，同样进行减 1 计数，黄灯亮；当黄灯倒计时结束时，设置各方向的计数值及状态变量，并使各方向的红绿灯相应变化，恢复对红绿灯的控制。

4.4.3　实验调试

按照 4.4-1 图进行硬件连接，编写、编译、连接、运行程序。如图 4.4-3 所示为实验调试的参考结果，分别是两个方向的交通灯控制。当绿灯倒计时结束后，黄灯亮，倒计时设置 3 s。黄灯倒计时结束后红绿灯切换。

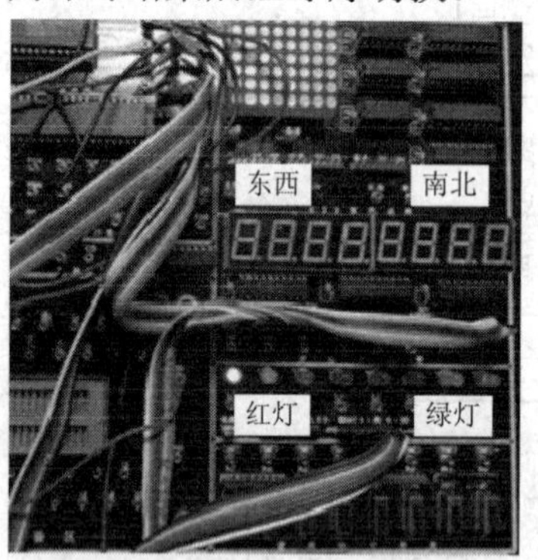

(a) 南北绿灯亮，东西红灯亮

(b) 南北黄灯亮，计时3 s

(c) 东西绿灯亮，南北红灯亮

(d) 东西黄灯亮，计时3 s

图 4.4-3　十字路口交通信号灯实验结果

4.5　波形发生器

4.5.1　实验开发背景

如同示波器、电压表、频率计等仪器一样，波形发生器也是应用广泛的电子仪器之一。波形发生器是一种信号源，能够产生多种波形，如矩形波(含方波)、三角波、锯齿波、梯形波、正弦波等，常应用于通信、自动控制系统、电子电路实验、设备检测、教学科研等方面。

传统的波形发生器多采用模拟电子技术，由分立元件或模拟集成电路构成，其电路结构复杂，不能根据实际需要灵活扩展。随着电子技术的发展，基于单片机，通过软件和简单的硬件电路即可产生多种幅值可调的波形信号。

实验箱上有 DAC0832 芯片，提供的实验常常是 D/A 转换的验证和电机的驱动，没有涉及更丰富的应用实验。

波形发生器的开发与设计实验有助于学生学习波形发生器的原理，并进一步了解 0832 芯片 8255 芯片、4 × 4 按键、数码管等多种功能模块的综合应用，提高知识灵活运用能力。

4.5.2　实验开发设计

1. 设计内容

设计一个波形发生器，能输出三角波、矩形波、梯形波、锯齿波、正弦波等波形信号，输出的波形类型以及输出波形的幅值可以根据需要选择。

2. 设计原理及分析

图 4.5-1 是系统主要硬件连接示意图，主要包含微机控制系统、DAC0832 数/模转换芯片及其输出电路、8255 并行接口芯片、4 × 4 矩阵键盘、数码管等功能模块。在图 4.5-1 中，DAC0832 芯片的 V_{REF} 接 –5 V 电源，基于 DAC0832 电路的单极性输出 U_a 与示波器相连接。

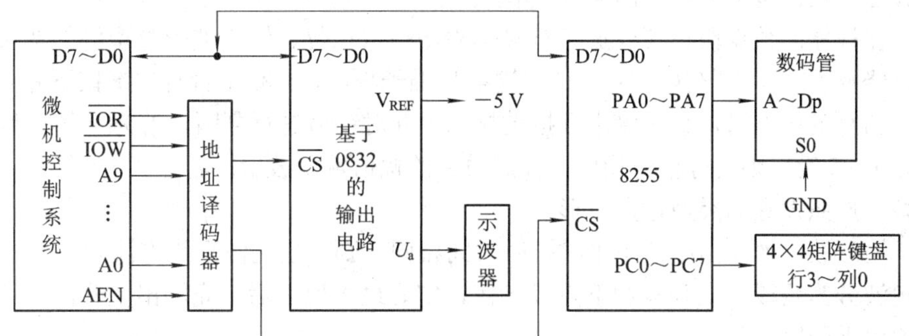

图 4.5-1　波形发生器主要硬件连接示意图

设置 DAC0832 芯片工作在单缓冲模式下(图 4.5-1 中省略了一些引脚的连接，可参看图 3.2-38)，U_a 是单极性输出端，输出电压 U_a 与输入数字量 D 之间的关系为式(4.5-1)所示：

$$U_a = -\frac{D}{256} \times V_{REF} \tag{4.5-4}$$

DAC0832 是 8 位转换器，输入的数字量的取值范围为 0～255，设基准电压 $V_{REF} = -5$ V，由式(4.5-1)可知，DAC0832 输出模拟量与输入数字量成正比，如：

当 $D = 0$ 时，输出电压 $U_a = -(0/256) \times (-5\ V) = 0$ V；

当 $D = 80H = 128$ 时，输出电压 $U_a = -(128/256) \times (-5\ V) = 2.50$ V；

当 $D = 0FFH = 255$ 时，输出电压 $U_a = -(255/256) \times (-5V) = 4.98$ V。

因此，根据波形特点输入随时间变化的数字量，DAC0832 芯片就可输出所对应的模拟量，形成某种波形信号。通过控制输出的最大电压可得到不同的输出幅值，如把 0～255 分成 5 个挡位，则最大输出幅值与输入数字量 D 的对应关系如下：

第 1 挡，最大输出幅值为 1 V，对应的输入数字量 $D_1 = 51$；

第 2 挡，最大输出幅值为 2 V，对应的输入数字量 $D_2 = 102$；

第 3 挡，最大输出幅值为 3 V，对应的输入数字量 $D_3 = 153$；

第 4 挡，最大输出幅值为 4 V，对应的输入数字量 $D_4 = 204$；

第 5 挡，最大输出幅值为 5 V，对应的输入数字量 $D_5 = 255$。

可用 4 × 4 矩阵键盘选择输出波形的类型以及输出波形的幅值。本次实验设计使用 1～5 号数字键选择输出幅值，1～5 数字键对应上述的第一挡～第五挡挡位。一些字母键用于选择波形，A 键为三角波；B 键为方波；C 键为锯齿波；D 键为梯形波；E 键为正弦波；F 键为结束输出波形。

设置 8255 芯片工作于方式 0。使用 PC 口对 4 × 4 矩阵键盘扫描，8255 芯片的 PC3～PC0 接 4 × 4 矩阵键盘的列 3～列 0，8255 的 PC7～PC4 接 4 × 4 矩形键盘的行 3～行 0，可参考图 3.2-1，键盘扫描原理参考 3.2.1 节实验内容。

使用 1 位数码管显示按下的按键，方便系统调试。使用 8255 芯片的 PA 口控制数码管的段码。

根据 0832 芯片的 U_a 端接的示波器观察输出的波形。

3. 实验程序设计

实验程序设计参考流程如图 4.5-2 所示。

首先在程序的数据段设置存放字符段码表、幅值挡位、输出波形类型等的变量；然后进行寄存器及 8255 芯片初始化；再调用键盘扫描子程序，检测是否有按键按下并对按键进行识别。当有键按下时，数码管进行按键显示，并对键值进行判断，若为 F 键，则直接退出；若为 1～5 键，则进行幅值调整，按照设置的幅值输出波形；若为 A～E 键，则设置波形的类型，按照设置的类型输出波形。

对于矩形波，若输出高低电平时延时时间相同，则输出的波形为方波。

三角波分为两段，上升段和下降段。在设定好最大值之后，先输出上升段，达到最大值后再输出下降段。

锯齿波的实现方法与三角波的类似，但只有上升部分，当达到最大值之后输出变为 0，重新进行递增。

梯形波的实现方式是方波与三角波实现方式的融合。

正弦波按照正弦规律变化。

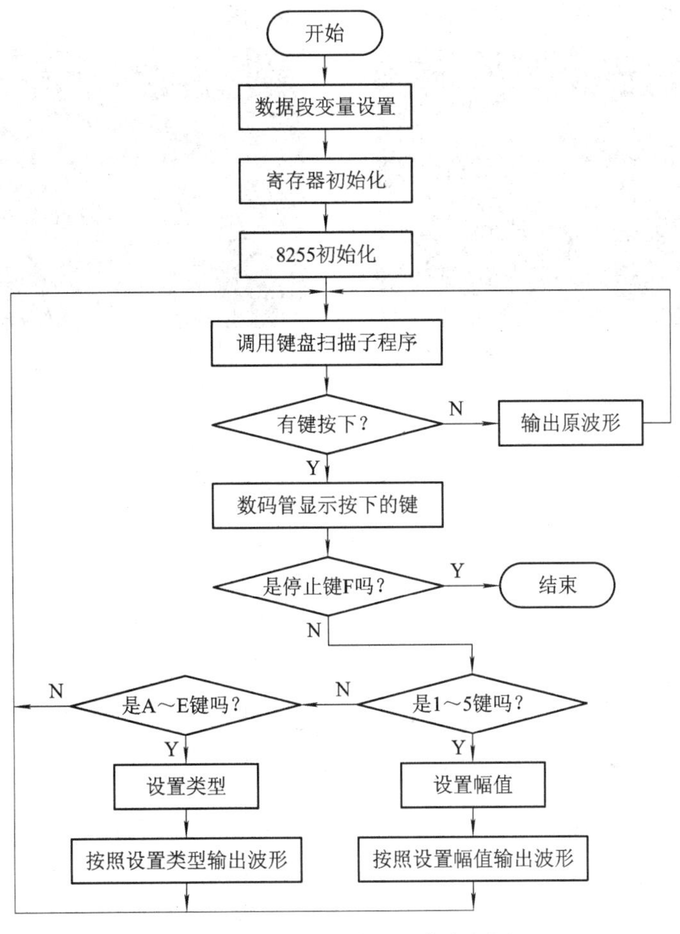

图 4.5-2　波形发生器程序流程图

4.5.3　实验调试

按照 4.5-1 图进行硬件连接，编辑、汇编、连接、运行程序。如按下实验箱上 4 × 4 键盘的 4 键，即幅值选第四挡，然后完成以下操作：

按下 A 键，输出三角波，实验调试的参考结果如图 4.5-3 所示；

按下 B 键，输出方波，实验调试的参考结果如图 4.5-4 所示；

按下 C 键，输出锯齿波，实验调试的参考结果如图 4.5-5 所示；

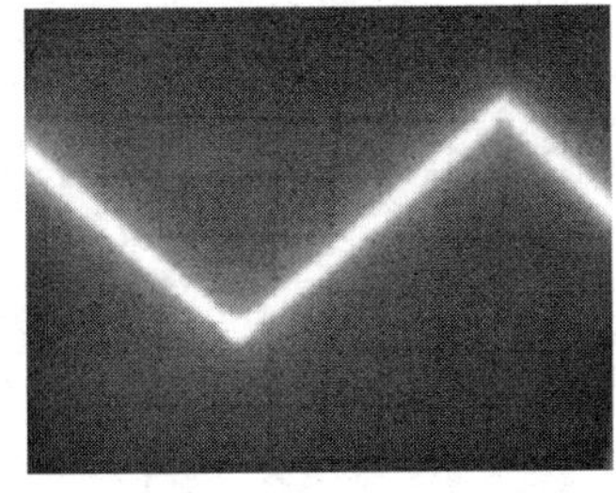

图 4.5-3　输出三角波

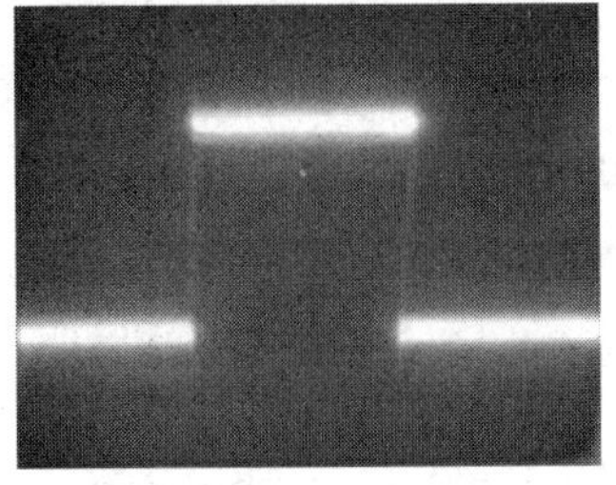

图 4.5-4　输出方波

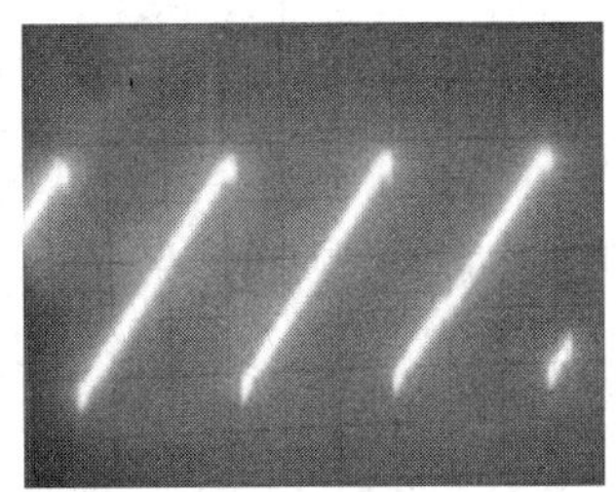

图 4.5-5　输出锯齿波

按下 D 键，输出梯形波，实验调试的参考结果如图 4.5-6 所示；

按下 E 键，输出正弦波，实验调试的参考结果如图 4.5-7 所示。

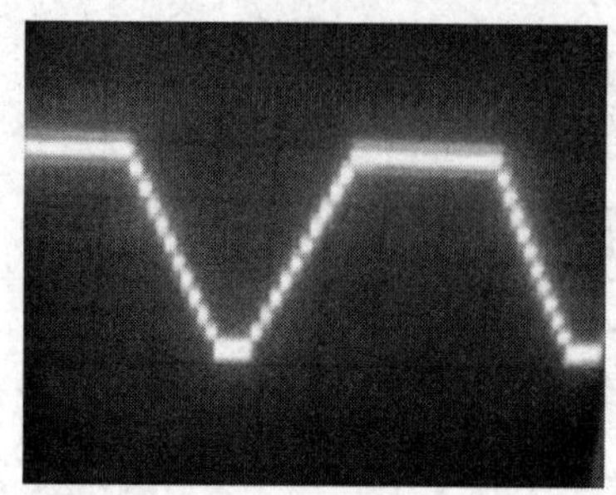

图 4.5-6　输出梯形波

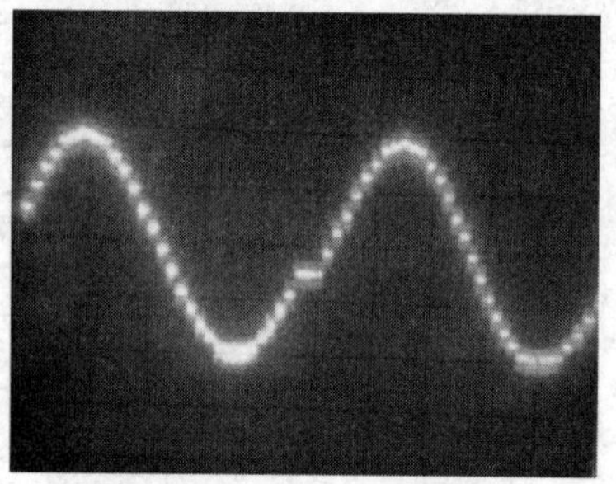

图 4.5-7　输出正弦波

第五章　微机控制系统设计与开发

基于微机实验平台的资源设计控制系统，开发新实验、新设备，培养学生的基本工程实践能力及知识综合运用能力，激发学生从事科学研究与探索的兴趣。

5.1　室内窗控系统设计与开发

5.1.1　室内窗控系统设计

在家庭、办公室、公共场所等场合经常需要进行通风，而窗户的打开与关闭是控制室内通风的重要手段。

本节设计的室内窗控系统，既可用手动操作，实现窗户的打开与关闭；也可根据室内温度变化，自动控制窗户的打开与关闭。这种窗控系统尤其适合安装位置较高的窗体。整个系统主要分为三大功能模块，分别为温度检测模块，微机控制模块和电机控制模块。其系统框图如图 5.1-1 所示。

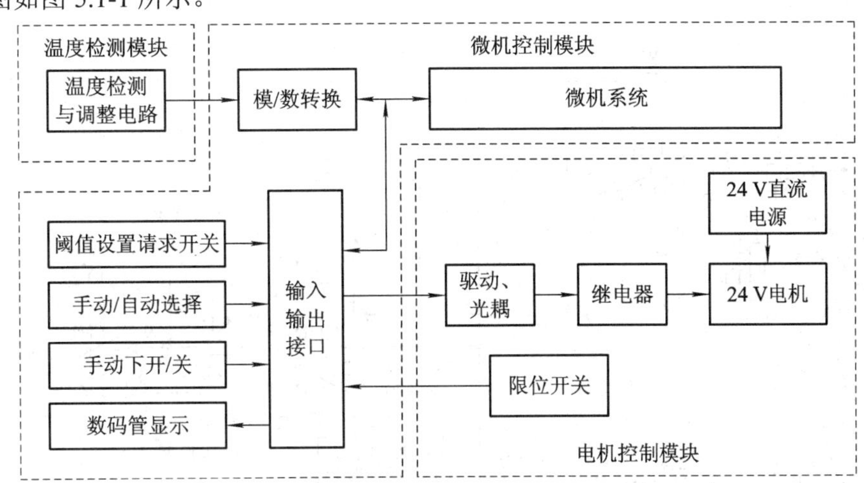

图 5.1-1　室内窗控系统框图

温度检测模块采集温度，并将温度信号转换为 0～5 V 的模拟信号，供微机控制模块处理。

微机控制模块的主要功能包括：将采集的模拟量进行模/数转换、数据处理；温度实时显示；温度阈值设置；手动/自动方式的选择；手动方式下打开与关闭的控制；根据限位信号检测当前窗户的状态；将当前检测温度与预置的温度阈值比较，通过输出接口输出有效

的电机控制信号。

电机控制模块主要实现室内窗控系统电气上的隔离和 24 V 电机的驱动。电机控制模块接收微机控制模块的控制信号，控制电机的正反转，从而控制窗户的打开与关闭；通过窗体上的限位开关状态控制电机是否要停止工作。

5.1.2　室内窗控系统硬件设计

1. 温度检测模块设计

温度检测模块包含温度传感器和信号放大与调整电路。这里选择型号为 AD590 的温度传感器。AD590 接收温度信号后产生一个很微弱的电流信号，因此需要将信号放大与调整。

AD590 是美国 ANALOG DEVICES 公司生产的单片集成两端感温电流源。AD590 精度高、价格低、线性好，广泛应用于不同的温度控制场合。其主要特性为：

(1) 输出电流以绝对温度零度(−273℃)为基准，每增加 1℃，会增加 1 μA 输出电流；

(2) 可测量温度范围为−55～150℃；

(3) 供电电压范围为 +4～ +30 V。

AD590 输出的电流与绝对温度成正比，其流过的电流(μA)与所处环境的热力学温度数(开尔文度数)相同，如在绝对零度时，AD590 流过的电流为 0。我们日常习惯使用摄氏度，0℃对应的绝对温度是 273 K，因此 0℃时 AD590 流过的电流为 273 μA。由于每增加 1℃，会增加 1 μA 的输出电流，因此 AD590 的输出电流 $I = (273 + T)$μA(T 为摄氏温度)。

温度检测模块的电路设计如图 5.1-2 所示。图中的运放选取的是单电源四路运算放大器 LM324。其中，U1D 是电压跟随器，U1A 是反向器，U1B 可进行调零，U1C 为反向放大器。

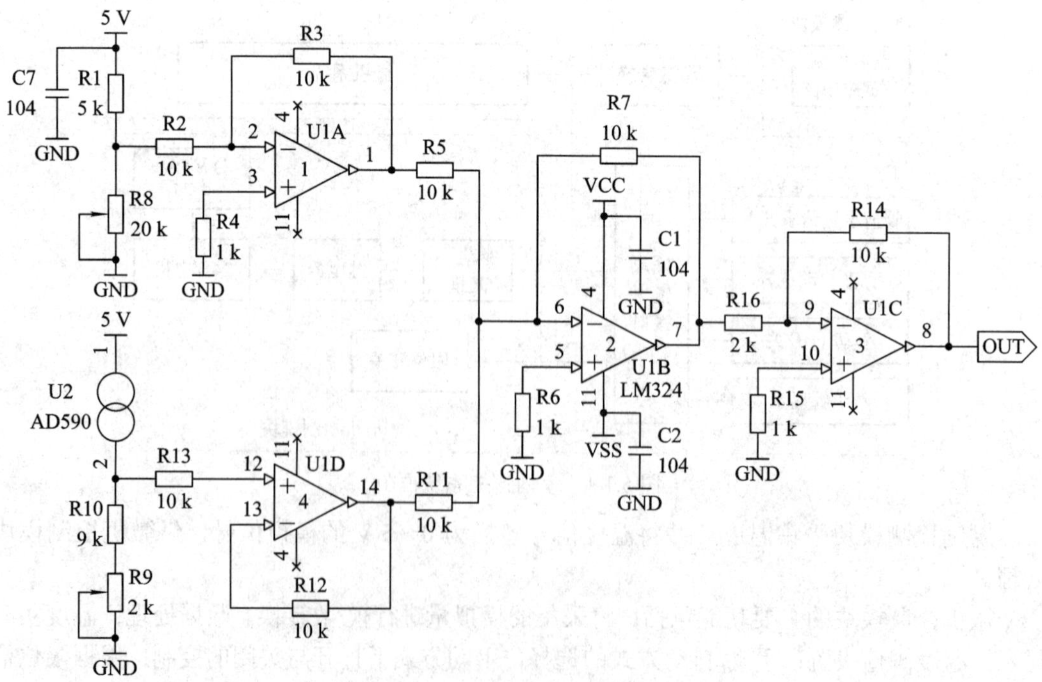

图 5.1-2　温度检测模块的电路

如图 5.1-2 所示，首先将 AD590 与 10 kΩ 的电阻串联，将其转换为一个电压信号(这里采用一个 9 kΩ 的固定电阻 R10 与一个 2 kΩ 的可调电阻 R9 组成)，U1D 输出电压为 $(273 + T)\mu A \times 10\ k = 2.73 + T/100(V)$；调节 R8，使 U1A 的输出电压为 −2.73 V；将 U1A 与 U1D 输出的电压相加输入 U1B 放大器后输出电压为 $-T/100(V)$；使用 U1C 运放进行反向的 5 倍放大，输出电压为 $T/20(V)$，这样对应温度为 0～100℃，输出模拟信号为 0～5 V。

2. 微机控制模块设计

微机控制模块包含实验箱的微机控制系统、ADC0809 模/数转换、8255 并行输入输出、8 位 7 段数码管与 8 位逻辑开关等功能模块。主要硬件连接如图 5.1-3 所示(图中芯片 0809、芯片 8255 的其他引脚连接省略)。

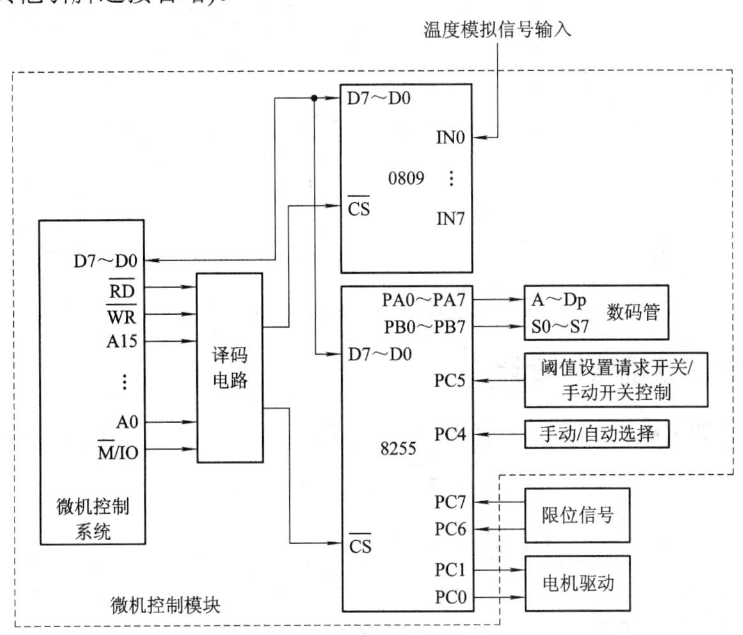

图 5.1-3　微机控制模块连接图

ADC0809 是 8 位的 8 通道模/数转换芯片，从 ADC0809 的 IN0 通道采集温度检测模块输出的模拟信号。

芯片 8255 是具有 3 个并行口的输入输出接口芯片。本系统利用芯片 8255 的 A 口与 B 口分别对数码管的段码与位码进行控制；利用 PC4 口检测是手动方式，还是自动方式；自动方式下，利用接在 PC5 口的逻辑开关确定是否需要温度阈值设定，手动方式下，利用 PC5 口选择是打开操作还是关闭操作；利用 PC6 口和 PC7 口检测限位开关状态，确定目前窗的打开与关闭状态；利用 PC0 口、PC1 口作为电机的驱动信号。

3. 电机控制模块设计

电机控制模块包含电机驱动电路与限位开关电路。电机驱动电路设计如图 5.1-4 所示。8255 芯片的 PC0 和 PC1 引脚作为输出端接入电机驱动电路的 IN1 口和 IN2 口。

驱动原理如下：当温度高于某个高阈值时，芯片 8255 输出 PC0 口为 1，PC1 口为 0，即此时 IN1 为高电平，三极管 V4 导通，通过光电耦合器 U1 使继电器 S1 线圈有电流流过，常开节点闭合，常闭节点断开，电机 2 端接入 24 V 电压，电机 1 端接地，此时电机正转，

打开窗。

同样的原理，当温度值小于某低阈值时，芯片 8255 输出 PC0 口为 0，PC1 口为 1，即此时 IN2 为电平，三极管 V3 导通，通过光电耦合器 U2 使继电器 S2 中有电流流过，其常开节点闭合，常闭节点断开，电机 2 端接地，电机 1 端接 24 V 电压，此时电机反转，关闭窗。

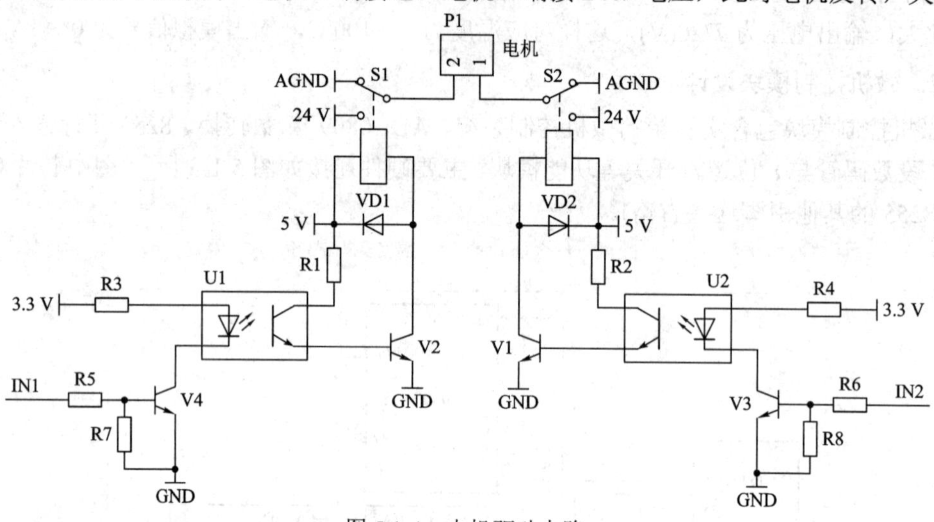

图 5.1-4　电机驱动电路

5.1.3　室内窗控系统软件设计

窗控系统主要的软件编程参考流程如图 5.1-5 所示。

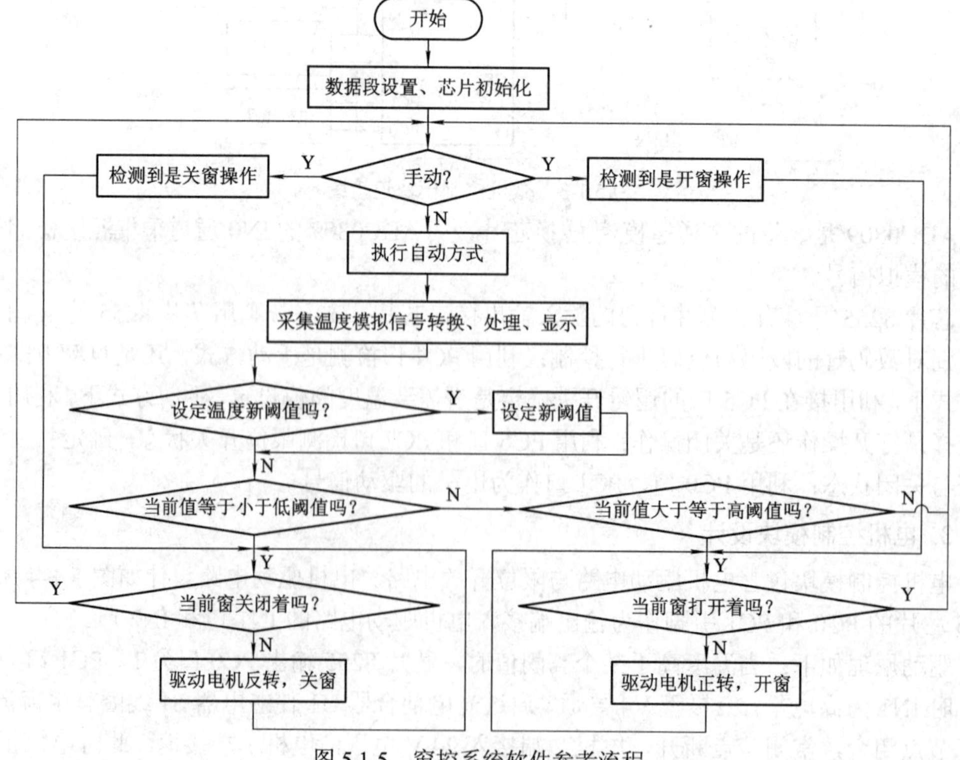

图 5.1-5　窗控系统软件参考流程

数据段设置及芯片初始化后，先判断是手动还是自动操作。如果是手动，按手动方式执行打开与关闭窗的操作。如果是自动，则采集温度值，对温度信号进行模/数转换、处理及实时显示。如果需要重新设置高低温的阈值，则可通过键盘设置，否则将当前采集的温度值与阈值比较。当前值等于或低于低阈值时控制电机反转，使窗关闭；当前值等于或高于高阈值时控制电机正转，使窗打开，进行通风。

5.1.4　室内窗控系统调试

系统的主要组成与连接如图 5.1-6 所示。如在自动方式下，设预置的温度阈值低值为 24℃，高值为 31℃。如图 5.1-7 所示，当温度小于或等于 24℃时电机反转，可通过推杆电机的缩回拉动窗子的关闭，由限位开关控制电机的停止工作；如图 5.1-8 所示，当温度大于或等于 31℃时电机正转，可通过推杆电机的伸长推动窗子的打开，由限位开关控制电机的停止工作。

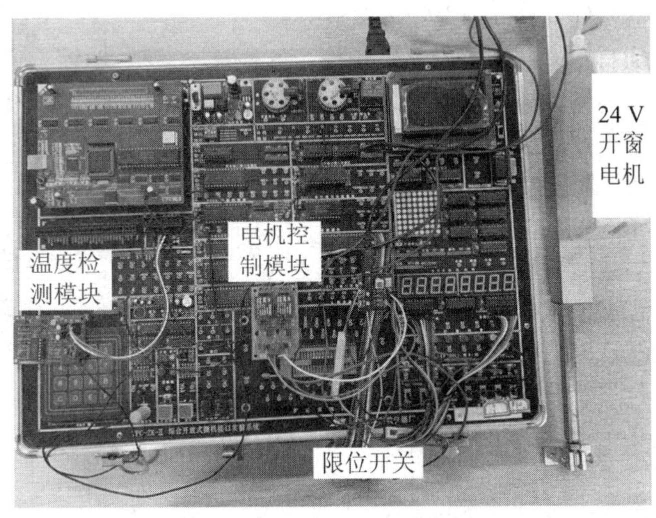

图 5.1-6　系统的主要组成与连接

图 5.1-7　电机反转

图 5.1-8　电机正转

5.2　机械臂控制系统设计与开发

5.2.1　机械臂控制系统设计

1. 机械臂结构

机械臂是机器人技术领域广泛应用的自动化机械装置，其主体结构主要由连杆、活动关节及其他结构部件组成。尽管各应用领域机械臂的形态有所不同，但它们都是控制指令的执行单元，能够接收指令，精确地定位到三维(或二维)空间上的某一点进行作业，完成指定的动作。

描述一个刚体在空间的位姿，需要刚体上点的位置信息及姿态信息。位置信息可以确定物体在坐标系中相对于原点的位置，如直角坐标系中的 x、y 和 z。姿态信息可以确定物体在该位置的姿态，如滚动角、俯仰角和偏航角。因此一般需要 6 个数据才能完全确定物体的位置和姿态。同理，能按照任意期望的位置和姿态放置物体的机械臂需要有 6 个自由度。这里选择如图 5.2-1 所示的 6 自由度机械臂进行控制。

图 5.2-1　六自由度机械臂结构图

图 5.2-1 中的机械臂有 6 个自由度关节，图中的关节均用伺服电机(舵机)实现。基座可以使整个机械臂转动 180°，臂关节、肘关节以及腕倾斜关节可以向前向后倾斜 90°，腕旋转关节可以带动爪子旋转 180°，爪子可以进行 180°的张合。

2. 机械臂驱动

在现有的多轴联动机械臂中，以舵机作为驱动装置，通过舵机带动机械臂关节的旋转运动，实现机械臂整体的联动，进行抓取、搬运、加工等工作。

舵机是一种位置伺服的驱动器，是一个典型闭环反馈系统，主要由控制电路、直流电机、变速齿轮组、比例电位器等组成，系统工作原理如图 5.2-2 所示。

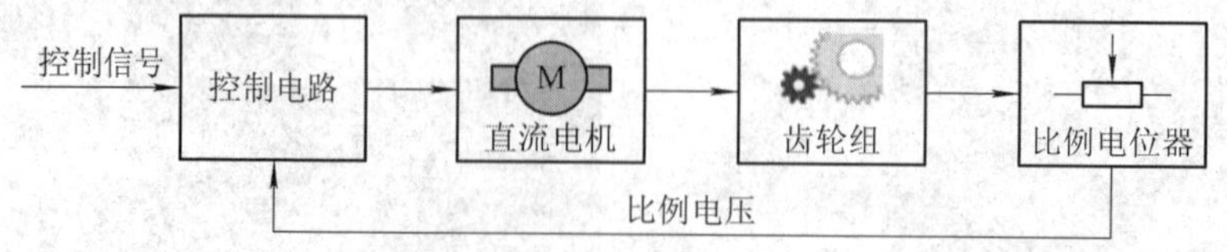

图 5.2-2　舵机工作原理图

控制电路接收控制信号，控制直流电机转动，直流电机带动齿轮组减速传动。舵机的输出轴和线性的比例电位器是相连的，输出轴转动的同时，带动比例电位器位置检测，该比例电位器把转角信号转换成电压信号，反馈到控制电路，控制电路将其与输入的控制信号比较，产生电压差，并驱动电机正向或反向转动。当齿轮组的输出位置与期望值相符时，纠正电压差为 0，电机停止转动，从而达到使舵机精确定位的目的。

舵机上有 VCC、GND 以及信号三根线，信号线与控制信号相连接。舵机的控制信号为 PWM(Pulse Width Modulation)信号，即舵机的转动角度是通过调节 PWM 信号占空比来实现的。控制信号的脉冲宽度与舵机输出转角的关系如图 5.2-3 所示，PWM 信号的周期为 20 ms，脉冲宽度为 0.5～2.5 ms，对应输出轴位置角度的–90°～+90°，并且呈线性相关。提供一定的脉宽，舵机的输出轴就会保持在一个相应的角度，直到给它提供另外一个宽度的脉冲信号，它才会改变输出角度到新的对应位置上。

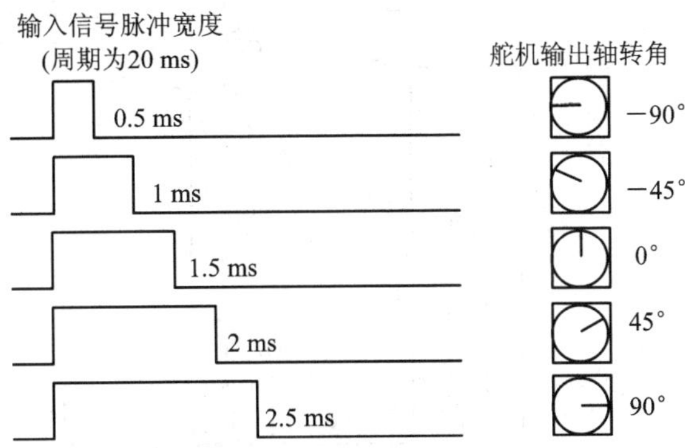

图 5.2-3　舵机控制信号脉冲宽度与输出转角的关系

3. 机械臂控制系统设计

以 PC 键盘控制机械臂动作为例，设计的机械臂控制系统如图 5.2-4 所示，主要包含 PC 按键输入模块、微机控制模块、舵机控制模块、驱动装置模块。

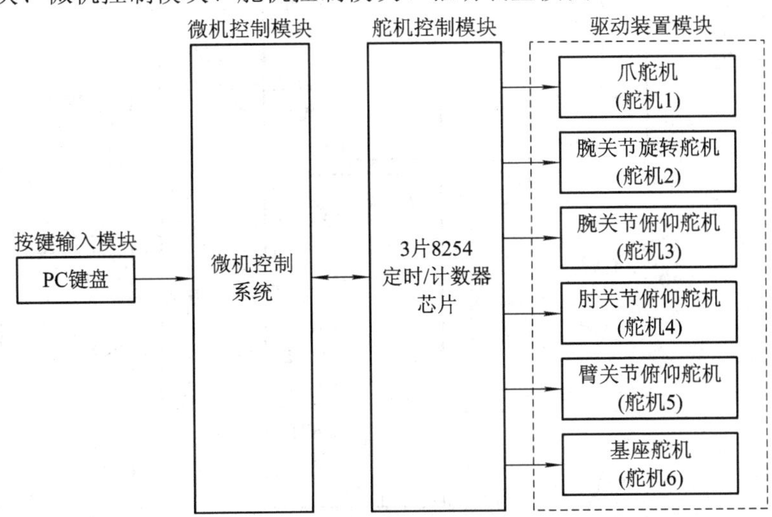

图 5.2-4　机械臂控制系统图

(1) 按键输入模块：使用 PC 键盘的按键控制机械臂动作；

(2) 微机控制模块：完成控制与数据处理；

(3) 舵机控制模块：利用三片 8254 定时/计数器芯片产生控制舵机的 PWM 信号；

(4) 驱动装置模块：由 6 个舵机组成，驱动各个关节转动。

5.2.2　机械臂控制系统硬件设计

机械臂控制系统的硬件连接示意图如 5.2-5 所示。舵机控制模块的主要功能是产生 6 路 PWM 信号对各个舵机进行驱动。PWM 信号有周期和脉宽两个参数，因此系统需要产生和控制这两个参数，以生成所需的 PWM 信号。

因为实验箱上只有一个 8254 芯片，因此在设计舵机控制模块时又扩展了 2 片 8254 芯片。

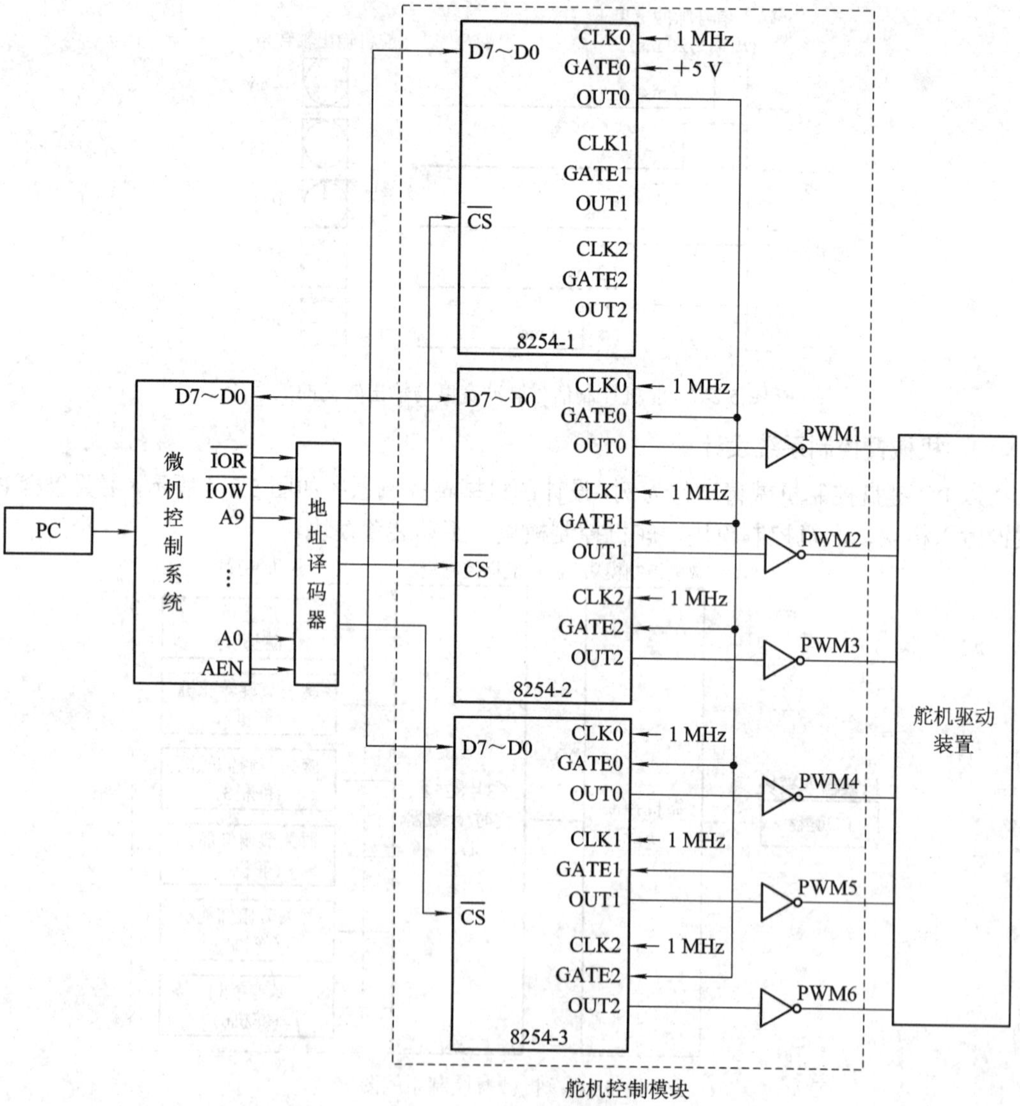

图 5.2-5　机械臂控制系统硬件连接示意图

每个 8254 芯片有 3 个定时/计数器。图 5.2-5 中，8254-1 只使用了定时/计数器 0，8254-2 和 8254-3 共使用了 6 个定时/计数器。将各定时/计数器的 CLK 端连接到实验箱的 1MHz 端口，作为时钟脉冲。

设置 8254-1 的定时/计数器 0 工作在方式 2，产生周期为 20 ms 的波形，如图 5.2-6 所示的 8254-1/OUT0 波形。它为舵机 PWM 信号提供周期参数。

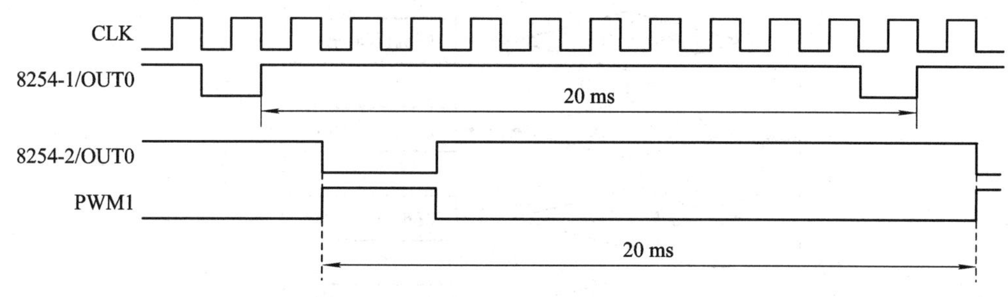

图 5.2-6　PWM 信号的产生

设置 8254-2 和 8254-3 的 6 个定时/计数器都工作在方式 1，8254-1 的 OUT0 信号作为这 6 个定时/计数器的 GATE 信号，在 GATE 信号上升沿时触发 6 个定时/计数器工作。如图 5.2-6 所示，8254-2 和 8254-3 定时/计数器工作时，其 OUT 端口输出低电平，低电平一直维持到计数值减为 0，然后跳变成高电平。在图 5.2-5 中，将 6 个定时/计数器的 OUT 端口接入非门，就可以输出 6 路周期为 20 ms、脉冲宽度可调的 PWM 信号，图 5.2-6 中只以 PWM1 为例，其他工作原理类似。

改变 8254-1 定时/计数器 0 的计数初值可以调整 PWM 信号的周期；改变 8254-2 和 8254-3 的定时/计数初值可以调整脉冲宽度。

5.2.3　机械臂控制系统软件设计

以 PC 键盘按键控制机械臂，按键与舵机的对应设置如表 5.2-1 所示。

表 5.2-1　按键与舵机的对应关系

键盘	键值	对应舵机	键盘	键值	对应舵机
PC 键盘	Q，A	1 号	PC 键盘	T，G	5 号
	W，S	2 号		Y，H	6 号
	E，D	3 号		P	复位
	R，F	4 号		—	—

微机控制模块根据获得的不同的键值，改变 8254 定时/计数器的计数初值，从而改变 PWM 信号的脉冲宽度，达到改变舵机角度的目的。PC 键盘控制模式下，设置按一次键使计数初值加或者减 20，则每次改变舵机的角度为 1.8°。

按键控制机械臂的流程如图 5.2-7 所示。

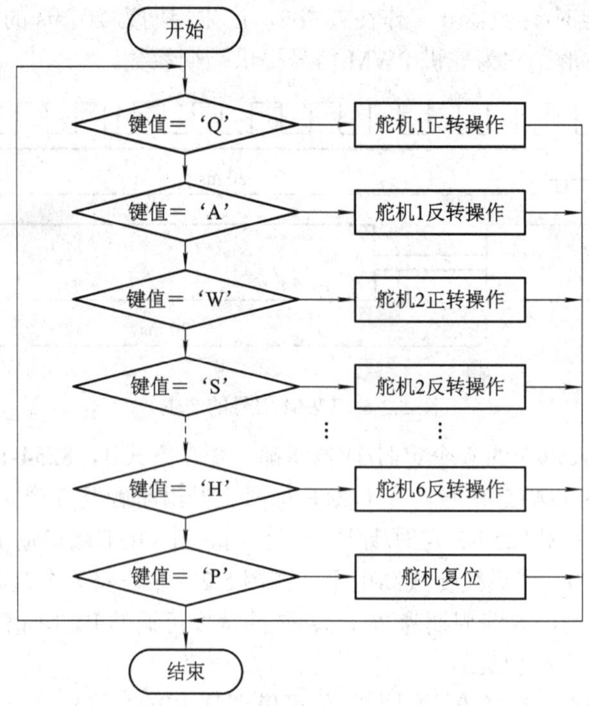

图 5.2-7　机械臂控制参考流程图

5.2.4　机械臂控制系统调试

通过按下不同按键可以使对应的舵机每次转动 1.8°，调试结果如图 5.2-8 所示。按 20 次键 T，使 5 号舵机正转 36°，机械臂姿势如图 5.2-8(a)所示；按 20 次键 Y，使 6 号舵机正转 36°，机械臂姿势如图 5.2-8(b)所示；按 20 次键 Q，使 1 号舵机正转 36°，机械臂姿势如图 5.2-8(c)所示；按下键 P，机械臂复位，6 个舵机都回到中位，机械臂姿势如图 5.2-8(d)所示。

(a) 5 号舵机转动 36°

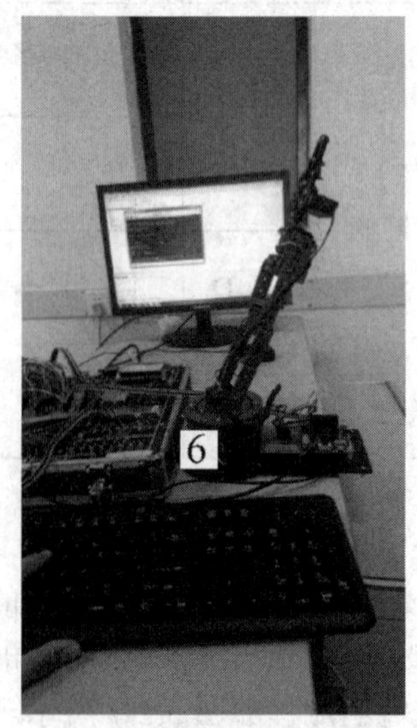

(b) 6 号舵机转动 36°

(c) 1 号舵机转动 36°

(d) 机械臂复位

图 5.2-8　PC 键盘控制机械臂调试结果图

经过测试，PC 键盘可以控制 6 个舵机转动，使机械臂摆出任意姿势。

5.3　小车循迹控制系统设计与开发

5.3.1　小车循迹控制系统

智能小车技术涉及多个学科，包括机械、电子、自动控制、计算机测量、人工智能、传感技术等等。在众多的大学生科技比赛中，智能小车经常是被研究的对象，其中小车循迹控制是其中常见的项目。

这里基于微机实验箱设计小车循迹控制系统，对黑白线进行循迹。控制系统的框图如图 5.3-1 所示，包含红外循迹模块、微机控制模块及电机驱动模块三部分。

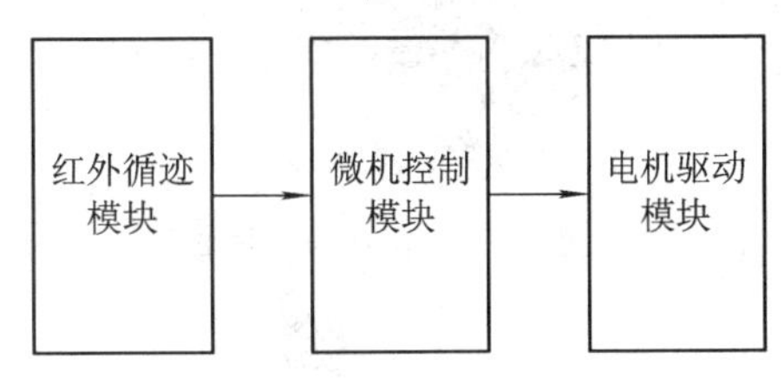

图 5.3-1　循迹控制系统框图

5.3.2　小车循迹控制系统硬件设计

小车循迹控制系统的主要硬件连接如图 5.3-2 所示，由红外循迹模块、微机控制模块、电机驱动模块组成。

系统的控制模块基于微机实验系统。本系统将红外传感器信号作为芯片 8259 的中断源，当需要调整方向时，申请中断，以便系统及时做出方向调整。本系统利用 8255 芯片的输出与 L298N 电机驱动电路连接，驱动 4 个直流电机。

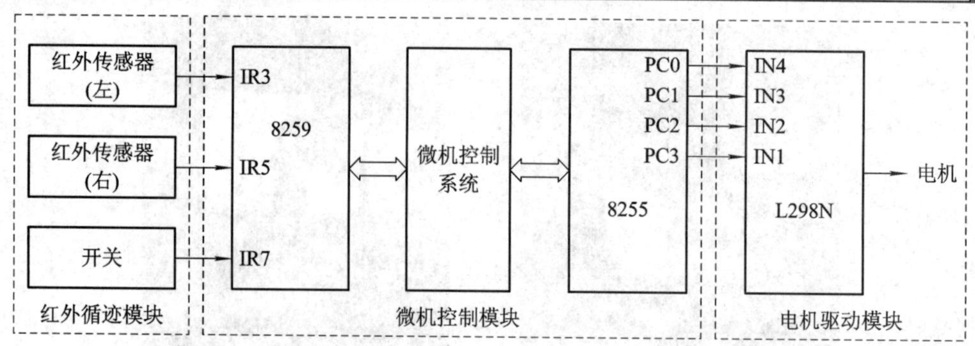

图 5.3-2　小车循迹系统硬件连接图

1. 红外循迹模块

当红外光线照在物体上时，物体会反射一部分红外光，但同时物体也会吸收一部分红外光，不同颜色的物体对红外光线的吸收程度不同，其中黑色物体吸收红外线能力最强，故红外反射光会大量减少；而白色物体吸收红外光线的能力最弱，故大部分照在白色物体上的红外光会被反射回来。利用物体的这个特性可完成黑与白的判断。

本系统使用两个循迹传感器，型号为 TCRT5000，是红外光电传感器，如图 5.3-3 所示，安装位置如图 5.3-4 所示。两传感器横向并列安装在小车车头的下方，左右两传感器中间间隔需略大于循迹线宽度的距离，红外发射管及接收管对着地面。循迹原理示意图如图 5.3-5 所示。

图 5.3-3　红外循迹传感器实物图

图 5.3-4　循迹传感器安装位置

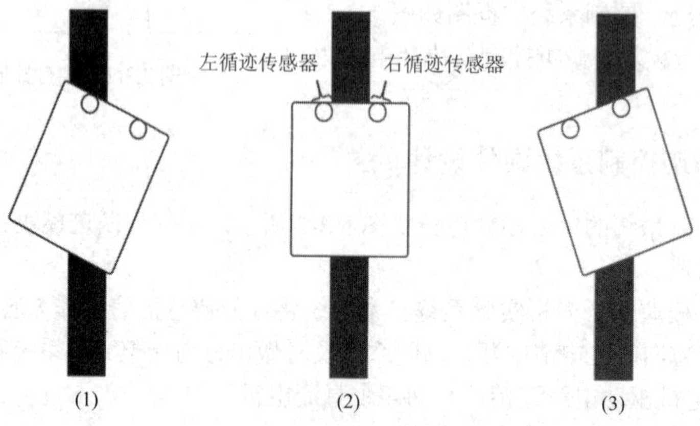

图 5.3-5　循迹原理示意图

图 5.3-5 中黑色区域为小车行驶路线，矩形框代表小车，矩形框的两个圆圈分别示意小车的左循迹传感器和右循迹传感器。传感器不断发出红外光，利用黑色物体对红外光线的吸收能力强而反射率小的特点，当地面的颜色不是黑色时，红外光大部分被反射回来，此时传感器输出低电平 0；当地面上有黑线，传感器在黑线正上方时，反射回来的红外光很少，此时传感器输出高电平 1。如图 5.3-5(2)所示，当小车行驶方向正确时，循迹黑线在左右两传感器中间，左右两传感器均接收反射红外光，输出为 0；当小车行驶方向向右偏离时，如图 5.3-5(1)所示，此时左侧循迹传感器经过黑线区域，红外光被黑线吸收反射量极少，左侧传感器输出为 1，而右侧传感器输出仍为 0；当小车行驶方向向左偏离时，如图 5.3-5(3)所示，此时右侧传感器经过黑线区域，输出为 1，而左侧传感器输出仍为 0。因此，只要判断左右两传感器的输出端是 00、01 还是 10，就能做出正确的方向调整，实现小车循迹控制的功能。

2. 电机驱动模块

本系统使用双轴直流减速电机，可以提供较低的转速，较大的力矩。为了给直流电机提供足够的电流，常常需要对电机驱动，同时驱动电路也起到隔离的作用，防止电机产生的冲击电流损坏控制器件。本模块选用 L298N 双 H 桥直流电机驱动模块驱动直流电机，L298N 内部电路如图 5.3-6 所示。

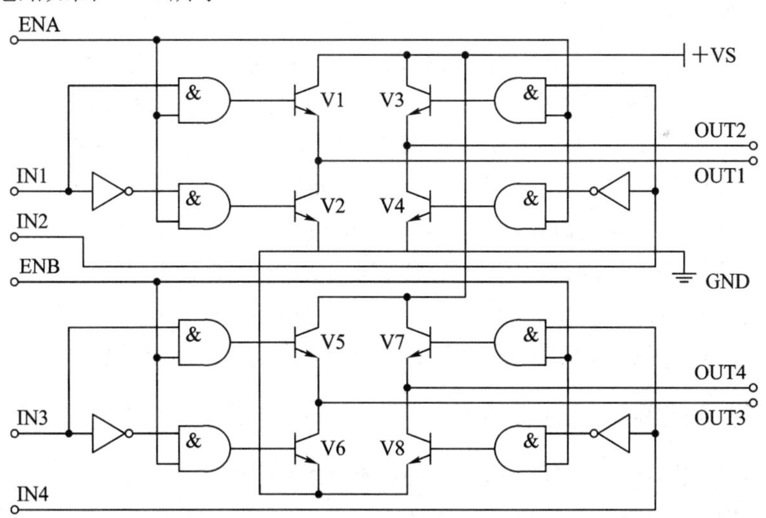

图 5.3-6　L298N 内部电路图

IN1、IN2、IN3 及 IN4 为 4 路逻辑信号输入端口，OUT1、OUT2、OUT3 及 OUT4 为 4 路逻辑驱动信号输出端口，ENA 与 ENB 为输出信号使能端。控制模块通过 4 路逻辑信号输入端口传送控制命令，通过 4 个 OUT 端驱动两路直流电机。ENA 与 IN1、IN2、OUT1 及 OUT2 构成通道 A，ENB 与 IN3、IN4、OUT3 及 OUT4 构成通道 B。通道 A 与通道 B 可分别驱动 1 路直流电机。

通道 A 与通道 B 工作原理相同，以通道 A 为例介绍驱动逻辑模块。其驱动逻辑如表 5.3-1 所示，当使能信号 ENA 为 0 时，无论输入何种驱动信号，电机都处于停止状态。当使能信号 ENA 为 1 时，电机根据逻辑输入信号动作：IN1 与 IN2 为 00 或 11 时，电机处于制动状态，即停止转动；IN1 与 IN2 为 10 时，电机正转；反之，IN1 与 IN2 为 01 时，电

机反转。

表 5.3-1　L298N 驱动逻辑表

ENA	IN1	IN2	直流电机状态
0	X	X	停止
1	0	0	制动
1	1	0	正转
1	0	1	反转
1	1	1	制动

L298N 最多只能控制两路直流电机，所以本系统中小车左前轮和左后轮电机共用一个驱动通道，右前轮和右后轮电机共用一个驱动通道。

在小车循迹控制系统中，电机一般不能时刻保持在全速运转的过程中，需要对速度可控，才能完成一些特定功能。若小车速度过快，传感器来不及反应以做出方向调整，小车很容易跑离轨迹，因此可采用 PWM 调速。PWM 调速可以控制使能端，也可控制 IN1、IN2 端口。这里采用后者，系统工作时使能端一直加高电平有效，通过 IN1、IN2 端输入 PWM 信号完成 PWM 调速。

3. 微机控制模块

本模块利用了实验箱的上 8259 和 8255 芯片。将红外传感器信号作为 8259 芯片中断源，将 IR7 端口与开关相连接。利用 IR7 端口控制小车直行，利用 IR3 端口控制小车左转，利用 IR5 端口控制小车右转。为了方便，本系统使用 8259 芯片查询方式进行中断。

将 8255 芯片的 PC3～PC0 端口作为输出与 L298N 的 IN1～IN4 端口相连接，根据 L298N 直流电机的逻辑控制 8255 端口的输出，实现小车前进、停止、后退、左转、右转等功能。控制两侧电机同时正转实现前进，同时反转实现后退，左侧不动右侧正转实现左转弯，右侧不动左侧正转实现右转弯。通过改变 PC3～PC0 端口上的高低电平以控制小车的前进方向，通过改变 PC3～PC0 端口上高低电平的占空比以控制电机的转速。

5.3.3　小车循迹控制系统软件设计

小车循迹控制系统软件设计的参考流程如图 5.3-7 所示。

对系统初始化完毕后，打开开关，系统执行 IR7 中断服务程序，小车开始向前行驶。当小车未偏离路线时，小车直行；当传感器检测到路线偏离时，例如向右偏时，进入 IR3 中断服务程序，执行左转控制程序，当小车回正后，系统执行 IR7 中断的直行程序，小车继续直行；小车向左偏时，进入 IR5 中断服务程序，执行右转的控制程序，回正后继续直行。若关掉开关，IR7 中断请求结束，小车停止。

本系统采用软件方式产生脉宽调制信号。利用芯片 8255 的某一 C 口输出延时信号实现 PWM 波的输出，即先控制某一 C 口输出高电平 1，延时一定时间 t，再使该 C 口输出低电平 0，再延时 T−t 的时间，以此循环，即可得到周期为 T，脉宽为 t 的 PWM 波。改变延时的时间，即可改变 PWM 波的占空比，从而实现调速功能。

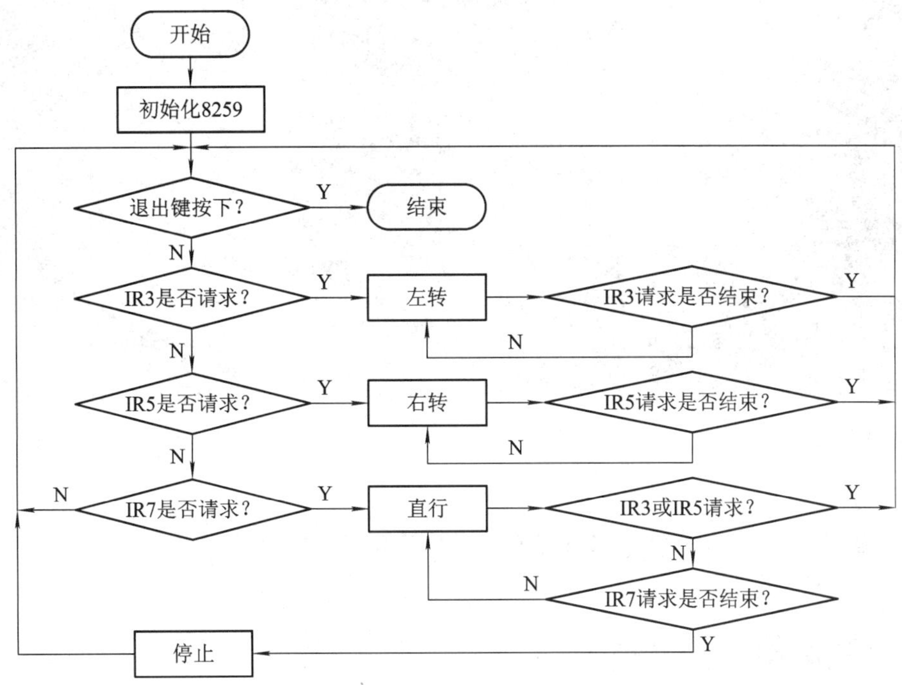

图 5.3-7 循迹控制系统参考流程图

5.3.4 小车循迹控制系统调试

在地面上用黑胶带粘贴循迹跑道如图 5.3-8 所示。首先进行系统连接，然后运行程序，打开小车电源开关。循迹跑道在两传感器中间位置，小车开始直行，如图 5.3-9 所示。当小车行驶到弯道时，如图 5.3-10 所示，此时小车左循迹传感器检测到黑线，小车自动进行方向调整，调整后的位置如图 5.3-11 所示。同理，图 5.3-12 及图 5.3-13 分别为小车右转调整前与调整后的状态图。

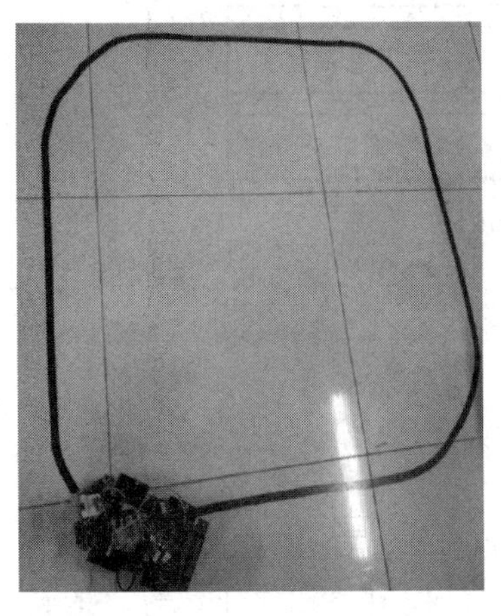

图 5.3-8 循迹跑道

图 5.3-9 直行

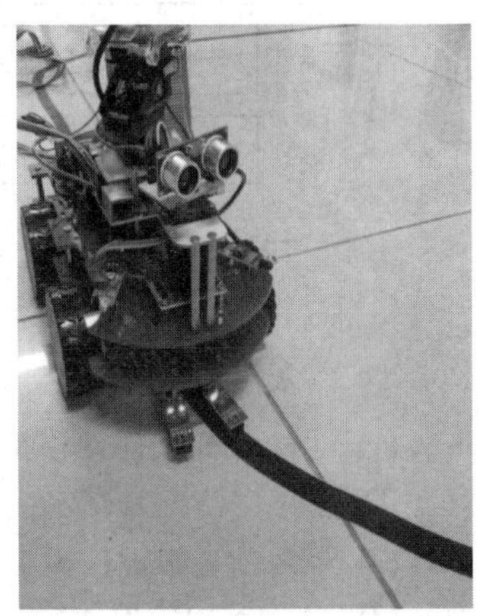

图 5.3-10 左转前

图 5.3-11　左转后

图 5.3-12　右转前

图 5.3-13　右转后

5.4　模拟电梯控制系统设计与开发

5.4.1　模拟电梯控制系统设计

现代电梯主要的功能模块有安全保护装置、轿厢操作盘、厅外呼梯按键、指层器、平层装置、拖动控制、门机控制、井道装置等。

这里以现代电梯的结构与功能为例，建立基于微机实验箱的模拟电梯控制系统。模拟电梯控制系统主要由输入接口模块、微机控制模块、输出接口模块三大部分组成，如图 5.4-1 所示。

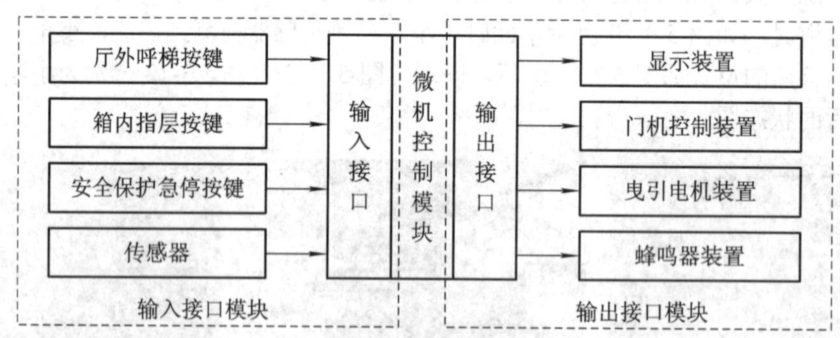

图 5.4-1　模拟电梯控制系统框图

1. 输入接口模块

(1) 厅外呼梯按键：模拟电梯外部按键，主要作用是当有人按键时，使电梯可以抵达按键的楼层；

(2) 箱内指层按键：模拟电梯内部按键，主要作用是乘客选择想要去的楼层；

(3) 安全保护急停按键：主要作用是当电梯出现故障时，控制电梯停止运行，等待救援；

(4) 传感器：主要作用是检测轿厢的位置及电梯门的开与关状态。

2. 微机控制模块

对输入的信号进行处理，并输出有效的控制信号。

3. 输出接口模块

(1) 显示装置：显示电梯的实时楼层及电梯向上/向下的运行方向；

(2) 门机控制装置：通过电机控制门的打开与关闭；

(3) 曳引电机装置：通过电机控制电梯的上升与下降；

(4) 蜂鸣器装置：当电梯发生故障时，内部紧急按钮按下，蜂鸣器发出声音，引起维修值班人员注意，使之尽快解救被困人员。

5.4.2　模拟电梯控制系统硬件设计

相对图 5.4-1 中的各个功能模块，模拟电梯控制系统硬件也对应的分为输入模块、控制模块及输出模块，连接示意图如图 5.4-2 所示。

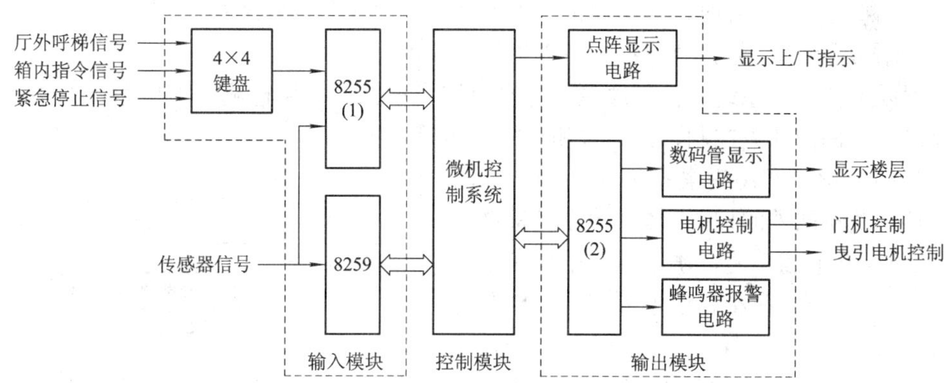

图 5.4-2　模拟电梯系统硬件连接示意图

输入模块包含的硬件有 4 × 4 键盘、8255 并行接口芯片及 8259 中断控制芯片；输出模块包含的硬件有 8255 芯片、点阵显示电路、数码管显示电路、电机控制电路及蜂鸣器报警电路；控制模块利用实验箱的控制系统。

图 5.4-2 中的电机控制电路可参考 5.1.2 与 5.3.2 节中的电机控制电路。

1. 输入模块

(1) 利用实验箱上的 4 × 4 键盘模拟电梯系统的按键信号。

- 模拟电梯内部紧急按钮，控制电梯在不稳定状态下，能够快速制动；
- 模拟电梯外部选择运行方向的按键信号；
- 模拟电梯内部选择楼层的按键信号。

(2) 利用实验箱上的 8255 作为输入并行接口芯片。

- 通过 8255 对键盘进行扫描；
- 两种传感器信号，第一种是检测电梯楼层位置的传感器信号，第二种是检测电梯门开与关的传感器信号。8255 芯片根据传感器信号电平的变化，确定实时楼层及门的状态。

(3) 利用实验箱上的 8259 芯片作为中断控制芯片。8259 芯片根据传感器信号电平的变化，对电机的运行进行控制，如根据检测信号控制曳引电机与门控电机的停止工作。

2. 输出模块

(1) 由于实验箱上只有一片 8255 芯片，因此扩展一片 8255 芯片作为输出并行接口芯片；

(2) 控制实验箱上的点阵模块显示上/下图标；

(3) 控制实验箱上的数码管模块显示电梯实时楼层；

(4) 通过电机控制电路，控制电梯的上升与下降、门的打开和关闭；

(5) 可通过蜂鸣器电路报警。

5.4.3　模拟电梯控制系统软件设计

根据现实中电梯控制系统要求，电梯的程序功能应主要满足以下几点：

(1) 轿厢外部发出呼梯信号时，可以控制电梯到达发出信号的楼层并控制电梯门开关；

(2) 电梯发出内部请求信号时，可以控制电梯到达目的层并控制电梯门开关；

(3) 电梯上行或下降时，显示向上“↑”或向下“↓”的箭头；

(4) 电梯运行的时候，急停按钮可以控制电梯的停止。

根据以上要求，系统软件程序主要包含有键盘扫描、楼层检测、电梯运行判决、电梯运行控制、电梯门开关控制、数码管和点阵显示等程序。

键盘扫描程序利用键盘扫描法检测电梯轿厢内的按键及轿厢外的按键；楼层检测是根据芯片 8255 读入传感器信号，确定目前电梯所在的楼层；电梯运行判决是根据电梯所在当前楼层与呼叫目的楼层，判决电梯要到达呼叫层，需要上行或是下行，插入相应的队列；电梯运行控制程序是根据运行判决结果，以及上升队列或下降队列，通过曳引电机控制电梯向上运行或向下运行，当到达目的楼层，根据楼层传感器的状态控制曳引电机的停止；电梯门控程序是根据到达目的楼层及门控传感器的状态，对电梯的门进行开与关的控制；数码管显示电梯的实时楼层，点阵显示电梯上行还是下行。

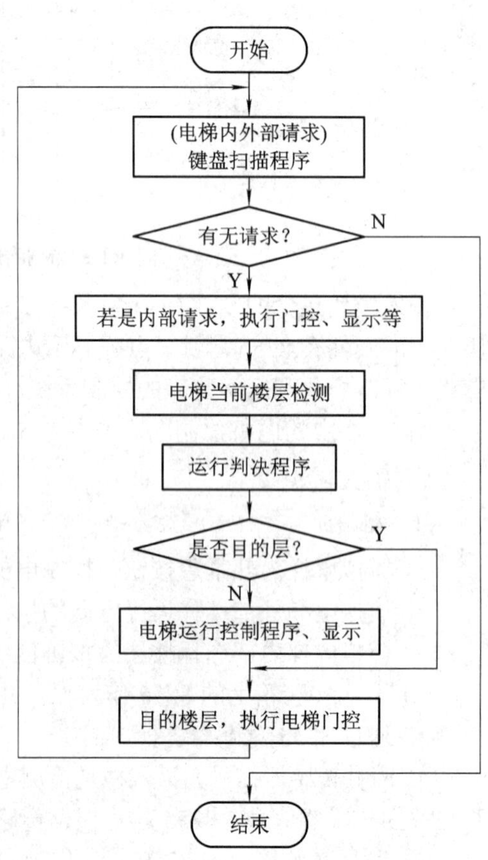

图 5.4-3　模拟电梯系统主程序流程示意图

图 5.4-3 是模拟电梯系统主程序参考流程示意图。当控制器接收到电梯轿厢内外厅按键请求时，判断是电梯轿厢外呼梯还是内部指层，若是内部指层，当乘客进入电梯，执行门控程序，控制门关闭。不论是哪种请求，都需要通过电梯楼层检测程序检测电梯当前楼层，进行运行判决程序，判断电梯是否到达目的层，若是，则打开电梯门，否则执行电梯运行控制程序，将电梯运行到目的楼层，当电梯抵达目的楼层，执行门控等程序。这里没有考虑电梯负重等因素。

5.4.4　模拟电梯控制系统调试

以三层电梯为例，通过 4 × 4 键盘模拟乘客在一楼电梯外呼叫，准备去三楼。

第一种情况：电梯在一楼，则系统会通过检测、判决等程序的执行控制打开电梯门；再通过 4 × 4 键盘模拟乘客进入电梯内部按下内部指层键“3”，表示乘客准备去三楼；当乘客进入电梯，系统控制电梯门关闭；当电梯被控制运行至三楼时，打开电梯门。点阵显示电梯运行的方向，数码管显示电梯的实时楼层。

第二种情况：电梯不在一楼，如在三楼，则系统会通过检测、判决、运行控制等程序的执行，控制电梯向下运行至一楼，再打开电梯门，乘客进入电梯内部。其余操作同第一种情况。

以第一种情况为例，电梯调试参考结果如图 5.4-4。

(a) 电梯处于一楼

(b) 电梯到达三楼

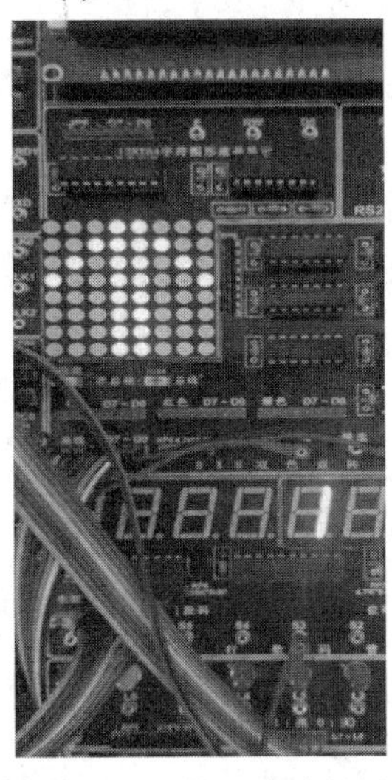

(c) 数码管显示 1 楼，点阵显示向上

(d) 数码管显示到达 3 楼

图 5.4-4　电梯运行参考图

参 考 文 献

[1] 李伯成，侯伯亨，等. 微型计算机原理及应用[M]. 2 版. 西安：西安电子科技大学出版社，2008.

[2] 王永山，杨宏武，等. 微型计算机原理与应用[M]. 2 版. 西安：西安电子科技大学出版社，1999.

[3] 清华大学科教仪器. TPC-ZK-II 综合开放式微机接口实验系统实验指导书.

[4] 侯叶，张菊香，等. 基于微机原理实验箱的窗控系统设计. 高校实验室工作研究[J]. 2018 年第三辑：119-121.

[5] 陈逸非，孙宁，等. 微机原理与接口技术实验及实践教程：基于 Proteus 仿真[M]. 北京：电子工业出版社，2017.

[6] 陈琦，古辉，等. 微机原理与接口技术实验教程[M]. 北京：电子工业出版社，2017.

[7] 楼顺天，周佳社. 微机原理与接口技术[M]. 北京：科学出版社，2006.